Wissenschaftliche Taschenbücher WTB

TEXTE

Faraday und Maxwell

WTB Wissenschaftliche Taschenbücher

WERNER HABERDITZL
Magnetochemie

A. A. SOKOLOW
Elementarteilchen

HEINZ AHRENS
Varianzanalyse

HANS-JÜRGEN TREDER
Relativität und Kosmos
Raum und Zeit in Physik, Astronomie und Kosmologie

ALBERT EINSTEIN
Grundzüge der Relativitätstheorie

ALBERT EINSTEIN
Über die spezielle und die allgemeine Relativitätstheorie

GÜNTHER LUDWIG
Wellenmechanik, Einführung und Originaltexte

HARRY PAUL
Lasertheorie, Teil I und II

FRANZ RUDOLF KESSLER
Einführung in die physikalischen Grundlagen der Kernenergiegewinnung

D. TER HAAR
Quantentheorie. Einführung und Originaltexte

HARRY PFEIFER
Schaltungen mit Elektronenröhren
Elektronik für den Physiker III

HARRY PFEIFER
Leitungen und Antennen
Elektronik für den Physiker IV

HARRY PFEIFER
Mikrowellenelektronik
Elektronik für den Physiker V

HARRY PFEIFER
Halbleiterelektronik
Elektronik für den Physiker VI

GERHARD HÜBNER / KLAUS JUNG / ECKART WINKLER
Die Rolle des Wassers in biologischen Systemen

STEPHEN G. BRUSH
Kinetische Theorie, Teil I und II
Einführung und Originaltexte

EBERHARD HOFMANN
Eiweiße und Nucleinsäuren als biologische Makromoleküle
Dynamische Biochemie, Teil I

EBERHARD HOFMANN
Enzyme und energieliefernde Stoffwechselreaktionen
Dynamische Biochemie, Teil II

EBERHARD HOFMANN
Intermediärstoffwechsel
Dynamische Biochemie, Teil III

EBERHARD HOFMANN
Grundlagen der Molekularbiologie
und Regulation des Zellstoffwechsels
Dynamische Biochemie, Teil IV

HERBERT GOERING
Elementare Methoden
zur Lösung von Differentialgleichungsproblemen

PETER KRUMBIEGEL
Isotopieeffekte

D. M. BRINK
Kernkräfte. Einführung und Originaltexte

DIETER ONKEN
Steroide
Zur Chemie und Anwendung

HEINZ GEILER
Ökologie der Land- und Süßwassertiere

ARTHUR P. CRACKNELL
Angewandte Gruppentheorie. Einführung und Originaltexte

DIETER KLAUA
Elementare Axiome der Mengenlehre

GÜNTER TEMBROCK
Grundlagen der Tierpsychologie

J. F. VINSON
Optische Kohärenz in der klassischen Theorie und in der Quantentheorie

W. R. HINDMARSH
Atomspektren. Einführung und Originaltexte

GÜNTER TEMBROCK
Biokommunikation
Informationsübertragung im biologischen Bereich
Teil I und II

ADOLF ZSCHUNKE
Kernmagnetische Resonanzspektroskopie in der organischen Chemie

DIETER MERKEL
Riechstoffe

JOHN CUNNINGHAM
Vektoren

GEORG DAUTCOURT
Relativistische Astrophysik

ERNST SCHMUTZER
Symmetrien und Erhaltungssätze der Physik

GERHARD LERCH
Pflanzenökologie

MICHAEL GÖSSEL
Angewandte Automatentheorie, Band I
Grundbegriffe

MICHAEL GÖSSEL
Angewandte Automatentheorie, Band II
Lineare Automaten und Schieberegister

HEINRICH KINDLER
Der Regelkreis. Eine Einführung

HANS BANDEMER / ANDREAS BELLMANN
WOLFHART JUNG / KLAUS RICHTER
Optimale Versuchsplanung

HARRY PAUL
Nichtlineare Optik, Teil I und II

A. R. KESSEL
Akustische Kernresonanz

WOLFRAM BRAUER / HANS-WALDEMAR STREITWOLF
Theoretische Grundlagen der Halbleiterphysik

EBERHARD TEUSCHER
Pharmakognosie, Teil I und II

DIETER KLAUA
Grundbegriffe der axiomatischen Mengenlehre, Teil I und II

JOACHIM NITSCHMANN
Entwicklung bei Mensch und Tier

DIETRICH BENDER / ERNST-EGON PIPPIG
Einheiten, Maßsysteme, SI

E. G. GOLSTEIN
Konvexe Optimierung. Die Elemente der Theorie

HELMUT FRIEMEL / JOSEF BROCK
Grundlagen der Immunologie

SIEGFRIED HAUPTMANN
Über den Ablauf organisch-chemischer Reaktionen

R. A. R. TRICKER
Frühe Elektrodynamik

A. S. SONIN / B. A. STRUKOW
Ferroelektrizität

L. A. SKORNJAKOW
Elemente der Verbandstheorie

HANS-MARTIN BARCHET
Chemie photographischer Prozesse

KONRAD KREHER
Festkörperphysik

N. D. SHEWANDROW
Die Polarisation des Lichtes

DIETER KLAUA
Kardinal- und Ordinalzahlen, Teil I und II

A. A. SMIRNOW
Metallphysik

VOLKER KEMPE
Theorie stochastischer Systeme

ROLF BORSDORF / MANFRED SCHOLZ
Spektroskopische Methoden in der organischen Chemie

KLAUS ODENING
Parasitismus. Grundfragen und Grundbegriffe

WOLFGANG PAULI
Vierpoltheorie und ihre Anwendung auf elektrische Schaltungen

R. A. R. TRICKER
Die Beiträge von Faraday und Maxwell zur Elektrodynamik

Vorschau auf die nächsten Bände:

HANS DAWCZYNSKI
Temperaturbeständige Faserstoffe aus organischen Polymeren

HANS DAWCZYNSKI
Temperaturbeständige Faserstoffe aus anorganischen Polymeren

WTB

BAND 95

R. A. R. Tricker

Die Beiträge von Faraday und Maxwell zur Elektrodynamik

Mit 48 Abbildungen

AKADEMIE-VERLAG · BERLIN

WTB-TEXTE

Übersetzung aus dem Englischen
Dr. Frank Goedsche
unter Mitwirkung von Karl-Heinz Heinig

Übersetzung des Bandes
„The Contributions of Faraday & Maxwell to Electrical Science“
aus der Reihe „Selected Readings in Physics“
(herausgegeben von D. ter Haar)

1974

Lizenznummer: 202 · 100/432/74
Herstellung: VEB Druckhaus „Maxim Gorki“, 74 Altenburg
Bestellnummer: 761 509 6 (7095) · LSV 1154
Printed in GDR
EVP 12,50

Vorwort

Die Elektrodynamik basiert auf zwei Grundprinzipien. Das erste Prinzip beschreibt die Wirkung, die stromdurchflossene Leiter aufeinander ausüben. Die Behandlung dieser Gesetzmäßigkeiten in den Arbeiten von OERSTED, BIOT, SAVART und AMPÈRE wurde in einem vorangehenden Band dieser Serie[1]) dargestellt. Das zweite Prinzip beinhaltet die Induktion elektrischer Ströme. Seine Entdeckung und Formulierung ist untrennbar mit dem Werk von FARADAY und MAXWELL verbunden. Der vorliegende Band wird sich mit diesen Problemen befassen. Wie früher ist es das Ziel der Untersuchung, etwas von der Entstehungsgeschichte der Ideen auf diesem Wissensgebiet zu erfassen. Dies dient nicht nur dem Verständnis der Elektrizitätslehre, sondern beleuchtet auch die logische Struktur des Gegenstandes heute.

Die Entwicklung der Feldtheorien wird so weit verfolgt, wie sie von MAXWELL wesentlich geprägt wurden. Sie begann mit den noch ungenauen Betrachtungen von FARADAY. Die mathematische Behandlung des Problems wurde dann von MAXWELL durchgeführt, zuerst unter Zuhilfenahme der recht vagen Vorstellung eines den Raum ausfüllenden Mediums, später durch die Anwendung der Methoden der verallgemeinerten Mechanik, die keine genaue Kenntnis des Bewegungsmechanismus im Medium voraussetzen. Sowohl für MAXWELL als auch für FARADAY bleibt jedoch die Vorstellung eines gewissen mechanischen Mediums wesentlich. Wir werden in diesem Buch nicht über den Stand der Theorie bei MAXWELL

---

[1]) Frühe Elektrodynamik, Das erste Durchflutungsgesetz.

hinausgehen. Im Falle des ersten Durchflutungsgesetzes läßt sich die experimentelle Begründung in gerader Linie aus den Arbeiten von AMPÈRE ableiten. Beim zweiten Durchflutungsgesetz, dem elektromagnetischen Induktionsgesetz, ist die Situation anders. Hier ist eine korrekte Begründung keineswegs offensichtlich. In älteren Lehrbüchern über Elektrizität, beispielsweise in dem von JEANS, wird versucht, das Induktionsgesetz aus dem ersten Durchflutungsgesetz abzuleiten. Eine solche Herleitung kann jedoch nur auf der Grundlage gewisser anderer Annahmen durchgeführt werden. Diese verlieren ihre Glaubwürdigkeit, wenn man von der Existenz eines mechanischen Äthers abgeht. Moderne Autoren begründen das Induktionsgesetz in unabhängiger Weise aus dem Experiment. Einige Bücher, wie das von SLATER und FRANK, gehen auf FARADAYS ursprüngliche Experimente zurück und bauen darauf die Theorie auf; andere, wie PANOFSKY und PHILLIPS, begnügen sich mit der Feststellung, daß das Induktionsgesetz aus den Experimenten folgt. Sie diskutieren nicht, um welche Experimente es sich dabei im einzelnen handelt.

Die FARADAYschen Experimente besitzen eine Genauigkeit von etwa fünf Prozent. Sie sind für moderne Erfordernisse nicht ausreichend. Es ist jedoch keinesfalls klar, durch welche Experimente sie zu ersetzen sind. Diese Frage ist von grundlegender Bedeutung und berührt das Problem der Eichung von Spannungsmeßgeräten sowie eine genaue Messung des mechanischen Wärmeäquivalentes mit elektrischen Methoden. Diese Frage wird in Kapitel IV des vorliegenden Bandes behandelt.

Es wurden kurze Biographien der beiden Forscher aufgenommen, da das Leben beider von Interesse ist und deutliche Gegensätze zueinander aufweist. FARADAY ist der Inbegriff dafür, was man durch Selbstunterricht und Begeisterung trotz sehr ungünstiger Umstände erreichen kann. MAXWELL dagegen hatte das Glück, eine bestmögliche Ausbildung für die Physik zu erhalten. In seinem späteren Leben übte jedoch der Besitz eines schönen

Hauses auf dem Lande, umgeben von sechs eigenen Farmen, eine beträchtliche Versuchung aus, das akademische Leben zugunsten des Lebens eines Landherren zu vernachlässigen. Ein solches Leben muß in der Mitte des 19. Jahrhunderts außerordentlich anziehend gewesen sein, so daß man ihm nur schwer widerstehen konnte. Seine Frau empfand die Anziehungskraft des Landes teilweise stark.

Die in Teil 2 abgedruckten Arbeiten FARADAYS zeigen wesentliche Abschnitte seiner experimentellen Forschungen. Die Arbeit „Über die physikalische Existenz der Kraftlinien" macht deutlich, wie die Anfänge der Feldtheorie in seinen Überlegungen Fuß faßten. MAXWELLS Arbeit „Die dynamische Theorie des elektromagnetischen Feldes" gibt der Theorie das mathematische Gerüst. Sie geht von der möglichen Existenz eines mechanischen Äthers aus, den man heute nicht mehr benötigt. Auch werden MAXWELLS frühere Überlegungen zur Feldtheorie im Kommentar diskutiert. Sie zeigen den Beginn seiner allmählichen Befreiung von der Konzeption des mechanischen Äthers. Dieser Prozeß wurde erst lange nach ihm abgeschlossen.

Der Autor möchte der Royal Institution für das Bildnis von FARADAY mit seiner Frau und die Erlaubnis zur Veröffentlichung danken. Ebenso sei dem Cavendish Laboratorium in Cambridge für das Bildnis von MAXWELL und seiner Frau gedankt. Der jetzige Eigentümer von Glenlair, Oberst FERGUSON, gab freundlicherweise die Erlaubnis, MAXWELLS Haus im gegenwärtigen Zustand zu fotografieren. Der Autor ist ebenfalls dem allgemeinen Herausgeber der Serie, Dr. D. TER HAAR, und Dr. MARY HESSE für ihre Hilfe und ihre Anregungen bei der Abfassung des Kommentars zu Dank verpflichtet.

Cropston, R. A. R. TRICKER
Juni 1966

Inhaltsverzeichnis

Teil 1

Kommentar

Kapitel I

Ausgangssituation

Dieses Buch befaßt sich mit der Entwicklung der elektromagnetischen Theorie, ausgehend vom sogenannten ersten Durchflutungsgesetz. Durch dieses Gesetz wird die Erzeugung von Magnetfeldern durch stationäre Ströme beschrieben. Es geht auf die Arbeiten von OERSTED (1777–1851), BIOT (1774–1862), SAVART (1791–1841), LAPLACE (1749–1827) und AMPÈRE (1775 bis 1836) zurück. Wir werden uns hier mit dem zweiten Durchflutungsgesetz, dem elektromagnetischen Induktionsgesetz, beschäftigen. Um dieses Gesetz haben sich vor allem drei britische Physiker verdient gemacht, und zwar FARADAY (1791–1867), W. THOMSON, der spätere Lord KELVIN (1824–1907), und MAXWELL (1831–1879). FARADAY und MAXWELL haben dabei mit Abstand den größten Beitrag geliefert. Forscher außerhalb Britanniens, wie beispielsweise WEBER (1804–1891), NEUMANN (1798–1895), HELMHOLTZ (1821–1894) und HENRY (1799–1878), sind in diesem Zusammenhang ebenfalls zu erwähnen. Die Entwicklung begann mit der ersten Arbeit, die in FARADAYS Experimentellen Untersuchungen über Elektrizität erschien und 1831 der Royal Society zugeleitet wurde. Aus dieser Arbeit und aus weiteren experimentellen Forschungen entwickelte FARADAY eine Anzahl grundlegender Ideen, die von THOMSON und MAXWELL zur Feldtheorie der Elektrodynamik ausgebaut wurden. Die Diskussion dieser Entwicklungslinie gehört ebenfalls zu den Aufgaben des Buches. Die Ideen entwickelten sich selbstverständlich nicht von selbst. Ihr Weg wurde vielmehr durch frühere Arbeiten vorbereitet, die zu dem geistigen Klima beitragen, in dem eine solche

Entwicklung stattfinden konnte. In diesem Kapitel wollen wir den Wissensstand und die Vorstellungen jener Zeit kurz beleuchten, weil sich die neuen Theorien in diese Umwelt einfügen bzw. sich aus ihr erheben mußten. Dabei muß es bei einer oberflächlichen Betrachtung bleiben. Es ist wichtig, daß man sich klarmacht, wie unsicher die Vorstellungen über die Natur der Materie, des Raumes und der Energie damals waren. Fundamental war die Frage, ob ein Vakuum existiert oder ob der Raum von einer ätherhaften Materie in einem gewissen „vierten Zustand" ausgefüllt wird. Oft unterschied man zwischen „ponderabler" und „nichtponderabler" Materie, d. h. zwischen Materie, die dem Gravitationsgesetz unterworfen ist, und solcher, bei der dies nicht der Fall ist. Die elektrischen Ströme rechnete man ähnlich wie die Wärme zur letzteren Klasse. Noch früher war die Wärme als eine Art von Bewegung angesehen worden, beispielsweise von Bacon (1561–1626), Boyle (1627–1691), Hooke (1625–1703) und Newton (1642–1727). Dieser Konzeption von der Wärme wurde Anfang des 18. Jahrhunderts von einer Chemikerschule in Paris Vorschub geleistet. Die Wärme wurde als eine elastische Flüssigkeit angesehen, deren Elemente sich gegenseitig abstoßen, aber von gewöhnlicher Materie angezogen werden sollten. Materieteilchen sind danach bestrebt, sich mit einer Wärmeatmosphäre zu umgeben. Dies wurde beispeilsweise für die latente Wärme des Wassers verantwortlich gemacht. Die Dampfteilchen sind hiernach von einer stärkeren Wärmeatmosphäre umgeben als die Wasserteilchen. Auch wurde die Wärmeatmosphäre, die die Partikel von Gasen umgibt, für eine Erklärung der elastischen Eigenschaften dieser Stoffe herangezogen. Die Wärmetheorie wurde durch die Experimente von Rumford (1753–1814) gegen Ende des 18. Jahrhunderts ernsthaft in Frage gestellt. Erst Mitte des 19. Jahrhunderts wurde sie endgültig von der mechanischen Theorie der Wärme verdrängt. Dies war das Verdienst von Clausius (1822 bis 1888), Helmholtz und Kelvin. In der Zwischenzeit, in der sich auch die erste Periode der Entwicklung der elektrodynamischen Theorie vollzog, blieb die Situation ungeklärt und verworren. Damals konnte man kein besseres Vakuum herstellen als das, was schon TORRICELLI erreicht hatte. Ein solches Vakuum war keine ausreichende Annäherung für den leeren Raum. Es war selbstverständlich bekannt, daß die Licht- und Wärmestrahlung das Vakuum durchdringt und daß es den elektrischen Funken leitet. Die Wellentheorie des Lichtes, neu belebt von YOUNG (1773—1829) zu Beginn des 19. Jahrhunderts — seine erste Veröffentlichung erschien 1800 in den Philosophical Transactions der Royal Society —, stand neben der Korpuskulartheorie der Strahlung. Das Problem blieb ungeklärt bis zu den Experimenten von FIZEAU (1819—1896) und FOUCAULT (1819—1868) im Jahre 1850, in denen die Lichtgeschwindigkeit in einem optisch dichten Medium gemessen wurde. In der dazwischenliegenden Zeit hatte die Wellentheorie jedoch wegen der scheinbaren Unfähigkeit der Korpuskulartheorie, Interferenz und Beugung zu erklären, an Ansehen gewonnen. Dies bestärkte die Ansicht, daß das Vakuum, durch das sich Licht und Elektrizität ausbreiten konnten, eigentlich kein leerer Raum sei. Über die Natur der Elektrizität, sei es in Gestalt statischer Ladungen oder elektrischer Ströme, war wenig bekannt. Statische Elektrizität wurde, angeregt von der alten Vorstellung der elektrischen Effluvia, allgemein als das Resultat einer oder zweier elektrischer Flüssigkeiten angesehen. Unter einem Strom stellte man sich das Strömen einer elektrischen Flüssigkeit vor. Allerdings war es nicht möglich zu entscheiden, ob dabei ein Strom positiver Elektrizität in der einen Richtung oder ein Strom negativer Elektrizität in der anderen Richtung bzw. eine Kombination beider Fälle vorlag. Die letztere Ansicht schien die populärste zu werden. Sie wurde beispielsweise von WEBER 1846 in seiner Untersuchung über die Phänomene der Elektrodynamik übernommen. AMPÈRES Theorie kann als typisch für diese Anschauungsweise gelten. Er dachte, daß in ungeladenen Körpern zwei elektrische Flüssigkeiten nebeneinander vorliegen. Der erste Schritt zur Herausbildung eines elektrischen Stromes war die Polarisation der Teilchen des Gemisches, wobei sich bei jedem Teilchen positive Elektrizität auf der einen und negative Elektrizität auf der gegenüberliegenden Seite ansammelte. Beim Fließen des Stromes erfolgte ein Austausch angrenzender Teilchen und eine nachfolgende Reorientierung, so daß sich negative und positive Flüssigkeit in jeweils entgegengesetzte Richtungen bewegte. AMPÈRE wurde von FARADAY sehr bewundert. Viele der FARADAYschen Theorien kamen dieser Vorstellung vom elektrischen Strom sehr nahe. AMPÈRE selbst betrachtete jedoch seine Theorie des Stromes mehr als einen Versuch; sein Hauptinteresse lag anderswo.

Der Magnetismus hatte sich als eine unabhängige Wissenschaft entwickelt. Seine Theorie begründete sich analog zur Elektrizität auf der Annahme einer oder zweier magnetischer Flüssigkeiten. Die Verbindung zwischen Elektrizität und Magnetismus wurde durch die OERSTEDsche Entdeckung von der magnetischen Wirkung des elektrischen Stromes hergestellt. Diese Beobachtungen waren im Juli 1820 veröffentlicht worden. Unmittelbar darauf setzte eine rasche Entwicklung der Theorie, welche die mechanischen Wirkungen stationärer Ströme beschrieb, ein. Das war zum großen Teil das Werk von AMPÈRE, dessen bedeutende Veröffentlichung 1823 in den Abhandlungen der Akademie von Paris gedruckt wurde. Allerdings blieb die Arbeit wegen der Langsamkeit des Druckens und einiger weiterer Zusätze noch für längere Zeit verborgen. In der Veröffentlichung vertrat AMPÈRE auch die Ansicht, daß man den Magnetismus auf Molekularströme, die ständig um die Materieteilchen kreisen, zurückführen könne. Er schlug auch vor, daß der Äther aus einer Flüssigkeit bestehe, die sich aus den beiden Elektrizitätssorten zusammensetzte. Eine eindeutige Anerkennung des Energieerhaltungssatzes hatte sich bis zur Mitte des 19. Jahrhunderts noch nicht durchgesetzt. Die

Kontakttheorie der elektrischen Zelle fand weiterhin für lange Zeit Befürworter. Diese Theorie lief auf die Annahme einer dauernden Bewegung der nichtponderablen elektrischen Flüssigkeiten hinaus, selbst wenn sie in ihrer Bewegung äußere Arbeit verrichteten. Die Theorie der chemischen Wirkung, vertreten von DAVY (1778 bis 1829), setzte sich allmählich durch. FARADAY hielt es für notwendig, die Diskussion im Sinne von DAVY fortzusetzen. Das Unvermögen in der Erfassung des allgemeinen Prinzips der Energieerhaltung war zum größten Teil durch das mangelhafte Verständnis der Natur des Lichtes, der Wärme, des Magnetismus und der Elektrizität bedingt. Bis zu der Zeit, als MAXWELL an der elektromagnetischen Feldtheorie arbeitete, waren viele dieser Unklarheiten beseitigt worden. FARADAY mußte sich jedoch während des größten Teils seines Lebens mit solchen Unklarheiten und Verwirrungen auseinandersetzen. Einer der wichtigsten Faktoren, der zur Aufstellung der elektromagnetischen Feldtheorie im Sinne von FARADAY beitrug, war die Konstruktion der Kraftlinien im magnetischen Feld. Der Anfang dazu lag weit vor den Entwicklungen, die wir in diesem Buch behandeln wollen. PETER PEREGRINUS (PIERRE DE MARICOURT) hatte schon im 13. Jahrhundert die Linien auf einer Magneteisensteinkugel dargestellt. Er hatte dabei eine magnetisierte Nadel benutzt und war beeindruckt von der Ähnlichkeit seiner Linien mit den Längenkreisen der Erde. PEREGRINUS war es auch, der für das Ende der magnetischen Achse den Namen Pol einführte. Die Benutzung von Eisenfeilspänen zur Aufzeichnung eines Magnetfeldes war ebenfalls eine lange bekannte Sache. Sie geht mindestens bis ins 17. Jahrhundert zurück. FARADAY war mit der Entwicklung vertraut, und von ihr leitete er viel von dem ab, was wir als seine grundlegende Art des Nachdenkens kennen, sei es auf dem Gebiet des Magnetismus oder der Elektrizität. Die Thermoelektrizität wurde 1822 in Berlin von THOMAS SEEBECK (1770 bis 1831) entdeckt. In dieser Zeit wurde auch die magnetische

Wirkung stationärer Ströme untersucht. GEORG SIMON OHM (1787—1854) benutzte den thermoelektrischen Effekt 1826 als Quelle einer konstanten elektromotorischen Kraft für seine Experimente, die schließlich zu dem Gesetz führten, das seinen Namen trägt. 1822 veröffentlichte FOURIER die mathematische Theorie des Wärmestromes unter dem Titel „Théorie analytique de la chaleur", und OHM entwickelte in direkter Analogie dazu seine Theorie der Elektrizitätsleitung. Dies ist eines der ersten Beispiele für die Anwendung einer mathematischen Theorie auf einen gewissen Bereich des Naturgeschehens, obwohl sie zur Beschreibung davon gänzlich verschiedener Phänomene ausgearbeitet wurde. Die Anwendung der Gravitationstheorie auf die Elektrostatik und den Magnetismus ist ein weiteres Beispiel in diesem Sinne, das bei der Entwicklung der elektromagnetischen Feldtheorie eine hervorragende Rolle gespielt hat.

Die Wärmewirkung eines elektrischen Stromes war in jener zeitlichen Periode, die wir hier besprechen, ein qualitativ gut bekannter Effekt. Das Erhitzen von feinen Platindrähten bis zur Weißglut war eines der Phänomene, die bei der Erprobung der ersten elektrischen Zellen die Aufmerksamkeit erregt hatten. Das Problem blieb jedoch bis 1841 ungeklärt. In diesem Jahr veröffentlichte JOULE (1818—1889) die Ergebnisse seiner quantitativen Experimente, in denen er zeigte, daß die von einem Strom im Draht erzeugte Wärme proportional ist zum Widerstand des Drahtes, multipliziert mit dem Quadrat der Stromstärke, bzw. proportional zum Produkt aus Spannung und Stromstärke. OHM, der die Kontakttheorie der elektrischen Zelle bevorzugte, hatte seine Ergebnisse ursprünglich durch die sogenannte elektroskopische Kraft, eine in jener Theorie benutzte Größe, ausgedrückt. Obwohl die Größe mit Hilfe eines Elektroskops, das auf der Abstoßung zweier leichter, mit der Zelle verbundener Objekte beruhte, gemessen wurde, war der Zusammenhang mit dem Begriff der Arbeit und dem POISSONschen elektrostatischen Potential keineswegs klar. Im Falle eines Thermoelementes, wie es Ohm benutzt hatte, waren elektroskopische Messungen im Prinzip zwar möglich, aber praktisch nur sehr schwer ausführbar. Ohm hatte angenommen, daß der elektrische Strom durch das Volumen des Leiters fließt, im Gegensatz zur elektrostatischen Ladung, die sich auf den Oberflächen lokalisiert. Er hatte irrtümlicherweise vorausgesetzt, daß seine elektroskopische Kraft proportional zur Dichte der elektrischen Ladung im Leiter sei, ähnlich wie die Temperatur in einem Punkt eines Festkörpers als proportional zur Wärmemenge in der entsprechenden Volumeneinheit angesehen werden kann. Das Werk der großen französischen Mathematiker des 18. und frühen 19. Jahrhunderts, die zunächst die Gravitationstheorie und dann in Analogie dazu die Theorien der Elektrostatik und des Magnetismus entwickelt hatten, basierte wesentlich auf dem Fernwirkungsprinzip. Die französischen Forscher haben, nachdem sie anfangs die Newtonsche Theorie nur widerstrebend akzeptiert hatten, diese Theorie später als Modell benutzt und nicht nur die Gravitationstheorie in erstaunlichem Detail ausgebaut, sondern auch ihre allgemeinen Grundideen für die Elektrostatik und den Magnetismus nutzbar gemacht. Ihre Theorien enthielten zwar Elemente einer Feldtheorie, da sie ein ortsabhängiges Potential als grundlegende Größe benutzten, aber diese Potentialfunktion diente lediglich zur Darstellung der Aufsummation aller Beiträge, die von den einzelnen magnetischen Elementen oder den Ladungen des Systems kamen. Die elektrostatischen oder magnetischen Potentiale waren einfach Ausdrücke der Art, wie sie Newton im Falle der Gravitation gefunden hatte, d. h. umgekehrt proportional zum Abstand. Solche Potentiale waren von Priestley (1733–1804), Robison (1739–1805) und Coulomb (1738–1806) untersucht worden. Der Begriff des Potentials, wie er eingeführt wurde, sollte nicht etwas beschreiben, was tatsächlich im Raum existierte, sondern diente lediglich zur Berechnung der Erscheinungen, die beim Vorhandensein von Materie, elektrischer Ladungen oder magnetischer Pole auftraten. Mit der von EULER (1707–1783) entwickelten Theorie der Hydrodynamik wurde eine vollständigere Feldtheorie ausgearbeitet. Obwohl Vektoren nicht ausdrücklich benutzt wurden, entstand hier die Idee einer dreikomponentigen Ortsfunktion, die jeden Raumpunkt erfaßte. In diesem Falle war jedoch der Raum mit einer materiellen Flüssigkeit ausgefüllt. Das Wesentliche der späteren elektrodynamischen Feldtheorien war, daß Energie und Impuls dem Feld auch bei Abwesenheit gewöhnlicher Materie innewohnen konnten. Eine solche Vorstellung war in den Theorien von LAPLACE oder POISSON (1781–1840) nicht enthalten.

Ob das Konzept einer entmaterialisierten Energie gegenüber einer gründlichen positivistischen Analyse aufrechterhalten werden kann, ist vielleicht eine offene Frage. Vom positivistischen Standpunkt aus kann man darauf hinweisen, daß Energie niemals ohne Materie beobachtbar ist. Lichtstrahlen sind nur nachweisbar, wenn sie auf Materie treffen; ebenso können elektrische und magnetische Felder nur durch die Bewegung geladener oder magnetisierter Körper bzw. durch stromführende Leiter beobachtet werden. Strahlung kann ebensogut mit Hilfe der retardierten Potentiale beschrieben werden. Man kann sich jedoch auf den Standpunkt stellen, daß alles Unbeobachtbare überflüssig ist und aus der Theorie entfernt werden sollte. Wenn dies auch richtig sein könnte, so besteht doch kaum ein Zweifel daran, daß eine Feldtheorie, wie sie FARADAY, THOMSON und MAXWELL für den Elektromagnetismus entwickelt haben, mit viel größerer Wahrscheinlichkeit zu einer Strahlungstheorie führen mußte als eine Fernwirkungstheorie. Die Vorstellung, daß Energie und Impuls plötzlich verschwinden und an anderer Stelle wieder erscheinen, ist nicht sehs einleuchtend und könnte nur akzeptiert werden, falls er hinreichende Gründe für eine Aufgabe der Übertragungstheorien gibt, ungeachtet der Schwierigkeit, sich die Energie im leeren Raum vorzustellen. Während des 19. Jahrhunderts bemühte man sich, die Eigenschaften eines

Äthers, der den Raum ausfüllen sollte, aufzufinden, um diese Schwierigkeiten zu überwinden. Bei seiner Entwicklung des Feldbegriffes hat FARADAY unter anderem von BOSCOVITCH (1711—1787) Impulse empfangen, dessen Schaffensperiode in der Mitte des 18. Jahrhunderts lag. BOSCOVITCH hatte materielle Teilchen durch feste Kraftzentren ersetzt, wobei alle Zentren untereinander durch Kräfte verknüpft waren. Er konstruierte eine Kraftfunktion, um die Variation der Kräfte mit dem Abstand darzustellen. Für große Abstände verlief die Funktion umgekehrt proportional zu den Abstandsquadraten, für kleinere Abstände beschrieb sie abwechselnd Anziehungs- und Abstoßungskräfte. Sie lieferte nicht nur eine Erklärung für die Gravitation, sondern auch für die Kohäsion.

Ein Forschungsgegenstand, der eine große Rolle für die Herausbildung von FARADAYS Ideen spielte, war die Elektrolyse. Auf diesem Gebiet hatte sich sein Vorgesetzter DAVY hervorgetan, so daß dessen Einfluß auf FARADAYS Überlegungen nicht verwunderlich ist. Die Elektrolyse war am 2. Mai 1800 zum ersten Mal von NICHOLSON (1753—1816) und CARLISLE (1768—1840) erwähnt worden. Sie hatten die erste elektrische Zelle in England gebaut. Um einen guten Kontakt an der oberen Platte zu erhalten, hatte man einen Wassertropfen darauf gebracht. Auf diese Weise entdeckten sie eine Gasentwicklung am Draht, der zur Zelle führte. Die beiden Autoren verfolgten diese Erscheinung weiter und machten Experimente mit Drähten, die durch wassergefüllte Röhren miteinander verbunden waren. Im Falle von Platindrähten erhielt man Sauerstoff und Wasserstoff. NICHOLSON und CARLISLE waren somit die ersten, denen es gelang, Wasser mit Hilfe eines elektrischen Stromes aufzuspalten. Ein ähnlicher Zersetzungseffekt durch „gewöhnliche Elektrizität" war von elektrostatischen Geräten bekannt. Im gleichen Jahre wurde die Zersetzung von Lösungen metallischer Salze von CRUICKSHAND nachgewiesen. Anfangs bestand das eigentliche

Interesse bei diesen Versuchen darin, Klarheit über die Identität zwischen der statischen Elektrizität (damals „gewöhnliche Elektrizität" genannt) und der „galvanischen" oder Stromelektrizität zu erhalten. Davy benutzte das Phänomen in seiner Theorie der elektrischen Zelle und machte als Energiequelle chemische Vorgänge verantwortlich. Seine Überlegungen erhielten jedoch auch Elemente der Kontakttheorie. Bei geöffnetem Stromkreis erhielt die Zelle ihre Anfangsladung infolge der Kontaktdifferenzen; die Anordnung ähnelte einer Leidener Flasche. Beim Schließen des äußeren Stromkreises erfolgte die Entladung. Die verbrauchte Molekülschicht auf der Oberfläche der Elektroden wurde durch chemische Vorgänge beseitigt; dadurch wurde die Funktionstüchtigkeit der Anordnung aufrechterhalten. Davys Theorie der Elektrolyse besagte einfach, daß die eine Elektrode Metalle und Wasserstoff anziehe und Sauerstoff und Säureionen abstoße, während die andere Elektrode die entgegengesetzten Eigenschaften besitze. Die im Elektrolyt verbleibenden Komponenten wirkten dann auf die benachbarten Teilchen. So entstanden zwei Kettenreaktionen, die sich im Elektrolyten in entgegengesetzten Richtungen ausbreiteten.

Mit Auguste de la Rive (1801—1872) und seinem Vater, Prof. G. de la Rive, verband Faraday eine feste Freundschaft. Er hatte den Vater in Genf kennengelernt. Damals hatten Faraday und Davy gerade begonnen, mit verschiedenen aus Flüssigkeiten aufgebauten Stromkreisen zu experimentieren. Faraday brachte Einwände gegen die von Davy angenommenen Anziehungskräfte der Elektroden vor, welche die Grundlage der Elektrolyse bilden sollten. Er schlug eine Theorie vor, bei der geladene Teilchen durch die elektrolytische Lösung wanderten. Beispielsweise nahm er an, daß geladener Wasserstoff die positive Elektrode verläßt und zur negativen Elektrode wandert, sich dort entlädt und frei wird. Später entwarf Faraday eine eigene Theorie der Elektrolyse, die sich in seine allgemeinen Vorstellungen einfügte und ihn auf seinem Weg bestärkte, die elektrischen Erscheinungen als Äußerung eines im ganzen Raume, oder wenigstens im von Materie eingenommenen Raume existierenden Feldes anzusehen. Als Resultat seiner Forschungen hatte DAVY gefunden, daß die chemische Affinität elektrischer Natur ist. Die gleiche Vorstellung war von BERZELIUS (1779 bis 1848) entwickelt worden, dessen Ideen FARADAY in starkem Maße beeinflußt haben, obwohl er sie nicht alle für richtig hielt. FARADAY stand den Atomtheorien skeptisch gegenüber. Die Theorie von BERZELIUS über die chemische Bindung gab eine Beschreibung für die Vorgänge, die sich zwischen einfachen oder komplexen Konstituenten abspielen konnten. Die Teilchen jedes Konstituenten trugen Pole mit entgegengesetzten elektrischen Ladungen, wobei sich die ungleichnamigen Pole benachbarter Teilchen gegenseitig anzogen. Die Pole der Teilchen, die miteinander in Kontakt traten, wurden auf diese Weise entladen. Das konnte mit einer Abgabe von Wärme oder Licht verbunden sein. Zurück blieb eine Anordnung dipolarer Teilchen. Nach BERZELIUS waren die beiden Ladungen der Dipole nicht exakt gleich. Auf diese Weise versuchte er, die VOLTAsche Kontaktspannung und seine elektrochemische Spannungsreihe zu erklären.

Der in diesem Buch behandelte Zeitabschnitt reicht vom Jahre 1831, in dem FARADAYS erste Veröffentlichung erschien, bis zum Jahre 1873, in dem MAXWELLS Abhandlungen über Elektrizität und Magnetismus herauskamen. Diese 40 Jahre waren von einer sehr raschen Entwicklung der physikalischen Wissenschaft gekennzeichnet. Die hier gegebene kurze Darstellung der Sachlage zu Beginn dieser Periode soll die unsichere und verwickelte wissenschaftliche Situation dieser Zeit andeuten. Dieser Zustand hatte sich am Ende der genannten Periode deutlich verändert. Von Interesse ist die Frage, warum es MAXWELL gelang, die elektromagnetische Theorie der Strahlung zu entwickeln, während FARADAYS Versuche vergeblich geblieben waren. Die beiden Männer besaßen ziemlich viel Gemeinsames, obwohl ihr Bildungsweg außerordentlich unterschiedlich war. Wenn man die Gründe für den größeren Erfolg Maxwells verstehen will, darf man nicht vergessen, daß er später als Faraday in die wissenschaftliche Welt eintrat und folglich in einer völlig veränderten geistigen Umgebung arbeiten konnte. Vorstellungen, die sich Faraday erst nach mühevollen Untersuchungen erarbeiten mußte, und die auch dann nicht in jedem Falle völlig gesichert waren, wurden im Laufe der Jahre geklärt und standen Maxwell zur Verfügung. Maxwell brauchte nicht mit diesem Berg von Ungewißheiten und Zweifeln zu kämpfen, wie es Faraday so oft tun mußte. Der Unterschied in den mathematischen Fähigkeiten der beiden Forscher war außerordentlich groß und hatte unverkennbar einen entscheidenden Einfluß auf ihre wissenschaftlichen Erfolge. Wenn man jedoch die Wirkung dieses Unterschiedes richtig einschätzen will, darf man nicht vergessen, daß beide recht unterschiedliche Schwierigkeiten zu überwinden hatten. Faradays Werk war im Jahre 1855 im wesentlichen vollendet. Von diesem Jahre an zog er sich nach und nach aus dem wissenschaftlichen Leben zurück, wie sein Biograph Dr. Bence, Jones, Sekretär der Royal Institution, schreibt. Maxwells erste Arbeit über das elektromagnetische Feld wurde 1856 bei der Philosophical Society in Cambridge eingereicht.

Kapitel II

Das Leben von Michael Faraday

Michael Faraday war einer der bemerkenswertesten Charaktere der britischen Wissenschaft. Zu seinen Erfolgen verhalf ihm seine Begabung und Genialität, wenig verdankte er seiner Herkunft. Er wurde am 22. September 1791 in Newington Butts in Surrey, am Rande von London geboren. Sein Vater war ein Hufschmied aus Clapham, Ingleborough, Yorkshire; und seine Mutter war die Tochter eines Farmers aus dem Mallerstangtal südlich von Kirkby Stephen. Im Jahre 1796 siedelte die Familie nach London über, und MICHAEL verbrachte seine Kindheit in einem Haus in Jacobs Wells Mews, unweit von Charles Street und Manchester Square. Die Familie zog dann 1810 in die Weymonth Street 18, nahe dem Portland Place. In diesem Jahr starb FARADAYS Vater. Seine Mutter lebte bis zum Jahre 1838. Ihr Lebensunterhalt wurde in den späteren Jahren vollständig von MICHAEL bestritten. 1804 kam MICHAEL als Laufjunge zu dem Buchhändler GEORGE RIBAU. Seine Hauptaufgabe war es, Zeitungen auszutragen. Für einen Zeitungsverkäufer von heute mag es vielleicht von Interesse sein zu erfahren, daß die Zeitungen damals im allgemeinen ausgeliehen und nicht verkauft wurden. So mußte jeder Kunde besucht werden, um ihm die neue Zeitung zuzustellen und die alte einzusammeln. Im folgenden Jahr (1805) wurde FARADAY in die Lehre aufgenommen, und vier Jahre später konnte sein Vater schreiben: „MICHAEL ist Buchbinder und Papierhändler, und er ist sehr tüchtig in seinem Beruf... Er hat einen guten Meister und liebt seine Stellung sehr. Zuerst war es für ihn sehr schwer gewesen, doch jetzt hat er zwei Jungen unter sich."

FARADAY konnte viele der Bücher lesen, die von ihm eingebunden wurden. So entstand sein Interesse für die Wissenschaft. Er besuchte die Vorträge von TATUM und erhielt auch Unterricht von J. J. MACQUERIER, der vermutlich im Hause von RIBAU wohnte. Bei TATUM lernte FARADAY die beiden jungen Männer HUXTABLE und ABBOTT kennen. Mit ihnen führte er eine Korrespondenz, die für Jahre Bestand hatte, insbesondere die mit BENJAMIN ABBOTT, der aus einer Quäkerfamilie stammte und als Kontorist in der City arbeitete. ABBOTT hatte eine bessere Bildung als FARADAY erhalten. Die beiden Männer bildeten eine Art gegenseitiger Förderungsgemeinschaft und schrieben einander lange Aufsätze, die recht langweilig zu lesen waren. Ihr Stil war geschraubt und entsprach in keiner Weise den schriftstellerischen Fähigkeiten FARADAYS. Nur einige Jahre später schrieb er sehr interessante und anziehende Berichte über seine Europareise. Im Jahre 1812 wurde Faraday mit dem Ende seiner Lehrzeit Buchbindergeselle bei einem gewissen de la Roche, gegen den er jedoch eine Abneigung hatte. Die Arbeit dort befriedigte ihn nicht. So kam es dann dazu, daß er sich an Sir Humphrey Davy von der Royal Institution wandte. In seinem Brief hatte er einige Anmerkungen über Vorlesungen Sir Humphreys beigefügt. Davy war beeindruckt und ließ Faraday zu sich kommen. Im März 1813 wurde er als Assistent mit einem Gehalt von 25 Schilling pro Woche an der Royal Institution eingestellt und konnte zwei Zimmer beziehen. Für einen Mann von 22 Jahren, zumal als vollständiger Autodidakt, war dies auf keinen Fall ein geringes Auskommen. Nach einer Kindheit, die ziemlich ärmlich war, verlief sein weiteres Leben nun in gesicherten Verhältnissen. Er trat der City Philosophical Society bei und wurde ein sehr aktives Mitglied. An der Royal Institution arbeitete Faraday zusammen mit Davy an Experimenten mit Stickstofftrichlorid.

Am 13. Oktober 1813, der Napoleonische Krieg hatte gerade seinen Höhepunkt erreicht, brachen Faraday und Sir Humphrey mit seiner Frau und deren Hausmädchen zu einer langen Reise nach dem Kontinent auf. Diese Reise dauerte 18 Monate und war sogar für eine noch längere Zeit geplant gewesen. Abschließende Besuche von Griechenland und der Türkei konnten jedoch nicht realisiert werden. Für die Reise waren besondere Reisepässe vom König ausgestellt worden. Von Plymouth ging es zunächst nach Morlaix, nordöstlich von Brest. Es wurde ein eigener Reisewagen mitgeführt, der wegen der Schiffsreise in seine Einzelteile zerlegt und in Frankreich wieder zusammengesetzt werden mußte. Faraday gab davon einen humorvollen Bericht. Zum ersten Mal sah er am 24. Oktober ein Glühwürmchen. Die Gruppe reiste dann nach Paris, wo sie sich einige Zeit aufhielt. In Paris traf man mit vielen französischen Forschern zusammen, so beispielsweise mit Ampère,

CUVIER, GAY-LUSSAC, HUMBOLDT, CLÉMENT, DESORMES und COURTOIS, der gerade Jod untersucht hatte, was damals besonders aktuell war. DAVY führte mit Jod in Paris und später auf der Reise durch Italien ebenfalls eine Reihe von Experimenten aus. Seine erfolgreiche Art, mit diesem neuen Element verknüpfte Probleme zu lösen, verärgerte die französischen Chemiker etwas, da sie dies als ein Eindringen in ihr Interessengebiet betrachteten. FARADAY hatte sich früher niemals eine größere Strecke als zwölf Meilen von London entfernt. Diese Reise durch Europa brachte ihn mit den wichtigsten und bedeutungsvollsten wissenschaftlichen Ansichten in Berührung, und dies ersetzte ihm gewissermaßen das, was anderen die Universität vermittelt hatte. Die Reise erweiterte seinen geistigen Horizont beträchtlich. Er gewann eine Anzahl ausländischer Freunde, mit denen er auch später noch korrespondierte. Unter anderen lernte er Französisch und Italienisch. In Paris war es ihm auch vergönnt, NAPOLEON kurz zu sehen. Von Paris aus ging die Reise dann nach Süden. In Montpelier sah man die päpstliche Prozession, die sich auf dem Wege nach Rom befand. Im allgemeinen bekundete FARADAY jedoch wenig Interesse an der Politik. Von Nizza aus ging die Reiseroute über den Col de Tende, der eine Höhe von 4300 Fuß erreicht, nach Italien hinein. Am 19. Februar 1814 wurde er überquert. Der Reisewagen war dabei zerlegt und auf Schlitten über den Berg transportiert worden. Jeder Schlitten mußte von zwanzig Männern gezogen werden. Das Gepäck wurde von Maultieren getragen. FARADAY selbst ging zu Fuß und machte Messungen mit einem Quecksilberbarometer. So notiert er beispielsweise auf dem Berggipfel eine Temperatur von 11 °F und einen Luftdruck von 25,3 Zoll Quecksilbersäule. Gegen Abend erreichte man ein Dorf auf der italienischen Seite und verbrachte die Nacht dort. Der März wurde in Norditalien verbracht. In Florenz besichtigte die Gruppe GALILEOS erstes Teleskop. Viel Zeit opferte man für eine Untersuchung der Oxydation von

Diamant. In Genua experimentierte man ziemlich erfolglos mit elektrischen Aalen. Von Genua aus gelangten sie nach einer aufregenden Seereise in einem offenen Schiff bei unruhigem Wetter am 7. April nach Rom und schließlich am 13. Mai nach Neapel. Der Vesuv wurde zweimal bestiegen. Das zweite Mal geschah dies gegen Abend, um den Vulkan bei Nacht beobachten zu können. Gleichzeitig wurde bei dieser Gelegenheit auf dem Berg ein festliches Essen veranstaltet. Es gab Brot, Hähnchen, Truthahn, Käse, Wein und Eier, die man auf der Lava braten konnte. Zum Abschluß wurde auf das „Alte England "angestoßen, und man sang „God Save the King", „Rule Britannia" und zwei russische Lieder. Es scheint, daß dies für alle Beteiligten schöne Stunden gewesen sind. Die Reisegruppe begab sich dann wieder nach Norditalien. In Mailand traf man mit Volta zusammen. Volta war damals ein rüstiger, in der Konversation gewandter älterer Mann. Später verbrachte man in der Schweiz einige Zeit bei Prof. G. de la Rive in Genf. Ein Ereignis in diesem Zusammenhang mag die Schwierigkeiten andeuten, vor denen Faraday während der Reise stand. Prof. de la Rive schien von ihm beeindruckt gewesen zu sein und hatte ihn zusammen mit Davy zum Essen eingeladen. Davy weigerte sich jedoch, da Faraday sein Gehilfe sei, und de la Rive mußte Faradays Essen schließlich in einem anderen Zimmer auftragen lassen. Faraday wurde ein guter Freund des Professors und seines Sohnes Auguste. Von Genf aus reiste man dann weiter durch die Schweiz und Süddeutschland. Lausanne, Vevey, Bern, Zürich, Schaffhausen und München waren die Stationen. Im Dezember 1814 kehrte man nach Rom zurück, um dort den Winter zu verbringen. Es scheint, daß der Karneval großen Eindruck auf die Reisegesellschaft gemacht hat. Im Frühjahr ging es wieder nach Neapel. Faraday schreibt am 7. März 1815 kurz und treffend: „Ich habe die Nachricht vernommen, daß Bonaparte wieder da ist. Ich bin kein Politiker und beunruhige mich nicht sehr darüber. Jedoch glaube ich, daß dies einen starken Einfluß auf die Geschichte in Europa haben wird."

Kurze Zeit später endete die Reise etwas abrupt. Sir HUMPHREY hatte sich vorgenommen, von Italien nach Griechenland, auf die Griechischen Inseln und nach der Türkei zu reisen, aber dieser Vorsatz wurde aufgegeben, und die Reisegesellschaft kehrte schließlich nach Hause zurück. Am 23. März traf sie in Rom und am 16. April in Brüssel ein; eine Woche später war sie in England.

FARADAYS Ehrgeiz war es immer gewesen, in das Gebiet der Wissenschaft einzudringen. Er sprach vom „Gewerbe und Geschäft, das ihm verhaßt sei, und von der Wissenschaft, die er liebe"; und er betonte den großen Glücksumstand, daß er durch Sir HUMPHREY DAVY sein Wissen auf dem Gebiete der Chemie und anderer Wissenschaften vervollkommnen konnte. Die Reise war allerdings nicht ohne Schwierigkeiten abgelaufen. Sir HUMPHREYS Diener hatte sich im letzten Moment geweigert mitzureisen, und FARADAY hatte sich bereit erklärt, diese Lücke zeitweise auszufüllen, bis man unterwegs einen anderen Diener anstellen würde. Es konnte jedoch niemand gefunden werden, und DAVY gab die Suche schließlich auf. FARADAY war sehr sensibel und empfand diese Verschlechterung seiner Stellung stark. Die zusätzlichen Pflichten bereiteten ihm ziemliche Unannehmlichkeiten. Er schrieb:

> Sir HUMPHREY ist stets so behutsam wie möglich, um mich vor Dingen zu bewahren, von denen er weiß, daß sie mir unangenehm sind. Aber Lady DAVY ist anders. Sie zeigt gern ihre Autorität, und anfangs kränkte mich ihr extremer Ernst. Dadurch kam es zu Streitigkeiten zwischen uns, wobei ich mich jedesmal durchsetzen konnte und sie dann nachgeben mußte... und nach jedem Streit war sie zugänglicher.

Nach der Rückkehr wurde FARADAY wieder als Assistent an der Royal Institution mit 30 Schilling pro Woche angestellt. Dies wurde später auf 100 Pfund pro Jahr mit Wohnung, Heizung und Licht erhöht. Seine erste Vorlesung hielt FARADAY vor der City Philosophical Society am 17. Januar 1816. Sein Vortragsthema lautete: „Über die allgemeinen Eigenschaften der Materie“. Der Briefwechsel mit BENJAMIN ABBOTT brach 1818 ab, und der Kontakt mit den DE LA RIVES wurde erneuert, zuerst mit dem Vater und dann auch mit dem Sohn. Diese Verbindung sollte fast 50 Jahre bestehen bleiben.

FARADAY wanderte gern, 1819 machte er eine Tour durch Wales. In jenem Jahr hielt er auch eine Vorlesung vor der City Philosophical Society über „Die Zustände der Materie“. Einige Notizen dazu lauten:

> Zustände der Materie: fest, flüssig, gasförmig, in Form von Strahlung. Strahlungszustand: rein hypothetisch. Hervorzuheben: Gründe für die Annahme seiner Existenz: experimenteller Beweis. Beispiele strahlender Materie anführen.

FARADAY verfaßte seine Aufzeichnungen in sehr methodischer Weise und trug sie in ein Sammelbuch ein. Zwischen den Eintragungen standen verschiedenste Notizen, so auch Verse gegen die Liebe. Diesen Versen mußte er allerding abschwören, als er sich 1820 mit SARAH BARNARD, der Tochter eines Kirchenältesten der Sandemanian Church, einer Kirche, in der er erzogen worden war, verlobte. Ihr Bruder bekam das Buch in die Hand und erzählte der Schwester von den Eintragungen. Sie verließ daraufhin London und fuhr nach Ramsgate, ohne FARADAYS Heiratsantrag zu beachten. FARADAY mußte ihr nachfahren, schien aber gut empfangen worden zu sein, denn sie gingen zusammen aus und besuchten eine Reihe benachbarter Orte. Einen herrlichen Tag, den sie in den Bergen verbracht hatten, behielt FARADAY besonders im Gedächtnis. Am 12. Juni 1821 heirateten sie, und im Juli des gleichen Jahres schloß sich FARADAY der Sandemanian Church an. Dies war eine kleine und strenge religiöse Gruppe, die sich genau an die Bibel hielt. Der Gottesdienst begann jeden Sonntag 11 Uhr und ging bis 13 Uhr. Das Mittagessen wurde gemeinsam eingenommen, und danach setzte man die Andacht bis 17 Uhr fort. FARADAY wurde später einer der Kirchenältesten und predigte an jedem zweiten Sonntag. BENCE, JONES schreibt:

Es ist sehr schwierig, einen Vergleich zwischen seinen Predigten und seinen Vorlesungen zu ziehen; erstens, weil nicht alles vollständig bekannt ist, und zweitens wegen der scharfen Trennung, die er zwischen Religion und Wissenschaft gezogen hat. Allgemein kann man vielleicht sagen, daß niemand solche Vorlesungen wie FARADAY halten konnte, aber daß viele mit mehr Eindruck und Wirkung hätten predigen können.

Ein Kirchenältester zu sein, erforderte Bereitschaft zu jeglichem Dienst. Einmal soll FARADAY wegen Abwesenheit zur Rede gestellt worden sein, und seine Entschuldigung, daß er hätte mit der Königin in Windsor speisen müssen, wurde nicht akzeptiert.

FARADAYS erste Untersuchungen waren von Schwierigkeiten begleitet, die nicht wissenschaftlicher Natur waren. Er war der erste, dem es gelang, einen stromführenden Leiter um einen Magnetpol rotieren zu lassen. Damit wurde erstmalig eine kontinuierliche Bewegung elektrisch erzeugt. Es kam jedoch zu einem Streit über die Priorität. FARADAY war dabei gewesen, als WOLLASTON und DAVY über die Frage diskutiert und ein erfolgloses Experiment angestellt hatten. Die von WOLLASTON erwartete Rotation des Drahtes um seine eigene Achse schien jedoch sichtbar gewesen zu sein. Später gab es andere Diskussionen über Prioritäten, und zwar mit DAVY über die Verflüssigung von Gasen. DAVY behauptete, daß er schon vor den Experimenten, die FARADAY auf seinen Vorschlag hin ausführen sollte, auf die Möglichkeit der Verflüssigung hingewiesen habe. Dies fiel gerade in jene Zeit, als FARADAY zum Mitglied der Royal Society gewählt werden sollte. DAVY hat sich zweifellos der Wahl FARADAYS aktiv entgegengestellt. FARADAY schrieb 1835:

Nachdem ich Mitglied der Royal Society geworden war, konnte ich unter gänzlich anderen Arbeitsbedingungen als während der wissenschaftlichen Zusammenarbeit mit Sir HUMPHREY DAVY arbeiten; jedoch immer, wenn ich versuchte, dem Weg zu folgen, den Sir HUMPHREY DAVY beschritt, so habe ich es mit Respekt und mit der größten Bewunderung seiner Fähigkeiten getan.[1])

Bei der Arbeit FARADAYS an der Gasverflüssigung ereigneten sich mehrere Explosionen. An seinen Freund HUXTABLE schrieb er am 25. März 1823:

Am Sonnabendabend ereignete sich noch eine Explosion, und ich bin wieder wegen meiner Augen krank. Sie ging von einer meiner Röhren aus und war so heftig, daß die Glassplitter wie Pistolenkugeln durch ein Fenster flogen. Es geht mir jedoch schon besser, und ich denke, daß ich in einigen Tagen wieder ordentlich sehen kann. Anfangs hatte ich noch Glassplitterchen in den Augen.

Nach der Gründung des Athenaeum Clubs wurde FARADAY zu seinem ersten Sekretär berufen. Er behielt diesen Posten nur für kurze Zeit, da er ihm nicht zusagte. Im Mai 1824 trat er ihn ab. Am 7. Februar 1825 wurde FARADAY zum Direktor des Laboratoriums an der Royal Institution ernannt. Er unterstand dem Professor für Chemie. FARADAY setzte sich dafür ein, Abendveranstaltungen einzurichten. Es kam zu einem Vortragszyklus, der freitags stattfand. Im gleichen Jahr stellte er Experimente an Glas an, um optische Instrumente verbessern zu können. Die Versuche liefen noch einige Jahre weiter, es gelang aber keine wesentliche Verbesserung des optischen Glases. Durch Zufall führte eine der untersuchten Proben später zur Entdeckung des Diamagnetismus. Dieses Phänomen hat FARADAYS Vorstellungen von den Kraftlinien und der Feldtheorie stark beeinflußt und bekräftigt.

1829 wurde FARADAY dazu berufen, Vorlesungen über Chemie an der Königlichen Militärakademie in Woolwich zu halten. Daß er finanziellen Dingen nicht gleichgültig gegenüberstand, zeigt der Auszug aus einem Brief, den er an Oberst DRUMMOND wegen der Berufung geschrieben hat.

---

[1]) BENCE JONES, Bd. I, S. 340.

Sehr geehrter Herr!

In Beantwortung Ihres Briefes vom 26. und bezugnehmend auf unser Gespräch am Sonnabend möchte ich Ihnen mitteilen, daß ich sehr gern die Verpflichtung übernehmen würde, vor den Herren Kadetten in Woolwich Vorlesungen über Chemie zu halten, vorausgesetzt, die Zeit, die mir dabei für meine berufliche Arbeit zu Hause verlorengeht, kann entsprechend honoriert werden... Für Vorlesungen an dieser Institution erhalte ich unabhängig von meinem Gehalt acht Pfund fünfzehn Schilling pro Vorlesung. Dazu kommt der Vorteil, daß ich gleich an der richtigen Stelle bin, ein vollständiges Laboratorium besitze und einen Assistenten und Instrumentenbauer zur Verfügung habe. Die einzigen Vorlesungen außerhalb dieses Hauses habe ich an der London Institution gehalten. Bei gleichartigen Bequemlichkeiten, was Laboratorium und Assistenten anbelangt, erhielt ich dort das gleiche Honorar ... Die zwanzig Vorlesungen, die ich dort pro Vorlesungsperiode gehalten habe, machen 175 Pfund im Jahr, und deshalb möchte ich kein Angebot unter diesem Wert annehmen... Aus diesem Grunde schlage ich vor, daß Sie die Bedingungen nennen. Wenn Sie ein Angebot von 200 Pfund im Jahr vertreten können, würde ich die Vorlesungen übernehmen ... Ich betrachte das Angebot als eine große Ehre und wäre froh gewesen, wenn ich darüber unabhängig von finanziellen Motiven hätte entscheiden können. Leider ist meine Zeit mein einziger Besitz, und ich muß die Zeit für solche Verpflichtungen von jener abziehen, die ich sonst für meine berufliche Arbeit verwende.[1])

Man bot ihm 200 Pfund im Jahr und dies für 20 Jahre.

Im Jahre 1833 wurde FARADAY zum Fullerian Professor für Chemie an der Royal Institution berufen. Sein Einkommen für diesen Posten betrug laut Festlegung 100 Pfund im Jahr. Sein offizielles Gehalt als Direktor an der Institution beschränkte sich auf 100 Pfund im Jahr. Dieser Betrag blieb bis 1853 unverändert, wurde dann aber auf 300 Pfund pro Jahr erhöht. Seine Vorlesungshonorare dürften diesen Wert jedoch etwa verdoppelt haben. 1836 wurde FARADAY wissenschaftlicher Berater am Trinity House mit einem Gehalt von 200 Pfund im Jahr. Diesen für ihn sehr interessanten Posten behielt

[1]) BENCE JONES, Bd. II, S. 367.

er bis 1865, d. h. bis zwei Jahre vor seinem Tode. 1835 wurde ihm eine Staatspension von 300 Pfund zuerkannt. Die Begleitumstände dazu waren nicht besonders erfreulich. Die Pension war während der Regierung der Konservativen Sir Robert Peel angeregt worden, aber bevor alle Formalitäten geklärt werden konnten, übernahmen die Liberalen unter Lord Melbourne das Regierungsamt. Es scheint, daß Faraday ein schwieriges Gespräch führen mußte, von dem berichtet wurde, daß darin Lord Melbourne bezüglich der Staatspensionen von einem großen Unfug gesprochen habe. Was sich im einzelnen abspielte, ist nicht sicher bekannt. Faraday schrieb an Lord Melbourne folgendes:

Mein Lord!

Das Gespräch, das ich am Nachmittag mit Eurer Lordschaft führen konnte, und Euer Lordschaft Ansicht über den allgemeinen Charakter der Pensionen, die seit einiger Zeit wissenschaftlichen Personen gewährt werden, veranlassen mich respektvoll, die Unterstützung auszuschlagen, die Eure Lordschaft, wie ich glaube, mir zukommen lassen wollte. Ich fühle, daß ich nicht etwas aus Eurer Lordschafts Hand annehmen könnte, was gerade von der Art ist, die Eure Lordschaft so unmißverständlich charakterisiert haben, obwohl es wie eine Zustimmung aussah.[1])

Nichtsdestoweniger wurde die Pension wenig später bewilligt. Faraday erhielt auch Geld für Beratertätigkeit, doch gab er dies allmählich auf, als seine Einkünfte aus anderen Quellen stiegen. Um 1836 betrugen seine festen Einkünfte etwa 1000 Pfund pro Jahr. Sein Gesamteinkommen dürfte diese Zahl noch überschritten haben. Zu einer Zeit, in der ein Lehrer etwa 40 Pfund im Jahr verdiente, war Faraday ein wohlhabender Mann. Er häufte jedoch kein Vermögen an. Seine Kirche predigte gegen die Ansammlung von weltlichem Reichtum, und er hielt sich daran.

Die erste Periode seiner elektrischen Untersuchungen begann am 29. August 1831. Er mußte die Untersuchungen 1840 wegen eines gesundheitlichen Zusammenbruches

[1]) Bence Jones, Bd. II, S. 57.

unterbrechen. Vier Jahre lang blieb er dem Laboratorium fern. Er klagte über Gedächtnisschwund und Schwindelgefühle, so daß er seine Arbeit schließlich vollständig aufgeben mußte. Die Ursache seiner Krankheit war eine Überarbeitung, die seine geistige Spannkraft schädigte, während er körperlich noch leistungsfähig war. 1841 ging er mit seiner Frau, ihrem Bruder GEORGE BARNARD und dessen Frau für drei Monate nach der Schweiz, um sich zu erholen. Während dieser Zeit machte er häufig Wanderungen von 30 Meilen an einem Tag, und dies oft in unwegsamen Gelände. Einmal berichtete er über eine Wanderung von 45 Meilen. Es wurde gesagt, daß die Symptome seiner Krankheit auf eine Quecksilbervergiftung hinwiesen und nicht von einer Überarbeitung verursacht waren. Betrachtet man die Liste seiner Beschwerden, so scheint diese Ansicht nicht gänzlich abwegig zu sein. FARADAY hat zweifelsohne sehr viel mit Quecksilber gearbeitet. Hinzu kommt, daß die Giftigkeit von Quecksilber damals noch nicht bekannt war. In seinem Laboratorium muß häufig Quecksilber verschüttet worden sein, so daß viele kleine Kügelchen in die Ritzen und Spalten des Fußbodens gelangten und dort laufend verdampften. Die Amerikanische Gesellschaft für Standards legt 1 mg Quecksilberdampf auf 10 m³ Luft als zulässige Maximalkonzentration von Quecksilberdampf an einem Arbeitsplatz fest. Mit Quecksilberdampf gesättigte Luft würde bei 15 °C in diesem Volumen etwa 100 mg enthalten. FARADAY muß wahrscheinlich wesentlich mehr als die zulässige Menge über eine lange Zeitspanne hin eingeatmet haben, es sei denn, er war ein großer Freund frischer Luft in seinem Laboratorium in der Albemarle Street. Später traten bei ihm auch körperliche Beschwerden auf, die mit der Hypothese einer Quecksilbervergiftung in Einklang standen.

Ende 1841 nahm FARADAY seine Arbeit an der Royal Institution wieder auf, unternahm aber keine weiteren Forschungen. Er beschäftigte sich 1842 lediglich etwas mit der Elektrisierung von Dampf, der aus einer Öffnung strömte. 1844 stellte er sich in den Dienst einer Kommission, welche die Katastrophe in der Haswell Kohlengrube untersuchte. Faraday analysierte die Bedingungen in diesem Bergwerk und war über die Sorglosigkeit erstaunt, mit der die Bergleute das Pulver für Sprengungen handhabten. Als er seine Geleitmannschaft fragte, wo sie das Pulver aufbewahrten, war die Antwort: „Sie sitzen darauf.“

Im gleichen Jahr begann Faraday wieder mit seinen experimentellen Forschungen. Er setzte die Arbeit an der Verflüssigung von Gasen fort, und 1 Jahr später entdeckte er den Diamagnetismus und die Drehung der Polarisationsebene von Licht im Magnetfeld. Die beiden Phänomene, insbesondere das erstere, bestärkten ihn in seiner Vorstellung von der Existenz der Kraftlinien. Seine wissenschaftlichen Veröffentlichungen aus dieser Zeit nahmen einen zunehmend theoretischen und spekulativen Charakter an. Faraday besuchte im Sommer 1845 Paris. Es gab Begegnungen mit Biot, Dumas, Arago, Babinet und „sehr vielen anderen, deren Namen und Gesichter meinen armen Kopf und mein schwaches Gedächtnis sehr verwirrten.“ Faraday klagte weiterhin über Gedächtnisschwund und Schwindelgefühle. Sein Arzt machte die Unruhe, welche die „geistige Beschäftigung“ mitsichbringe, dafür verantwortlich und meinte, daß „die Aufgabe einer solchen Beschäftigung und geistige Ruhe das einzige Heilmittel sei“. 1846 schrieb Faraday einen spekulativen Artikel mit dem Titel „Überlegungen über Strahlungsschwingungen“, in dem der Keim für eine elektromagnetische Theorie des Lichtes gelegt wurde. Es gelang ihm jedoch nicht, seine Gedanken im Detail auszuführen oder die Ausbreitungsgeschwindigkeit des Lichtes zu berechnen. Die Bewältigung dieser Aufgabe wurde erst durch eine Behandlung im Stile von Maxwell möglich, die Faraday vollständig fehlte.

Faraday hatte große Freude daran, mit Kindern zu sprechen. Er gewann ihr Vertrauen sehr schnell. 1849 hielt er seine berühmten Jugendvorlesungen „The

Chemical History of a Candle". Seine Vorstellungen von allgemeinverständlichen Vorlesungen drückte er gegenüber dem Sekretär der Royal Institution folgendermaßen aus:

Ich sehe kein Hindernis für Abendvorlesungen, wenn Sie einen geeigneten Mann finden können, der sie hält. Jedoch ist niemand schwieriger zu finden als ein Referent für allgemeinverständliche Vorlesungen (die gleichzeitig solid und verständlich sein müssen). Herkömmliche Vorlesungen werden sicherlich nicht populär sein und Vorlesungen, die populär sind, erreichen nur schwer einen Bildungseffekt. Diejenigen, die glauben, daß die Wissenschaft leichter als das ABC zu lehren oder zu lernen ist, verstehen wenig von der Sache; und wer hat schon sein ABC ohne Kummer und Mühe gelernt?

Das Jahr 1850 hat FARADAY sehr stark der Forschung gewidmet. Die bedeutsamste Arbeit, die mit der Entdeckung des Paramagnetismus von Sauerstoff verknüpft ist, führte jedoch insofern zu einer Fehlinterpretation, als er versuchte, den Erdmagnetismus damit in Zusammenhang zu bringen. 1851 entwickelte er eine sehr wirkungsvolle Methode, um die magnetischen Kraftlinien auszumessen. Er benutzte dabei die elektromagnetische Induktion in einem Draht, den er durch das Feld bewegte, um die Feldstärke zu messen. So konnte er seine Vorstellungen über die Kraftlinien weit exakter belegen, als es ihm vorher möglich war. Es ist schade, daß dies erst so spät in seinem wissenschaftlichen Leben geschah. Die Experimente überzeugten ihn von der physikalischen Realität der Kraftlinien, und die Diskussion über diese Frage nahm einen breiten Raum in seinen Veröffentlichungen ein.

Der dreißigste und letzte Artikel in den „Experimentellen Untersuchungen über Elektrizität" entstand 1855. 1858 bezog FARADAY ein schönes Haus in Hampton Court, in dem er bis zu seinem Tode am 26. August 1867 lebte. Auch nach 1858 setzte er seine Arbeit für das Trinity House fort, und 1862 und 1863 begab er sich auf See, als man Experimente anstellte, um die Wirksamkeit von elektrischen Lampen und von Öllampen für Leuchttürme zu vergleichen. FARADAY hat sich auch damals noch mit experimentellen Untersuchungen befaßt, aber ohne nennenswerten Erfolg. 1865 gab er seine Verpflichtungen gegenüber dem Trinity House und der Royal Institution auf. In den letzten Jahren hatte seine Leistungsfähigkeit ernsthaft nachgelassen, besonders sein Gedächtnis machte ihm zu schaffen, und 1865 hatte sich auch sein körperlicher Zustand stark verschlechtert. Als ein Londoner Freund ihn fragte, wie es ihm ginge, erwiderte er: „Ich bin gerade dabei abzuwarten“. Er starb in seinem Sessel einen Monat bevor er 76 geworden wäre. Sein Grab befindet sich auf dem Highgate Friedhof.

Kapitel III

Faradays Entdeckung der elektromagnetischen Induktion

Von Michael Faraday stammt eine große Zahl von Entdeckungen. Viele davon waren sehr bedeutungsvoll für die Entwicklung der Physik. Zwei der Grundprinzipien der Elektrodynamik sind mit seinem Namen verknüpft. Der erste große Beitrag war die Entdeckung der elektromagnetischen Induktion und des Gesetzes, welches daraus folgt. Dieses Gesetz liefert zusammen mit dem Ampèreschen Gesetz über die magnetische Wirkung elektrischer Ströme eines der grundlegenden Prinzipien der Elektrodynamik. Oliver Heaviside bezeichnete das Induktionsgesetz später als zweites Durchflutungsgesetz. Faradays zweiter Beitrag war die Einführung und Benutzung des Begriffes der Kraftlinien. Damit war die physikalische Grundlage für die spätere Entwicklung der Feldtheorie gegeben.

Faraday war in erster Linie ein experimentell arbeitender Forscher. Die Entdeckung der elektromagnetischen Induktion war das Resultat einer bemerkenswerten Folge experimenteller Untersuchungen, welche die erste Reihe seiner „Experimentellen Untersuchungen über Elektrizität“ bilden. Auszüge davon werden im zweiten Teil dieses

Buches abgedruckt. Aus Platzmangel konnten die Artikel jedoch nicht in ihrer vollen Länge gebracht werden. FARADAY hat in seinen „Experimentellen Untersuchungen“ alle Paragraphen durchnummeriert. Die Zahlen laufen von 1 bis 3362, so daß man an Hand der Nummern verfolgen kann, was weggelassen werden mußte. FARADAYS theoretische Vorstellungen formten sich nur allmählich im Laufe seines Lebens. Obwohl er laufend den Begriff der Kraftlinien benutzte, hörte er nicht auf, über ihre Natur und die Vervollkommnung seiner Konzeption über sie nachzudenken. FARADAY hat sich niemals in größerem Umfange der Mathematik bedient. Das war ein viel größerer Nachteil für ihn, als er selbst glaubte. In einem Brief an MAXWELL schrieb er am 13. November 1857:

> Es gibt eine Sache, über die ich gern Ihre Ansicht gehört hätte. Wenn ein Mathematiker sich bemüht, physikalische Prozesse zu untersuchen, und er gelangt zu bestimmten Resultaten und Schlußfolgerungen, sollten diese dann nicht so vollständig, klar und eindeutig wie in den mathematischen Formeln auch in der gewöhnlichen Sprache ausgedrückt werden? Es würde eine große Hilfe sein, wenn es eine solche Übersetzung aus dem Formelwerk gäbe, und auch der Experimentator könnte damit arbeiten. Ich denke, daß es so sein sollte, zumal ich stets gefunden habe, daß Sie eine für mich vollständig klare Vorstellung Ihrer Überlegungen geben konnten. Obwohl mir ein volles Verständnis aller Schritte ihres Denkprozesses nicht gelingt, kann ich doch ihren Charakter so weit erfassen, daß ich damit arbeiten kann.[1])

Dies ist ein Denkprozeß, den viele zu irgendeiner Zeit durchgemacht haben. Man übersieht dabei jedoch leicht, welche Rolle die Mathematik im Fortgang des Denkens selbst spielt. FARADAYS Mangel an Mathematik hinderte ihn in der Tat daran, seine Ideen präziser zu formulieren. Dies blieb erst WILLIAM THOMSON (später Lord KELVIN) und insbesondere MAXWELL vorbehalten. Wir verdanken FARADAY die Konzeption des Feldes. Dieser Begriff ist von größter und fundamentalster Bedeutung in der

---

[1]) BENCE JONES, Bd. II, S. 387.

Geschichte der Elektrodynamik, aber es ist nicht leicht, eine zweifelsfreie und exakte Entsprechung in seinen Schriften zu finden. In einem der nachfolgenden Kapitel werden diese Fragen noch genauer behandelt.

FARADAY war zeit seines Lebens von einem metaphysischen Glauben an die Einheit der Naturkräfte erfüllt. Hieraus erklärt es sich auch, daß er lange Jahre nach einer Möglichkeit gesucht hatte im Sinne OERSTEDS, die Wirkung eines Stromes auf einen Magneten nachzuweisen, jedoch ohne Erfolg. Der Begriff „Kraft“ wurde von ihm in ungenauer Weise gehandhabt und nicht so, wie in der Mechanik üblich, verstanden. Schon 1824 hatte FARADAY angenommen, daß ein Magnet auf einen elektrischen Strom rückwirken müsse, wenn der elektrische Strom auf den Magneten wirkt. Er stellte dazu eine Reihe wenig erfolgreicher Experimente an, in denen er Gleichströme in Stromschleifen erzeugen wollte, die sich in der Nähe des Magneten befanden. Er versuchte auch, die Wirkung eines stationären Stromes auf eine in der Nähe befindliche Stromschleife nachzuweisen, aber wiederum nur mit negativem Resultat. In diesem Zusammenhang ist es von Interesse, daß sein letzter Artikel, den er 1860, also bereits gegen Ende seines Lebens, geschrieben hat, auf Betreiben von STOKES niemals veröffentlicht worden ist. Dieser Artikel basierte wiederum auf seiner Überzeugung von der Einheit aller Naturkräfte und befaßte sich mit einer möglichen Verbindung zwischen Elektrizität und Gravitation. Er beginnt:

> In der vollen Überzeugung, daß die Gravitationskräfte mit anderen Formen der Naturkräfte in Beziehung stehen und ein lohnendes Objekt für Experimente darstellen, habe ich vor einiger Zeit versucht, ihre Verbindung zur Elektrizität aufzudecken, jedoch ohne Erfolg. Mit der gleichen tiefen Überzeugung habe ich mich kürzlich darum benüht, den Nachweis ihrer Verknüpfung sowohl mit der Elektrizität als auch mit der Wärme zu erbringen.

Die Experimente lieferten jedoch negative Resultate.

FARADAY begann seine „Experimentellen Untersuchungen über Elektrizität" am 29. August 1831. Als erstes Gebiet untersuchte er die elektromagnetische Induktion. Die experimentelle Arbeit nahm zehn Tage in Anspruch, erstreckte sich jedoch über einen Zeitraum bis zum 4. November. Am 24. November wurde die Arbeit vor der Royal Society vorgetragen, und danach machte FARADAY Ferien in Brighton. Die ersten Beiträge, die im zweiten Teil des Buches abgedruckt sind, stammen aus dieser Arbeit. Die Arbeit ist sehr klar und ausführlich geschrieben und erfordert wenig Kommentar. Einige Begriffe sind allerdings nicht mehr gebräuchlich. Unter „Spannungselektrizität" und „gewöhnlicher Elektrizität" versteht man heute die statische Elektrizität. Begriffe wie „Elektromotor" und „VOLTAsche Anordnung" bezeichnen eine Batterie mit einer oder mehreren Zellen. Der „markierte Pol" eines Magneten ist der Nordpol. Die Begriffe „südlicher" und „nördlicher" Pol wurden zuweilen verwendet, und zwar wurde der nach Norden weisende Pol als „südlicher" Pol bezeichnet. Diese Nomenklatur war nicht besonders klar, und FARADAY bevorzugte den neutralen Begriff „markierter Pol" zur Kennzeichnung des Nordpols.

Der erste Abschnitt der Auszüge endet mit zwei Paragraphen über FARADAYS „elektrotonischen Zustand". Danach folgen sechzehn weitere Paragraphen über Experimente, in denen der elektrotonische Zustand auf Grund seiner Eigenschaften nachgewiesen und untersucht werden sollte. Die Experimente brachten jedoch keinen Erfolg. Es schien keinerlei Eigenschaften zu geben, wodurch sich ein Draht im elektrotonischen Zustand von einem anderen Draht im Normalzustand unterschied. Trotzdem beharrte FARADAY in dem Artikel auf seiner Ansicht. An seinen Freund PHILLIPS schrieb er von Brighton aus triumphierend über die Entdeckung eines neuen Zustandes der Materie. Am 31. Dezember stellte er jedoch eine weitere Arbeit fertig — Reihe II in den „Experimentellen Untersuchungen" —, in der er Zweifel über den elektrotonischen Zustand äußerte. Paragraph 231 dieser Arbeit lautet:

In das Gesetz, daß die Induktion elektrischer Ströme in Körpern, die sich relativ zu Magneten bewegen, beschreibt, geht die Zahl der von dem Metall geschnittenen magnetischen Linien ein. Es scheint nun auch auf den Fall, wie er im ersten Abschnitt der vorangehenden Arbeit dargestellt wurde, anwendbar zu sein. Vergegenwärtigt man sich die vollständige Ursache für die auftretenden Effekte, so wird die Annahme eines besonderen Zustandes, den ich elektrotonischen Zustand genannt habe, doch etwas unsicherer.

Ungeachtet seiner Zweifel gab Faraday den Gedanken an den elektrotonischen Zustand der Materie nicht vollständig auf. Er kehrte zu dieser Konzeption viel später zurück, als er seine Vorstellung von den Kraftlinien quantitativ formulierte. Maxwell hat diese Vorstellung aufgenommen und ihr eine mathematische Darstellung gegeben. Zum Begriff des elektrotonischen Zustandes war Faraday gekommen, als er die Bewegung eines Magneten in der Nähe eines stromdurchflossenen Leiters entdeckt hatte. Die Bewegung bzw. die Änderung des Stromes in einer benachbarten Stromschleife rief kurzzeitige Ströme hervor. Bei einer Umkehr der Bewegung oder der Stromänderung zeigte sich ein gleichartiger kurzzeitiger Strom in umgekehrter Richtung. Faraday kam so zu der Ansicht, daß die induzierten Ströme in einer Polarisationsänderung des Leitermaterials begründet waren. Er sah diese Polarisation als einen besonderen Zustand der Teilchen des Materials an und brachte sie nicht mit elektrostatischen Ladungen auf den Oberflächen in Zusammenhang, einmal, weil das Material im elektrotonischen Zustand weder Anziehung noch Abstoßung zeigte, und zum anderen, weil er bei seinen Induktionsexperimenten geschlossene Stromkreise benutzte, an denen keine Oberflächenladungen auftraten. Sein elektrotonischer Zustand schien ihm daher eher ein „Spannungszustand“ zu sein:

Im elektrotonischen Zustand scheinen die homogenen Materieteilchen eine regelmäßige, aber erzwungene elektrische Anordnung in Stromrichtung zu besitzen. Wenn die Materie nicht zersetzbar ist, entsteht dadurch ein Rückstrom.[1])

Es ist interessant, daß FARADAY auf Grund seiner Theorie des elektrotonischen Zustandes der Materie zwei Voraussagen machen konnte, die beide als gerechtfertigt nachgewiesen wurden. Der eine Nachweis gelang ihm selbst. Dies ist ein Beispiel dafür, wie richtige Aussagen aus einer unkorrekten bzw. überflüssigen Theorie gefolgert werden können. Nach seiner ersten Voraussage ruft ein stromführender Leiter einen besonderen Zustand der Materie in einem benachbarten Stromkreis hervor. Eine Verifizierung gelang ihm jedoch nicht. Wir sprechen heute von gekoppelten Stromkreisen.

Die Spannung dieses Zustandes könnte deshalb vergleichsweise sehr groß sein. Jedoch ob groß oder klein, es ist kaum denkbar, daß sie existieren sollte, ohne eine Reaktion auf den ursprünglichen induzierenden Strom auszuüben und ein Gleichgewicht herzustellen. Man könnte erwarten, daß sie zu einer Hemmung des ursprünglichen Stromes führt, doch konnte ich nichts dergleichen wahrnehmen. Auch auf andere Weise gelang es mir bis jetzt nicht, damit zusammenhängende Effekte nachzuweisen.

Die zweite Aussage beinhaltete, daß das Material, in dem der induzierende Strom selbst floß, ebenfalls in den elektrotonischen Zustand versetzt würde.

Der Elektrizitätsstrom, der den elektrotonischen Zustand in einem benachbarten Draht induziert, erzeugt diesen Zustand wahrscheinlich auch in seinem eigenen Draht. Wenn durch einen Strom ein anderer Leiter elektrotonisch gemacht wird, so wird dieser Zustand das Zustandekommen eines Stromes in keiner Weise behindern. Schickt man nun den Strom durch den zweiten Draht, so ist es nicht wahrscheinlich, daß seine Induktionswirkung auf den zweiten Draht selbst geringer sein sollte. Sie muß im Gegenteil größer sein, da der Abstand zwischen dem Verursacherstrom und der Materie außerordentlich viel kleiner ist.

Anders ausgedrückt heißt das, ein Strom wirkt auf sich selbst induktiv zurück. FARADAY hat damit das Phäno-

[1]) Untersuchungen über Elektrizität, Bd. 1, S. 22.

men der Selbstinduktion mit Hilfe seiner Theorie vorausgesagt. Als er Experimente machte, um diese Voraussagen zu bestätigen, erhielt er negative Ergebnisse. Erst drei Jahre später glückte ihm die experimentelle Bestätigung der Selbstinduktion. In der zweiten Reihe seiner „Experimentellen Untersuchungen über Elektrizität“ entwickelte Faraday einen alternativen Gesichtspunkt. Danach ruft ein zeitlich veränderlicher Strom sich bewegende Kraftlinien hervor. Dies ist selbstverständlich mit dem elektrotonischen Zustand identisch. Man konnte aber solche sich bewegende Kraftlinien nicht sichtbar machen, sondern postulierte einfach ihre Bewegung. Faraday äußerte selbst folgendes darüber:

„... induzierender Draht und Induktionsschleife wurden in festem Abstand zueinander angeordnet, und dann wurde der elektrische Strom eingeschaltet. In einem solchen Falle müssen die magnetischen Linien vom Moment des Einschaltens bis zum Zeitpunkt, an dem die magnetische Kraft des Stromes ihren Höchstwert erreicht hat, als beweglich angesehen werden. Sie breiten sich vom Draht nach außen hin aus und durchdringen die Induktionsschleife. Eine analoge Situation liegt vor, wenn man den Induktionsdraht in der entgegengesetzten Richtung, d. h. in Richtung auf den stromdurchflossenen Leiter hin bewegt. Der so induzierte Strom fließt entgegengesetzt zum Hauptstrom. Beim Unterbrechen des Batteriekontakts kann man sich vorstellen, daß die magnetischen Linien (als Ausdruck der magnetischen Kräfte) sich wieder zusammenziehen und zum abklingenden Strom zurücklaufen. Sie bewegen sich dann in umgekehrter Richtung durch den Induktionsdraht und erzeugen so einen Induktionsstrom in entgegengesetzter Richtung. Ersetzt man den Stromdraht durch gewöhnliche Magneten, so wird eine analoge Bewegung der magnetischen Linien stattfinden. Die Induktionseffekte entsprechen denen, die durch Bewegung der Drähte in bestimmter Richtung erzeugt werden. Der Abbau der magnetischen Wirkung entspricht dann der Bewegung der Drähte in der entgegengesetzten Richtung...

Faraday faßt abschließend folgendermaßen zusammen:

...Schneidet ein Drahtstück bei seiner Bewegung eine magnetische Linie, so wird eine Kraft wirksam, die im Draht einen elektrischen Strom hervorzurufen sucht. Dieser Strom kann jedoch nur fließen, wenn für ein laufendes Abfließen der Ladungen an den Enden des Drahtes gesorgt wird. ... Bewegt man einen zweiten Draht mit einer anderen Geschwindigkeit oder in anderer Richtung, dann entsteht eine größere oder kleinere induzierte Kraft. Bei Vervollständigung des Stromkreises fließt ein elektrischer Strom durch den Draht.

FARADAYS Theorie eines besonderen elektrotonischen Zustandes der Materie wurde oben als unkorrekt bezeichnet. Dies ist so zu verstehen, daß wir in diesem Falle heute nicht mehr von einem speziellen Zustand der Materie sprechen. Die Phänomene lassen sich vollständig mit FARADAYS zweiter Hypothese interpretieren, und zwar durch Betrachtung des magnetischen Flusses. MAXWELL, der FARADAYS elektrotonischen Zustand nicht verwarf, wies darauf hin, daß der durch einen Stromkreis hindurchlaufende Induktionsfluß durch das Integral des Vektorpotentials über den Leiter gegeben ist. Das Vektorpotential liefert somit ein Maß für FARADAYS elektrotonischen Zustand. Da der elektrotonische Zustand lediglich mit dem Magnetfeld, in dem sich der Leiter befindet, verknüpft ist, erscheint eine Neubelebung des Begriffes als überflüssig. Der elektrotonische Zustand bedeutet im wesentlichen nur, daß die jeweilige Substanz von einem magnetischen Induktionsfeld umgeben ist. Dies würde, wenn man so will, einen speziellen Zustand der Materie kennzeichnen, jedoch hatte FARADAY ursprünglich mehr dahinter vermutet. MAXWELL schrieb über den elektrotonischen Zustand folgendes:

„Die Geschichte dieser Idee im Denkprozeß FARADAYS, wie er sich in seinen „Untersuchungen“ niederschlägt, lohnt eine Betrachtung sehr. Auf Grund seiner Experimente und durch intensives Nachdenken hat er, jedoch ohne die Hilfe mathematischer Rechnungen, auf die Existenz eines Zustandes bzw. einer Größe geschlossen, von der wir heute wissen, daß sie eine mathematische Größe darstellt. Man kann diese Größe als die fundamentale Größe in der Theorie des Elektromagnetismus ansehen. FARADAY war zu der Konzeption auf rein experimentellem Wege gelangt und hatte angenommen, daß es sich dabei um einen besonderen physikalischen Zustand der Materie handelte. Doch er war auch bereit, seine Theorie aufzugeben, sobald er die Erscheinungen durch geeignetere Vorstellungen erklären konnte. Andere Forscher kamen viel später durch rein mathematische Betrachtungen zur gleichen Vorstellung, jedoch soweit ich es übersehe, erkannte niemand in der mathematischen Theorie des Potentials zweier Stromkreise FARADAYS kühne Hypothese des elektrotonischen Zustandes wieder. Diejenigen, die das Problem theoretisch behandelten und damit dem Wege folgten, den hervorragende Forscher mit der mathematischen Beschreibung der Gesetze vorgezeichnet hatten, waren zuweilen nicht in der Lage, die wissenschaftliche Genauigkeit zu würdigen, mit der FARADAY die Gesetze in den ersten beiden Reihen seiner „Untersuchungen" in so erstaunlicher Vollständigkeit dargestellt hat. Der wissenschaftliche Wert der FARADAYschen Konzeption des elektrotonischen Zustandes besteht darin, daß damit die Aufmerksamkeit auf das Verständnis einer bestimmten Größe gerichtet wurde, von deren Änderung die Phänomene abhängen. Ohne eine wesentlich exaktere Fassung der FARADAYschen Konzeption wäre jedoch eine Erklärung der Phänomene nicht möglich gewesen.

Als FARADAY mit seinen elektrischen Experimenten begann, erregte besonders das Experiment von ARAGO die Aufmerksamkeit der Physiker. In diesem Experiment wurde die Ablenkung eines Magneten, der über einer rotierenden Metallscheibe aufgehängt war, bzw. die Drehung einer Scheibe über einem rotierenden Magneten demonstriert. Auf diese Weise konnten auch recht schwere Magneten abgelenkt werden. Die damaligen Erklärungsversuche hatten durchweg magnetische Erscheinungen in der rotierenden Scheibe und eine gewisse mit dem Magnetisierungsprozeß zusammenhängende Zeitverzögerung herangezogen. FARADAY sah sehr schnell, daß seine Induktionsströme eine viel zutreffendere Erklärung des Experimentes lieferten und daß ARAGOS Scheibe die Grundlage für die Konstruktion einer neuen elektrischen Maschine bildete. Indem er am äußeren Rand der Scheibe Schleifkontakte anbrachte, entstand der erste Dynamo. FARADAY widerlegte schließlich die magnetischen Erklärungsversuche. Zu diesem Zwecke brachte er sowohl oberhalb als auch unterhalb der Scheibe einen Magneten an. Standen sich die gleichnamigen Pole gegenüber, verschwand der Effekt, während er sich bei der Gegenüberstellung der ungleichnamigen Pole verstärkte. Dies war gerade das Gegenteil dessen, was man nach der Theorie des induzierten Magnetismus erwartete. Die FARADAYsche Theorie der Induktionsströme gab jedoch eine zwanglose Erklärung des Ergebnisses. Dieser kleine Triumph über die „Mathematik" bereitete FARADAY einiges Vergnügen. Nach Abschluß der ersten Reihe seiner experimentellen Untersuchungen schrieb er von Brighton aus an seinen Freund PHILLIPS:

> Es ist sehr erfreulich zu wissen, daß das Experiment nicht hinter der Mathematik zurückzustehen braucht, sondern erfolgreich mit ihr konkurrieren kann. Ich bin erstaunt, daß das, was die Mathematiker als die wesentliche Bedingung für die Rotation (in ARAGOS Experiment) hingestellt haben, nämlich die zeitliche Verzögerung, eine so schwache Grundlage besitzt. Danach würde der Effekt ebenso auftreten, wenn sich die Zeitverschiebung gerade nach der anderen Seite erstreckt, d. h. wenn die Ströme bereits vor dem Vorbeilaufen des Magneten entstünden, anstatt nachher.[1])

FARADAYS frohe Stimmung war in diesem Falle sicherlich gerechtfertigt. Viel Aufmerksamkeit widmete FARADAY dem möglichen Einfluß der magnetischen Eigenschaften seines Leitermaterials auf die induzierten Ströme. Dies hing eng mit seiner Idee des elektrotonischen Zustandes zusammen. Das Ergebnis einer umfangreichen Versuchsreihe war, daß solche Eigenschaften überraschenderweise keinen Einfluß ausübten. Er hatte Leiter aus unterschiedlichem Material an die beiden Klemmen des Galvanometers angeschlossen und erwartet, daß ein Differenzeffekt auftreten müsse, wenn ein solcher Stromkreis zwischen den Polen eines Magneten hindurchgezogen wurde. Da ein Differenzeffekt nicht zu beobachten war, baute er ein spezielles Differentialgalvanometer,

---

[1]) BENCE JONES, Bd. II, S. 10.

um das Problem weiterverfolgen zu können. Das Galvanometer besaß zwei Spulen, an die aus unterschiedlichen Metallen aufgebaute Stromkreise angeschlossen werden konnten. Mit diesem Gerät gelang ihm schließlich der Nachweis von Differenzeffekten. Das Galvanometer wird in den im Teil 2 abgedruckten Paragraphen 205 bis 213 beschrieben. Faraday hat das Galvanometer bei diesem Versuchen im ballistischen Bereich benutzt, obwohl damals der Unterschied zwischen einem ballistischen und einem stetigen Ausschlag im allgemeinen noch nicht genügend beachtet wurde. Ein Resultat der Versuche war, daß er die Unterschiede zwischen verschiedenen Metallen vollständig durch deren unterschiedliche elektrische Leitfähigkeit erklären konnte. Dieses Ergebnis war für die Theorie der Elektrizität von grundlegender Wichtigkeit, denn es zeigte, daß die in einem Stromkreis induzierte elektromotorische Kraft unabhängig vom Material ist, aus dem der Stromkreis besteht.

Ein weiteres Ergebnis seiner Versuche war die Einteilung der Substanzen in drei Klassen bezüglich ihres Verhaltens im Magnetfeld. Eine Gruppe umfaßte magnetische Stoffe wie Eisen, die selbst im ruhenden Zustand beeinflußt wurden. Dann kamen elektrische Leiter, bei denen eine Wirkung nur im bewegten Zustand zu beobachten war, und schließlich eine Gruppe, bei der weder im ruhenden noch im bewegten Zustand eine Wirkung auftrat. Es ist interessant, daß Faraday lange Zeit versuchte, die Induktion mit einer Eigenschaft der Substanzen in Zusammenhang zu bringen. Nach seiner Ansicht erschien es ganz natürlich, einen speziellen elektrotonischen Zustand zu postulieren, um das Phänomen zu erklären.

Faraday experimentierte dann mit Induktionsströmen, die er durch Bewegung von elektrischen Leitern im Erdfeld erhielt. Er benutzte dazu Magnetspulen und rotierende Scheiben. Er kam sogar auf die Idee, die Möglichkeit einer Strominduktion im stehenden und fließenden Wasser zu prüfen. Entsprechende Versuche wurden auf dem See am Kensington Palast und an der Waterloo-Brücke gemacht. Er erhielt jedoch in keinem Falle positive Ergebnisse. In diesem Stadium lieferten seine Experimente über die Induktion im Erdfeld nichts weiter als einen Nachweis für deren Existenz. Es kam zunächst nichts wesentliches zu seiner Entdeckung der elektromagnetischen Induktion hinzu. Später griff er diese Fragen mit großem Erfolg wieder auf. Bevor wir näher darauf eingehen, wollen wir uns mit seiner nächsten wichtigen Entdeckung, und zwar mit der Selbstinduktion, beschäftigen. Wir haben gesehen, auf welche Weise FARADAY das Auftreten dieser Erscheinung mit Hilfe seiner Theorie des elektrotonischen Zustandes voraussagen konnte. So ist es verständlich, daß er eine Beobachtung, die ihm von einem gewissen WILLIAM JENKIN mitgeteilt wurde, interessiert aufnahm. JENKIN hatte einen Funken beim Abschalten eines Elektromagneten und einen elektrischen Schlag beim Festhalten der Drähte bemerkt. Für beides konnte die Batterie nicht direkt verantwortlich sein.

FARADAY konnte über Anregungen und Vorschläge, die von Nichtfachleuten gemacht wurden, sehr scharf urteilen. BENCE, JONES zitiert ihn:

Die Zahl der Vorschläge, die mir wegen irgendwelcher Entdeckungen oder Angelegenheiten verschiedenster Art sehr bereitwillig und mit großer Reverenz und Einfalt seitens der Absender gemacht wurden, ist auffallend groß. Nicht weniger auffällig ist, daß sie alle wertlos gewesen sind. Eine Ausnahme bildet da nur die Mitteilung von Herrn JENKIN.

Wenn jemand zum ersten Mal Einsicht in eine Analogie oder in gewisse Zusammenhänge gewinnt, wie unvollständig dies auch sein mag, so ist seine Annahme ganz natürlich, daß es sich dabei um einen neuen, bisher noch nicht diskutierten Gegenstand handelt. Es ist jedoch recht selten, daß über ein solches Problem nicht schon von einem Wissenschaftler nachgedacht wurde und es danach als unbrauchbar beiseite gelegt wurde. Im allgemeinen habe ich stets gefunden, daß Leute, deren geistige Fähigkeiten von Natur aus oder durch eigene Bildung prädestiniert waren, gute und wertvolle Vorschläge zu machen, auch tatsächlich in der Lage waren, Ideen vorzubringen und auszuarbeiten.

Die „Freiwilligen" stellen für den erfahrenen Forscher eine ernsthafte Behinderung dar.[1])

Über die Entdeckung der Selbstinduktion wird in der Neunten Reihe der „Experimentellen Untersuchungen über Elektrizität" berichtet. Die Arbeiten stellen einen Einschub dar. Die erstmalige Beobachtung der elektromagnetischen Induktion war in die Zeit nach der Beschäftigung mit statischer und strömender Elektrizität gefallen. Dieses Problem war vorher noch nicht ausreichend geklärt worden. FARADAY hatte sich ebenfalls bereits mit der Elektrolyse, wobei er die wesentlichen Elemente der modernen Terminologie auf diesem Gebiet einführte, und mit der Theorie der elektrischen Spannungszelle befaßt. Der Bericht über die Entdeckung der Selbstinduktion charakterisiert FARADAYS Stil besonders gut. Die Experimente sind einfach, sie sind klar beschrieben und erfordern kaum weitere Anmerkungen. Wegen der Ausführlichkeit, mit der FARADAY seine Experimente beschrieb, ist eine vollständige Wiedergabe der Texte nicht möglich. Wir hoffen jedoch, daß die getroffene Auswahl repräsentativ für seine Arbeiten ist.

Die Ergebnisse, die FARADAY bis dahin erhalten hatte, waren qualitativer Natur. Es wäre für ihn damals schwierig gewesen, viel weiter zu gehen. Selbst die Gesetze des elektrischen Stromkreises wurden keineswegs vollständig verstanden. Zwar waren die OHMschen Experimente bereits 1826 gemacht worden, jedoch wurden weder ihre Folgerungen bis ins letzte verstanden noch ihre Ergebnisse allgemein akzeptiert. Der unmittelbare Zusammenhang zwischen der elektromotorischen Kraft, die OHM in Analogie zum Wärmestrom abgeleitet hatte, und dem elektrischen Potential war noch nicht bekannt, obwohl ihre Identität vermutet wurde. Auch existierte noch kein allgemein gültiges Maßsystem.

Unter den magnetischen Kraftlinien in der Nähe von Magneten oder elektrischen Strömen verstand FARADAY

---

[1]) BENCE JONES, Bd. II, S. 45.

anfangs einfache Linien, die die Orientierung einer kleinen Kompaßnadel in jedem Raumpunkt angaben. Er hatte diese Linien mit Hilfe von Eisenfeilspänen sichtbar machen können. Die Tafeln III und IV zeigen einige seiner Zeichnungen. Es gelang FARADAY schließlich, über rein qualitative Ergebnisse hinauszugehen, und er stellte das Induktionsgesetz in der Gestalt $E = -\mathrm{d}N/\mathrm{d}t$ auf. Dieses Gesetz trägt seinen Namen.

Im Paragraphen 3071, der in den Auszügen abgedruckt ist, beschreibt FARADAY, wie man die sogenannte „magnetokristalline Achse eines Wismutkristalls" zur Bestimmung der Richtung der Kraftlinien heranziehen kann. Einige Erläuterungen dazu sind vielleicht angebracht. FARADAY hatte beobachtet, daß sich rekristallisierte Wismutproben aus großen Kristallen mehr oder weniger regelmäßig anordneten, obwohl sie sich diamagnetisch verhielten und aus dem Bereich hoher magnetischer Feldstärke herausgedrängt wurden. In einem homogenen Feld richteten sich solche Proben von selbst aus, oft mit der langen Probenachse in Feldrichtung. Bei Einkristallen richtete sich stets eine bestimmte Achse parallel zum Feld aus. FARADAY postulierte daraufhin eine neue Art von Kraft, deren Charakter weder paramagnetisch noch diamagnetisch war. Diese Kräfte sollten einfach eine Orientierung im Magnetfeld und kein Herausdrängen oder Hineinziehen in das Gebiet hoher Feldstärke bewirken. FARADAY nannte sie „magnetokristalline Kraft". Der Effekt wurde später von TYNDALL und KNOBLAUCH untersucht, die zeigen konnten, daß gewöhnliche magnetische und diamagnetische Eigenschaften zur Erklärung ausreichen.

An dieser Stelle seien noch einige Erklärungen zu Paragraph 3075 angeschlossen, in dem FARADAY Beziehungen zwischen dem Vakuum und der magnetischen Kraft behandelte. Seine Vorstellungen zu diesem Problem haben sich im Laufe der Zeit geändert. Damals schien er das Vakuum als einen vierten Zustand der Materie angesehen zu haben, während er zu anderer Zeit von einem leeren Raum sprach. Die Frage nach der Beziehung zwischen dem Vakuum und der magnetischen Kraft war bei der Entdeckung des Diamagnetismus aufgetaucht. Faraday fand, daß sich ein evakuierter Raum wie eine diamagnetische Substanz verhielt, wenn er von einem paramagnetischen Medium umgeben war, und daß er paramagnetische Eigenschaften zeigte, wenn man ihn mit einem diamagnetischen oder paramagnetischen Medium umgab. Dies veranlaßte ihn dazu, dem Vakuum eine Zwischenposition in einer Aufstellung der para- und diamagnetischen Substanzen zuzuordnen. An anderer Stelle identifizierte er das Vakuum mit dem Nullpunkt einer Materialskala, bei der die paramagnetischen Stoffe auf der einen und die diamagnetischen Stoffe auf der anderen Seite des Vakuums angeordnet waren. Im Paragraphen 3075 scheint Faraday der ersten Alternative zu folgen.

Bei der quantitativen Formulierung des Induktionsgesetzes stand Faraday vor besonderen Schwierigkeiten, da er nicht im Rahmen einer bekannten quantitativen Theorie des Magnetismus arbeitete. Solche Theorien basierten auf dem Gesetz der reziproken Abstandsquadrate und waren entweder mit den damals populären magnetischen Flüssigkeiten oder mit der Vorstellung magnetischer Pole oder Ampèrescher Molekularströme verknüpft. Auf diese Weise konnte er kein quantitatives Maß für die Feldstärke des Magnetfeldes definieren. Er stellte sich vor, daß in einem Raumgebiet, in dem die magnetischen Linien, angedeutet durch seine Eisenfeilspäne, zusammengedrängt wurden, starke magnetische Kräfte herrschten und daß diese Kräfte andererseits schwächer waren in Gebieten, in denen die Linien weniger dicht lagen. Dies war jedoch eine rein qualitative Vorstellung, und es gelang Faraday nicht, seine Vorstellungen exakter zu fassen. In seinen Arbeiten benutzte er den Begriff der Kraft in recht ungenauer Bedeutung. Kraft war etwa das, was entlang der Kraftlinien im Raume wirkte. Um das magnetische Feld quantitativ festzulegen, mußte FARADAY die induzierte elektromotorische Kraft in einem bewegten Leiter benutzen. Es erhebt sich deshalb die Frage, ob das FARADAYsche Induktionsgesetz nicht einen tautologischen Charakter besitzt. Die Art und Weise, wie er das Gesetz abgeleitet hat, deutet mehr auf eine Definition der Größe N mit Hilfe von E hin. Selbstverständlich ist das FARADAYsche Gesetz auch mit einem tautologischen Charakter nicht nutzlos. Man könnte so ein Magnetfeld mit Hilfe der elektromagnetischen Induktion beschreiben. Bei bekanntem Feld wäre es dann möglich, die elektromotorische Kraft vorauszubestimmen, die in einem anderen, in bestimmter Weise bewegten Stromkreis induziert wird. Das würde jedoch bedeuten, daß das Konzept der elektromotorischen Kraft eine logische Voraussetzung für die magnetische Feldstärke wäre. Eine Messung der elektromotorischen Kraft, die die Kenntnis der magnetischen Feldstärke voraussetzt, wäre nur relativ und nicht absolut.

Es scheint, daß FARADAY in seiner Arbeit „Über die magnetischen Kraftlinien, ihren definiten Charakter und ihre Verteilung innerhalb eines Magneten und im Raum" die quantitative Darstellung eines magnetischen Feldes durch die Zahl der Kraftlinien, die durch die Flächeneinheit senkrecht zur Kraftrichtung gehen, für möglich gehalten hat. Er nahm an, daß für seine Kraftlinien eine Kontinuitätsbedingung gilt. Dies ist in den Paragraphen 3091 und 3100 näher ausgeführt. Im Paragraph 3100 ist die Rede von der Wirkung eines Magneten, die sich bis zu einem beliebigen Abstand erstreckt, jedoch hat FARADAY nicht ausdrücklich die Tatsache erwähnt, daß die Kontinuität seiner Kraftlinien dem Gesetz der reziproken Abstandsquadrate äquivalent ist. Bekanntlich kann nur ein divergenzfreies Vektorfeld quantitativ durch geschlossene Linien gemäß der FARADAYschen Methode dargestellt werden. Um also die Methode anwenden zu können, muß vorher die Divergenzfreiheit des Feldes gezeigt werden. (Für eine Diskussion dieses Sachverhaltes in Verbindung mit Magnetfeldern, erzeugt durch elektrische Ströme, siehe „Frühe Elektrodynamik, Das erste Durchflutungsgesetz“, S. 69.) Faraday war während seines ganzen wissenschaftlichen Lebens sehr vorsichtig mit impliziten Annahmen und hat stets auf die Gefahr eines solchen Vorgehens hingewiesen. Aus den beiden erwähnten Paragraphen läßt sich nicht zweifelsfrei entnehmen, ob Faraday die Notwendigkeit, die Divergenzfreiheit seiner magnetischen Feldstärke zu zeigen, gesehen hat oder nicht. Im Paragraph 3107 hat Faraday jedoch experimentell gezeigt, daß in einem Draht, der vom Äquator zum Pol des Magneten läuft und einmal um die Achse des Magneten rotiert, unabhängig von seiner Ausdehnung oder Form stets der gleiche Strom induziert wird. Diese Tatsache und auch die Experimente, die nachwiesen, daß in einer Stromschleife keine elektromotorische Kraft induziert wird, wenn diese vollständig außerhalb des Magneten liegt und um die Achse des Magneten rotiert, haben gezeigt, daß man die induzierte elektromotorische Kraft quantitativ durch die Anzahl der Feldlinien charakterisieren kann, die den Stromkreis durchsetzt. Die Linien hat man sich dabei als stetige und geschlossene Kurven vorzustellen; sie liegen in den Ebenen, die durch die Achse des Magneten gegeben werden. Aus mehreren seiner Experimente ließ sich entnehmen, daß die Richtung dieser Linien mit der Richtung der Kraftlinien zusammenfiel, wie sie durch die Eisenfeilspäne aufgezeichnet wurden. Faraday zögerte nicht, beide Arten von Linien miteinander zu identifizieren. Dies war etwa der damalige Wissensstand, soweit man Experimente mit Magneten betrachtet. Man erhält auch einen Eindruck, wie Faraday diese Probleme bearbeitet hat. Wenig später hat Faraday alle diese Experimente mit einem von ihm konstruierten Galvanometer mit geringem Widerstand wiederholt. Mit diesem Gerät erhielt er wesentlich größere Ausschläge als früher. Praktisch lag jetzt der gesamte Widerstand außerhalb des Galvanometers. Aus Platzmangel können diese Experimente nicht in den Auszügen gebracht werden. Sie fügen zu seinen bisherigen Untersuchungen nichts wesentlich Neues hinzu, jedoch gelang FARADAY damit mit größerer Sicherheit der Nachweis, daß der im bewegten Leiter induzierte Strom sich umgekehrt proportional zum Widerstand des Stromkreises verhält. (FARADAYS Abb. 13 und 14.)

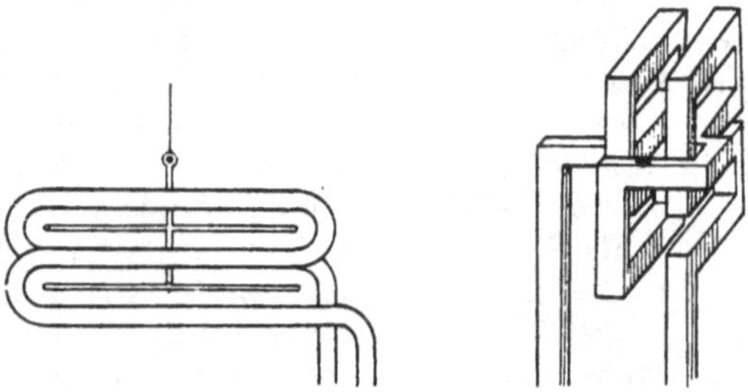

FARADAYS Abb. 13 und 14

FARADAYS Kraftlinien, die er sich als geschlossene Kurven vorstellte, die durch das Material des Magneten hindurchlaufen, sind die Feldlinien der magnetischen Induktion B. Nach seiner Interpretation blieben die Kraftlinien während der Rotation eines Magneten um seine Achse stationär im Raum. Allerdings folgt dies nicht aus seinen Beobachtungen, da nach der Anordnung seiner rotierenden Stromschleifen keine resultierende elektromotorische Kraft induziert werden konnte, selbst wenn sich die Kraftlinien mit dem Magneten mitbewegten.

Der nächste und auch letzte Schritt bei der quantitativen Diskussion des elektromagnetischen Induktionsgesetzes waren Experimente im homogenen Feld. Diese Untersuchungen werden in den Paragraphen 3177 und 3192 bis 3199 beschrieben. Die dazwischenliegenden Paragraphen geben eine Beschreibung des Galvanometers mit geringem Innenwiderstand. Das Konstruktionsprinzip läßt sich aus den Abbildungen 13 und 14 entnehmen. Das Gerät besaß Spulen mit doppelt um die astatischen Nadeln geführten Windungen (siehe Abb. 14).

Abb. 13 zeigt ein einfacheres Instrument, das Faraday in früheren Experimenten benutzt hatte. Es besaß nur eine Windung um jede Nadel.

Faradays Experimente über die Induktion in elektrischen Leitern, die im homogenen Magnetfeld der Erde bewegt wurden, demonstrieren, daß die dabei in Bewegung gesetzte Elektrizitätsmenge sich proportional zur rotierenden Fläche des Leiterkreises verhielt. Die vorausgehenden Experimente mit Magneten hatten gezeigt, daß der Strom umgekehrt zum Widerstand des Stromkreises variierte. Faßt man die Ergebnisse zusammen, ergibt sich als Schlußfolgerung aus Faradays Experimenten, daß die induzierte elektromotorische Kraft proportional zur zeitlichen Änderung des durch den Stromkreis hindurchlaufenden magnetischen Feldlinienflusses ist. Faradays Ergebnisse dürften innerhalb von fünf Prozent miteinander konsistent sein. Faradays Arbeit über die Induktion im Magnetfeld der Erde war am 31. Dezember 1851 bei der Royal Society eingegangen, also 20 Jahre nach der Arbeit, in der er über seine Entdeckung der elektromagnetischen Induktion berichtet hatte. Er nannte die Arbeit „Über die Anwendung von Induktionsströmen als Test und Maß für magnetische Kräfte". Der Titel macht deutlich, daß Faraday die Induktionsmethode zur Messung der magnetischen Feldstärke herangezogen hat. Da er keine anderen Experimente zur quantitativen Bestimmung der Feldstärke vorgeschlagen hat, ist sein Vorgehen äquivalent zu einer Definition der magnetischen Feldstärke über die induzierte elektromotorische Kraft. Zwei Gesichtspunkte sind dabei zu beachten. Erstens konnte Faraday im Falle des konstanten Erdfeldes das Induktionsgesetz nur in einer Form ableiten, in der die zeitliche Änderung des magnetischen Flusses in der Bewegung des Leiters begründet war. Seine Experimente liefern keine Aussage für den Fall, wenn der durch einen festen Stromkreis hindurchgehende Fluß selbst variiert wird. Zum anderen lassen sich Faradays Experimente in der folgenden Aussage zusammenfassen. Die zeitliche Änderung der Feldlinienzahl, die von einem im statischen Magnetfeld bewegten Stromkreis umschlossen wird, ist definiert durch die Relation

$$\frac{\mathrm{d}N}{\mathrm{d}t} = -E. \tag{I}$$

Dabei ist E die induzierte elektromotorische Kraft. Diese Beziehung sagt nichts über die Kraft aus, die ein magnetischer Pol oder ein Strom im so definierten Feld erfährt. Ebensowenig wird eine Aussage über die Stärke eines Feldes gemacht, das von einem Magneten oder einem elektrischen Strom hervorgerufen wird. Um das von FARADAY definierte Feld mit dem Feldausdruck zu identifizieren, wie er sich mit Hilfe der AMPÈREschen Kräfte auf Magneten oder Ströme gewinnen läßt, ist die Angabe eines weiteren Experimentes bzw. die Angabe des theoretischen Zusammenhanges erforderlich. Damit wird sich das nächste Kapitel beschäftigen.

Kapitel IV

Die logische Einordnung des elektromagnetischen Induktionsgesetzes

Es gibt genügend experimentelle Beweise, um das FARADAYsche Induktionsgesetz auf vier Stellen genau zu belegen. Das Gesetz wird jedoch auch in Fällen benutzt, bei denen eine Genauigkeit von sechs Stellen verlangt wird. Die Rechtfertigung einer solchen Extrapolation erfordert weitergehende Untersuchungen. Andererseits regen die experimentellen Belege für das Gesetz auch Anwendungen solcher Experimente in anderen Gebieten an. Die experimentelle Prüfung des Induktionsgesetzes erfordert eine unabhängige Messung der elektromotorischen Kraft und des magnetischen Flusses. Es gibt nur zwei grundlegende Verfahren, um eine elektromotorische Kraft unabhängig vom Induktionsgesetz zu messen. Einmal kann dies mit Hilfe eines elektrostatischen Elektrometers, etwa eines Scheibenelektrometers, geschehen, bei dem die Spannung aus der gemessenen Kraft und der Geometrie bestimmt wird, oder man zieht ein Wärmeexperiment heran, wobei das mechanische Wärmeäquivalent bekannt sein muß. Das erste Meßverfahren liefert nicht die geforderte Genauigkeit, und auch das zweite Verfahren kann nur mit einer Genauigkeit von vier Stellen ausgeführt werden. Beim zweiten Verfahren treten außerdem zwei weitere Probleme auf. Das eine betrifft die bereits erwähnte Extrapolation, die zweite Schwierigkeit besteht darin, daß für die Messung des mechanischen Wärmeäquivalents elektrische Methoden hier nicht in Frage kommen. Das Faradaysche Induktionsgesetz berührt sowohl die Grundlagen der elektromagnetischen Theorie als auch die der elektrischen Meßtechnik. Für den Aufbau einer axiomatisch deduktiven Form der elektromagnetischen Theorie ist es von großer Wichtigkeit, den Gültigkeitsgrad dieses Gesetzes zu kennen. Ebenso wichtig ist diese Kenntnis, wenn man die theoretischen Überlegungen auf der Grundlage der Messungen aufbauen will. Elektrische Messungen basieren auf zwei grundlegenden absoluten Bestimmungsverfahren. Das eine besteht in der Messung des Stromes mit Stromabgleichmethoden. Es benutzt nur das erste Durchflutungsgesetz, d. h. das Ampèresche Gesetz der Wirkung von Stromelementen. Bei jeder grundlegenden Untersuchung wird dadurch der Begriff des Stromes festgelegt. Im betrachteten Falle wird der Strom nur durch die magnetischen Kräfte zwischen stromdurchflossenen Leitern charakterisiert; die quantitativen Aussagen in Abhängigkeit von der Geometrie können aus der Ampèreschen Formel entnommen werden. Mit dem zweiten grundlegenden Verfahren werden Widerstände oder Potentialdifferenzen gemessen. In den Laboratorien wird dies üblicherweise mit Methoden, die auf der elektromagnetischen Induktion beruhen, ausgeführt. Eine Analyse würde auch hier zu der Schlußfolgerung führen, daß Potentialdifferenzen, wie sie vom Voltmeter angezeigt oder von der Standardzelle erzeugt werden, nichts anderes bedeuten als die zeitliche Änderung des magnetischen Flusses, gemessen in Einheiten von Linien pro Zeiteinheit. In theoretischen Überlegungen wird die Potentialdifferenz jedoch nicht auf diese Weise definiert, sondern mit der Arbeit in Zusammenhang gebracht. Im allgemeinen gibt man dieser theoretischen Definition den Vorzug. Das FARADAYsche Gesetz liefert nun die Verknüpfung zwischen beiden Definitionen und spielt somit eine grundlegende Rolle für die Spannungsmessung. Die logische Einordnung des Gesetzes ist sowohl für die praktische als auch für die theoretische Physik von Bedeutung. Man kann drei Möglichkeiten diskutieren. Erstens könnte das FARADAYsche Induktionsgesetz einen tautologischen Charakter besitzen, ähnlich wie die beiden ersten NEWTONschen Gesetze. Die zweite Möglichkeit besteht darin, das Induktionsgesetz aus dem Gesetz der magnetischen Wirkung elektrischer Ströme und dem Energieerhaltungsprinzip abzuleiten. Drittens bleibt zu untersuchen, ob das Gesetz direkt auf einem unabhängigen Experiment basiert. Die erste Alternative schließt Schwierigkeiten in der elektrischen Meßtechnik nicht aus. Das Gesetz definiert dann lediglich den Induktionsfluß mit Hilfe der induzierten elektromotorischen Kraft. Das Problem, den Fluß mit der Wirkung stationärer Ströme zu verknüpfen, bliebe bestehen, so daß die Schwierigkeiten nur verlagert würden. Die zweite Alternative würde die Schwierigkeiten vollständig beheben. Wendet man sich andererseits der dritten Alternative zu, so erhebt sich die Frage nach Experimenten, auf die man ausreichendes Vertrauen setzen kann, um die Benutzung des Gesetzes zu rechtfertigen. Bei praktischen Messungen benötigt man im Zusammenhang mit dem Induktionsgesetz eine Genauigkeit von mindestens fünf Stellen. FARADAYS ursprüngliche Experimente reichen dafür nicht aus, sie brachten nur eine Genauigkeit von etwa einem Prozent.

Wir haben bereits gesehen, daß das Induktionsgesetz, wie es von FARADAY formuliert wurde, zumindest Elemente einer Tautologie enthält. FARADAY bestimmte seine Magnetfelder durch die Induktionswirkung in bewegten Drähten. Es ist ohne Zweifel tautologisch, wenn man das Experiment umkehrt und das so erhaltene Magnetfeld bei der Messung der induzierten elektromotorischen Kraft benutzt. Eine Absolutbestimmung von Potentialdifferenzen durch Induktion in einem Magnetfeld, das selbst durch Messungen, die Potentialdifferenzen enthielten, bestimmt wurde, ist selbstverständlich nicht möglich. FARADAYS Experimente zeigten, daß die elektromagnetische Induktion im Rahmen der erreichbaren Genauigkeit mit der Bewegung eines Leiters in einem Feld verknüpft werden konnte. Auf diese Weise ließ sich ein divergenzfreies Feld in Betrag und Richtung durch stetige geschlossene Linien darstellen. Die bei Eichungen verwendeten Felder werden selbstverständlich nicht mit Hilfe der Induktion bestimmt. Die Messung von Potentialdifferenzen wird auf die Berechnung der Selbst- oder Gegeninduktivität einer LORENZ-Scheibe, Meßbrücke oder ähnlicher Anordnung zurückgeführt. (Die Messungen liefern meistens den Widerstand und nicht sofort die Potentialdifferenz. Dies ist jedoch nicht wesentlich, da man die Potentialdifferenz leicht mit Hilfe des Normal-Ohms und der Kenntnis des Stromes berechnen kann.) Die Eichinduktivität erhält man aus der Geometrie unter Zuhilfenahme des AMPÈREschen Gesetzes der Wirkung von Stromelementen. Im weiteren Prozeß hat man dann die FARADAYschen Kraftlinien, definiert durch die Induktion, mit den Kraftlinien des magnetischen Feldes gleichzusetzen, das durch das AMPÈREsche Gesetz beschrieben wird. Obwohl diese Identifizierung sehr naheliegt, benötigt man noch einen experimentellen Nachweis dafür, daß a) die FARADAYschen Kraftlinien exakt mit den auf magnetischem Wege bestimmten Linien übereinstimmen — bereits ein so einfaches Verfahren wie das Ausstreuen von Eisenfeilspänen in der Nähe von Magneten oder Strömen stützt diese Aussage in einem gewissen Genauigkeitsgrad — und daß b) die Proportionalitätskonstante im FARADAYschen Gesetz den Wert Eins annimmt, wenn die Feldstärke durch die AMPÈREsche Beziehung festgelegt wird. Bei der Diskussion über die Gültigkeit von physikalischen Gesetzen nimmt man im allgemeinen an, daß sie nicht nur durch ein bestimmtes Experiment belegt werden, sondern durch die Gesamtheit der beobachtbaren Resultate, die man aus ihnen folgern kann. Dies ist zwar richtig, betrifft in unserem Falle aber nur einen Teil der Schwierigkeiten. Die Ursache liegt darin, daß die grundlegenden Eichexperimente notwendigerweise mit außerordentlich genauen Messungen verbunden sind. Auch heute sind Messungen für Eichzwecke nur möglich, wenn man die Hilfsmittel eines großen Eichlaboratoriums zur Verfügung hat; und selbst dann werden solche Experimente relativ selten durchgeführt. Mittelbare Beweise, wie sie sich aus der Überprüfung anderer Deduktionen gewinnen lassen, besitzen im allgemeinen einen geringeren Genauigkeitsgrad und tragen damit nur in geringerem Maße zur Klärung bei. Die metaphysische Annahme, daß die physikalischen Gesetze stets mit kleinen ganzen Zahlen befriedigt werden können, ist selbstverständlich nicht haltbar. Beispielsweise kann eine ungenaue Messung nicht entscheiden, ob ein Gesetz der reziproken Abstandsquadrate vorliegt oder nicht. Beim Zurückgreifen auf ungenaue Messungen ist die Möglichkeit des Irrtums offenbar groß, zumal, wenn noch Extrapolationen vorgenommen werden. Es ist schwierig, eine philosophische Rechtfertigung für die Annahme zu finden, daß die Natur im wesentlichen einfach sein muß. Eher das Gegenteil liegt vor. Durch eine lebenslange Beschäftigung mit einem sehr begrenzten Gebiet wird man im allgemeinen seine Komplexität nicht ausschöpfen. Andererseits sind die Gesetze, die wir zur Naturbeschreibung verwenden, die einfachsten, die diesem Zweck genügen. WITTGENSTEIN bemerkt dazu in seinem „Tractatus“: „Wir machen uns unsere eigenen Bilder von den Tatsachen“. Es wäre natürlich töricht, diese Bilder komplizierter zu machen, als es der Zweck, für den sie gebraucht werden, erfordert. Nichtsdestoweniger können Bilder nur innerhalb ihrer überprüften Grenzen eine hinreichende Beschreibung geben. Diese Gesichtspunkte zeigen auch, daß die Messungen der Eichlaboratorien nicht nur die Zahlenwerte für bestimmte Grundgrößen bereitstellen, sondern gleichzeitig Beweise für die zugrundeliegenden physikalischen Gesetze liefern. Wir wollen jedoch eine weitere Erörterung dieser Probleme zunächst zurückstellen und die Möglichkeit einer Herleitung des FARADAYschen Gesetzes aus den bekannten Gesetzmäßigkeiten für die Wechselwirkung von Strömen und aus allgemeinen physikalischen Prinzipien prüfen. Wenn eine solche Herleitung möglich ist, wären die Schwierigkeiten damit beseitigt.

Bei der Untersuchung der verschiedenen Methoden, die für den Beweis des FARADAYschen Gesetzes vorgeschlagen wurden, sollte man sich davor hüten, bereits einen Teil der Beweisführung als den vollständigen Beweis anzusehen. Nach dem elektromagnetischen Induktionsgesetz ist die längs eines Leiters wirkende elektromotorische Kraft gegeben durch

$$\frac{\mathrm{d}}{\mathrm{d}t}\int \boldsymbol{B}\cdot \mathrm{d}\boldsymbol{S} \tag{1}$$

wobei $\mathrm{d}\boldsymbol{S}$ ein Element der vom Leiter umrandeten Fläche ist. Ein äquivalenter Ausdruck ist

$$\int \left(\frac{\partial \boldsymbol{B}}{\partial t} + \boldsymbol{u}\cdot \operatorname{div} \boldsymbol{B} - \operatorname{rot}\,(\boldsymbol{u}\times\boldsymbol{B})\right) \mathrm{d}\boldsymbol{S} \tag{2}$$

($\boldsymbol{u}$ stellt dabei die Geschwindigkeit eines Leiterelementes dar). Der erste Term enthält die zeitliche Änderung der Feldstärke, der zweite den Zusatzanteil der Feldlinien, bedingt durch die Geschwindigkeit $\boldsymbol{u}$ des Stromkreises, und der dritte Term berücksichtigt die Flußänderung auf Grund der Überschneidung zwischen Feldlinien und bewegtem Leiter. Wenn man den FARADAYschen Induktionsfluß mit dem des AMPÈREschen Feldes identifiziert, folgt $\operatorname{div} \boldsymbol{B} = 0$, und der zweite Term im obigen Ausdruck verschwindet. Betreffs des dritten Terms hat FARADAY nicht eindeutig zwischen der Flußänderung infolge der Bewegung und der direkten Flußänderung unterschieden. Für FARADAY waren die Kraftlinien eine physikalische Realität, und er stellte sich vor, daß sich die Linien beim Einschalten eines Stromes vom Draht aus nach außen hin ausbreiten, während sie beim Ausschalten des Stromes wieder in sich zusammenfallen. Eine solche physikalische Vorstellung erfordert jedoch noch eine genauere Rechtfertigung, da es nicht von vornherein klar ist, wie der Fluß erzeugt wird.

Um die Geschichte des Induktionsgesetzes bis zu ihrem Anfang zu verfolgen, müssen wir neben FARADAY auch die Physiker des Kontinents betrachten. Sie haben eine andere Entwicklungslinie durchlaufen. Im Gegensatz zu FARADAYS Arbeiten begründeten sich ihre Untersuchungen auf dem Fernwirkungsprinzip, angeregt durch die NEWTONsche Gravitationstheorie. Sie benutzten die Gesetze der reziproken Abstandsquadrate aus Elektrostatik und Magnetismus sowie das AMPÈREsche Gesetz der Kraftwirkung zwischen Stromelementen. FRANZ NEUMANN (1798–1895) versuchte als erster, das elektromagnetische Induktionsgesetz und die Gesetze, die die Elektrostatik und den Fall stationärer Ströme beschreiben, zu einer einheitlichen Theorie zusammenzufassen. Mit Hilfe des AMPÈREschen Gesetzes kann man zeigen, daß die von einem mit dem Strom i durchflossenen Leiter ausgeübte Kraft von der Potentialfunktion iN ableitbar ist, wobei N die Zahl der Kraftlinien darstellt, die vom Stromkreis umfaßt werden. Die Kraftlinien können dabei von benachbarten stromdurchflossenen Leitern oder von Magneten hervorgerufen werden (siehe Frühe

Elektrodynamik, Das erste Durchflutungsgesetz, S. 91). Die mechanische Arbeit, die geleistet werden muß, um den Stromkreis von einem Ort mit N_1 hindurchlaufenden Kraftlinien zu einem Ort mit N_2 hindurchlaufenden Linien zu bewegen, beträgt $i(N_1 - N_2)$. Dabei müssen jedoch die Ströme in allen Stromkreisen während der Bewegung konstant gehalten werden. Die übertragene Leistung berechnet sich aus $i\,\mathrm{d}N/\mathrm{d}t$. NEUMANN hat gezeigt, daß die Potentialfunktion iN mit der im FARADAYschen Induktionsgesetz auftretenden Funktion identisch ist, d. h., das Induktionsgesetz und die Gesetze, welche die mechanische Wechselwirkung von Strömen beschreiben, sind über diese Potentialfunktion miteinander verknüpft. Dieser Sachverhalt ist natürlich nicht mit einer Herleitung des Induktionsgesetzes aus den Wechselwirkungsbeziehungen zwischen Stromkreisen bzw. dem umgekehrten Vorgang gleichzusetzen. Aus der Tatsache, daß benachbarte Stromkreise aufeinander Kräfte ausüben, folgt keineswegs eine gegenseitige induzierende Wirkung. Die Energiebilanz könnte auch durch das Auftreten chemischer Vorgänge, wie z. B. in elektrischen Zellen, oder durch thermische Wirkungen, wie im Falle eines Thermoelementes, beeinflußt werden. Für die Erzeugung von Strömen müssen solche Vorgänge berücksichtigt werden. Im Zusammenhang mit den Untersuchungen, die zu seiner Potentialfunktion führten, definierte NEUMANN als erster das Vektorpotential $\boldsymbol{A}$. Seine Definitionsgleichung lautet

$$\operatorname{rot} \boldsymbol{A} = \boldsymbol{B}, \tag{3}$$

wobei $\boldsymbol{B}$ die magnetische Induktion ist. Damit entsteht für den Induktionsfluß durch eine Fläche S, die von einem mit dem Strom i durchflossenen Leiter umrandet wird,

$$\int \operatorname{rot} \boldsymbol{A} \cdot \mathrm{d}\boldsymbol{S}. \tag{4}$$

Mit dem Satz von STOKES folgt daraus

$$\int \boldsymbol{A} \cdot \mathrm{d}\boldsymbol{s}, \tag{5}$$

wobei die Integration entlang des Leiters s geführt wird. Für die NEUMANNsche Potentialfunktion erhalten wir

$$i \cdot \int \boldsymbol{A} \cdot \mathrm{d}\boldsymbol{s}. \tag{6}$$

Wird die magnetische Induktion $\boldsymbol{B}$ von einem Strom i' in einem zweiten Stromkreis s' hervorgerufen, gilt

$$\boldsymbol{A} = i' \int \frac{\mathrm{d}\boldsymbol{s}'}{r}. \tag{7}$$

Dabei ist r der Abstand zwischen $\mathrm{d}\boldsymbol{s}'$ und $\mathrm{d}\boldsymbol{s}$ (siehe Frühe Elektrodynamik, Das erste Durchflutungsgesetz, S. 93).

Setzt man dies in den obigen Ausdruck ein, erhält man die NEUMANNsche Formel für die Potentialfunktion zweier Stromkreise in der Gestalt

$$i \cdot i' \int\limits_{s} \int\limits_{s'} \frac{\mathrm{d}\boldsymbol{s} \cdot \mathrm{d}\boldsymbol{s}'}{r}. \tag{8}$$

Die Symmetrie in s und s' zeigt, daß die Kräfte zwischen den beiden Stromkreisen von gleichem Betrag, aber entgegengesetzt gerichtet sind.

Die NEUMANNsche Arbeit wurde 1845 veröffentlicht. Etwa zur gleichen Zeit versuchte HERMANN VON HELMHOLTZ (1821–1894), das FARADAYsche Induktionsgesetz mit Hilfe des Energieerhaltungssatzes abzuleiten, wobei die von den Strömen hervorgerufenen mechanischen Kräfte durch die AMPÈREsche Formel beschrieben wurden. HELMHOLTZ war Militärarzt in der preußischen Armee und außerdem ein hervorragender Musiker und Mathematiker. Er war sowohl in der Physik als auch in der Physiologie eine herausragende Persönlichkeit. Die Arbeit erschien unter dem Titel „Über die Erhaltung der Kraft“ und wurde am 22. Juli 1847 vor der Physikalischen Gesellschaft in Berlin vorgetragen. JOULES Arbeit über das mechanische Wärmeäquivalent geht auf 1843 zurück, während seine Untersuchungen über die Wärmewirkung elektrischer Ströme bereits früher erschienen waren. Weder die Ergebnisse von JOULE noch die von HELMHOLTZ schienen damals mit besonderer Zustimmung von der wissenschaftlichen Welt aufgenommen worden zu sein.

Betrachten wir die HELMHOLTZschen Überlegungen. Er untersuchte die Bewegung eines Magneten in der Nähe eines stromführenden Leiters mit dem Widerstand R. Der Strom i wurde von einer Batterie mit der elektromotorischen Kraft E aufrechterhalten. Für die Potentialfunktion des Magneten im Feld des Stromes i setzte er $i\omega$. In der Energiebilanz berücksichtigte HELMHOLTZ auf der einen Seite den Dissipationsanteil der JOULEschen Wärme i^2R und die am Magneten geleistete Arbeit pro Zeiteinheit $i(\mathrm{d}\omega/\mathrm{d}t)$, während auf der positiven Seite der Bilanz die Leistung iE der Batterie einging. Auf diese Weise erhielt er die Beziehung

$$E \cdot i = i^2 R + i \frac{\mathrm{d}\omega}{\mathrm{d}t}. \tag{9}$$

Daraus ergibt sich für den Strom

$$i = \frac{E - \dfrac{\mathrm{d}\omega}{\mathrm{d}t}}{R}, \tag{10}$$

und im Spezialfall $E = 0$ folgt schließlich

$$i = -\frac{1}{R}\frac{\mathrm{d}\omega}{\mathrm{d}t}. \tag{11}$$

Identifizieren wir ω mit der Zahl der Kraftlinien, die vom Magneten ausgehen und den Stromkreis durchsetzen, erhalten wir das FARADAYsche Induktionsgesetz. Der Fall $E = 0$ entspricht einem Stromkreis ohne Batterie. HELMHOLTZ konnte auf diese Weise einen Unsicherheitsfaktor aus seiner Rechnung eliminieren und zwar die unkontrollierbaren zeitlichen Änderungen in der chemischen Energie der Batterie. Die Verwendung einer Batterie ist auch gar nicht notwendig, da ja durch die Bewegung des Magneten die Induktionsströme erzeugt werden. HELMHOLTZ versuchte ebenfalls zu berechnen, was geschieht, wenn zwei elektrische Stromkreise relativ zueinander bewegt werden. Die vom Energieerhaltungsprinzip gelieferte Relation reichte selbstverständlich nicht aus, um die Stromänderungen in beiden Stromkreisen zu berechnen, so daß seine Betrachtung unvollkommen bleiben mußte. Benutzt man zur Erklärung des Magnetismus die AMPÈREschen Ströme, so läßt sich ein analoger Einwand im Falle des Magneten ebenfalls erheben. Die HELMHOLTZschen Rechnungen sind auch noch in anderer Hinsicht unvollständig, worauf Lord KELVIN hingewiesen hat. Infolge der Selbstinduktion fließt im Stromkreis auch dann noch ein Strom, nachdem die elektromotorische Kraft herausgenommen wurde. Es existiert also noch ein Energiebeitrag, der durch einen bestimmten Mechanismus gespeichert wird und nichts mit dem Batteriestrom zu tun hat. FARADAY stellte ein Experiment mit einem Draht an, der aus zwei zueinander parallel verlaufenden Hälften bestand, so daß sich Selbstinduktionseffekte kompensierten. Das Experiment zeigte, daß sich ein solcher Speichermechanismus nicht mit der Bewegung einer ponderablen elektrischen Flüssigkeit in den Leitern, analog etwa zu einer Flüssigkeit in einem Rohr, erklären ließ. Der Einfluß der geometrischen Anordnung des Stromkreises auf die Selbstinduktivität zeigte vielmehr, daß als Energiespeicher das vom Strom erzeugte Magnetfeld fungierte. Die Vernachlässigung dieser Energiespeicherung durch das Magnetfeld war gerade der Punkt, den KELVIN in der HELMHOLTZschen Rechnung bemängelt hatte. Bei der Bewegung des Magneten verändert sich sowohl das resultierende Magnetfeld als auch der Strom im Leiter. Die HELMHOLTZsche Rechnung liefert das richtige Ergebnis im Falle eines Leiterkreises und eines Permanentmagneten. Trotzdem bleibt die Vernachlässigung der Energiespeicherung im Felde eine entscheidende Unzulänglichkeit. KELVIN ging einen Schritt weiter und zeigte, warum die Rechnungen das richtige Resultat lieferten. Bevor wir den KELVINschen Gedankengang nachvollziehen, wollen wir einen Ausdruck für die im Magnetfeld erhaltene Energie ableiten.

Um uns von der Berücksichtigung der elektromagnetischen Induktion freizumachen, betrachten wir der Einfachheit halber einen Permanentmagneten. Obwohl der Permanentmagnet ein idealisiertes Konzept darstellt und strenggenommen nicht existiert, läßt er sich doch praktisch mit hinreichender Genauigkeit verwirklichen. Ein solcher Magnet besteht aus einem hartmagnetischen Material, dessen Magnetisierung keine Veränderungen erfährt. Die im Magnetfeld enthaltene Energie soll aus der Arbeit berechnet werden, die zur Erzeugung des Feldes durch Trennung zweier halbunendlicher Permanentmagneten geleistet werden muß. Bei der Energieberechnung, die analog zur Berechnung der elektrostatischen Feldenergie verläuft, kann man entweder vom Konzept der magnetischen Pole ausgehen oder mit den AMPÈREschen Strömen arbeiten. Wir werden die zweite Möglichkeit benutzen. Nach AMPÈRE können die Magneten als halbunendliche Spulen mit einem umlaufenden Strom I pro Längeneinheit betrachtet werden (Abb. 1). Zieht man die beiden Magneten um die kleine Strecke Δ auseinander, so entsteht ein schmaler Zwischenraum, dessen inneres Feld mit der magnetischen Induktion B übereinstimmt. Die Hälfte der Kraftlinien dieses Feldes hat ihren Ursprung im rechten Magneten. Da wir uns das Material der Magneten als ideal hartmagnetisch vorstellen, breiten sich die Kraftlinien wie bei einer Magnetspule im freien Raum aus. B_n sei die Feldkomponente normal zur Stirnfläche des linken Magneten an einem Punkt P mit der Entfernung x von der Begrenzungslinie QT. Für die parallel zur Achse gerichtete Kraftkomponente, die ein infinitesimales Volumenelement der Dicke dx am Punkt P auf Grund der

Wechselwirkung des Feldes mit dem AMPÈREschen Strom erfährt, gilt

$$2\pi a B_n I \,\mathrm{d}x \tag{12}$$

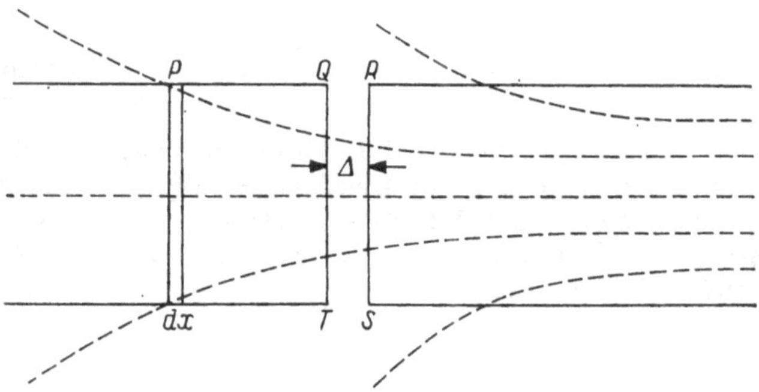

Abb. 1

Dabei ist a der Radius des zylinderförmigen Magneten. Die gesamte auf den Magneten PQ ausgeübte Kraft beträgt

$$\int_0^\alpha 2\pi a B_n I \,\mathrm{d}x\,. \tag{13}$$

Die ist gleich I, multipliziert mit der Kraftlinienzahl, die vom Magneten RS ausgeht und in QT eindringt. Hieraus erhält man schließlich für die Gesamtkraft

$$F = I\frac{B}{2}A\,, \tag{14}$$

wobei A die Querschnittsfläche des Magneten ist. Die Arbeit pro Volumeneinheit, die für die Erzeugung des Feldes mit dem schmalen Zwischenraum $QRST$ aufgewendet werden muß, ergibt sich zu

$$\frac{IB}{2}\,. \tag{15}$$

Bei Abwesenheit äußerer Felder ist der auf die Längeneinheit bezogene AMPÈREsche Strom in den Ersatzspulen gegeben durch $B/\mu_0 = H$. Für die magnetische Feldenergie pro Volumeneinheit erhält man damit

$$\frac{B^2}{2\mu_0} = \frac{\mu_0 H^2}{2} = \frac{HB}{2}. \tag{16}$$

Wir wollen annehmen, daß dieser Ausdruck für die magnetische Feldenergie im freien Raum allgemeingültig ist. Als Anwendung diskutieren wir Selbstinduktion und gegenseitige Induktion von Stromkreisen, die sich im freien Raum befinden (Abb. 2).

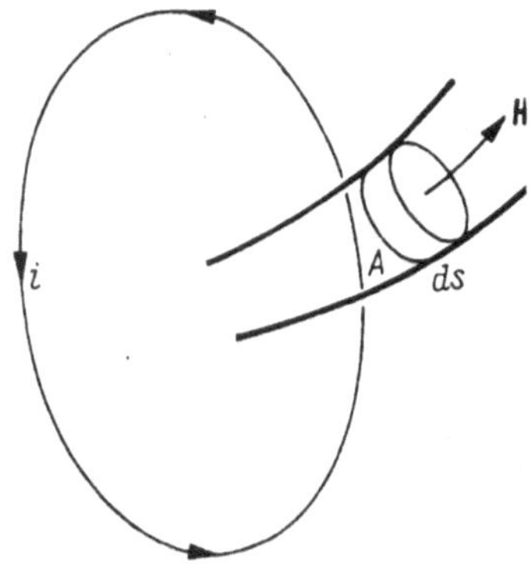

Abb. 2

Betrachten wir zunächst einen isolierten Leiterkreis, der vom Strom i durchflossen wird. Das Magnetfeld an einem beliebigen Raumpunkt sei H. Durch Integration über den gesamten Raum entsteht für die gesamte Feldenergie

$$\int \frac{\mu_0 H^2}{2} d\tau . \tag{17}$$

Betrachten wir als Volumenelement eine Induktionsröhre mit dem Querschnitt A und der Länge ds, so gilt

$$\mathrm{d}\tau = A \cdot \mathrm{d}s = \frac{1}{\mu_0 H}\,\mathrm{d}s\,, \tag{18}$$

und für die Feldenergie pro Induktionsröhre, die den Stromkreis durchsetzt, gilt

$$\int \frac{\mu_0 H^2}{2}\,\mathrm{d}\tau = \int \frac{H}{2}\,\mathrm{d}s = \frac{i}{2}\,. \tag{19}$$

Gibt es N solcher Einheitsröhren der Induktion, so ist die gesamte Energie im Feld gleich

$$\frac{Ni}{2}\,. \tag{20}$$

Definieren wir den Selbstinduktionskoeffizienten L durch $N = iL$, so folgt für die Energie

$$\frac{Li^2}{2}\,. \tag{21}$$

Bei anwachsendem Strom muß folgende Arbeit pro Zeiteinheit zum Aufbau des Feldes aufgebracht werden:

$$Li\,\frac{\mathrm{d}i}{\mathrm{d}t} = i\,\frac{\mathrm{d}N}{\mathrm{d}t}\,. \tag{22}$$

Besonders übersichtlich ist eine Anordnung, bei der ein Leiterkreis, der von einer Batterie gespeist wird, plötzlich von der Stromzufuhr abgetrennt wird. Wenn man annimmt, daß die gesamte magnetische Feldenergie auf induktivem Wege in den Stromkreis zurückkehrt, entsteht folgende elektromotorische Kraft in Richtung des Stromes:

$$Ei = -i\,\frac{\mathrm{d}N}{\mathrm{d}t} \tag{23}$$

bzw.

$$E = -\frac{dN}{dt}. \tag{24}$$

Dies ist wahrscheinlich die direkteste und einfachste Herleitung des FARADAYschen Induktionsgesetzes, die ohne allgemeine Deduktionen auskommt. Komplizierende Einflüsse, wie etwa der unbekannte Energiebeitrag der Batterie oder die Anwesenheit von Magnetika in der Umgebung, treten hier nicht auf, wie in HELMHOLTZS Berechnung mit dem Magneten. Man kann so die Annahmen leichter übersehen, die bei der Herleitung des Gesetzes eingehen. Das Gesetz besitzt hier eine Form, in der auch Änderungen des Induktionsflusses selbst berücksichtigt werden. Insbesondere brauchte der Energieerhaltungssatz nicht herangezogen zu werden. Dieses Prinzip macht wesentlich allgemeinere Aussagen, als sie bei der Induktion von Strömen benötigt werden. Ein Problem, das genauer diskutiert werden muß, ist die Annahme des Permanentmagneten bei der Berechnung der magnetischen Feldenergie. Man kann das Konzept eines Permanentmagneten als Beispiel für theoretische Modelle ansehen, wie sie in der Physik benutzt werden. Ob die postulierten Eigenschaften reale Bedeutung besitzen, kann erst das Experiment entscheiden. Im Falle des Permanentmagneten scheinen die Annahmen gut erfüllt zu sein, obwohl neben der Feldenergie noch andere Energiebeiträge, wie sie sich beispielsweise in der Hysterese äußern, eine Rolle spielen könnten. Andererseits ist der Permanentmagnetismus im Zusammenhang mit den Grundlagen des Elektromagnetismus ein wenig vorteilhaftes Konzept. Die wissenschaftliche Entwicklung verlief so, daß man die elektrischen Ströme als grundlegend ansah und den Magnetismus auf ihnen aufbaute. Nach AMPÈRE war dies der einzige Weg, um Elektrizität und Magnetismus einheitlich darzustellen. Die Annahme eines idealen Permanentmagneten ist dann äquivalent dazu, daß die AMPÈREschen Ströme von äußeren Magnetfeldern nicht beeinflußt werden. Dagegen sprechen wiederum die diamagnetischen Effekte, die gerade mit entgegengesetzten Voraussetzungen erklärt werden können.

Eine weitere wichtige Annahme besteht darin, daß die Arbeit, die beim Auseinanderziehen der beiden halbunendlichen Permanentmagneten aufgebracht werden muß, als Energie in das Feld übergeht. Dies ist grundlegend für die gesamte Feldtheorie. Führt man die Magneten wieder zusammen, wird dieser Energiebetrag als Arbeit der Magneten zurückgewonnen. Wie wir noch zeigen werden, findet bei einer Bewegung von Stromschleifen im Feld eines Permanentmagneten keine Energieübertragung auf die Leiter statt. Das bedeutet jedoch, daß das HELMHOLTZsche Ergebnis nicht korrekt ist. Die Physiker des Kontinents, die mit der Fernwirkungstheorie arbeiteten, gelangten nicht zur Vorstellung einer Energiespeicherung im Feld.

Wie wir bereits gesehen haben, bricht das Feld eines stromführenden Leiters beim Abschalten des Stromes zusammen. Falls keine weiteren Stromkreise vorhanden sind, wird dabei die gesamte Feldenergie an den Leiterkreis zurückgegeben. Existieren in der Umgebung noch andere Stromkreise, kann man nicht ohne weiteres sagen, wie sich die Feldenergie auf die einzelnen Kreise verteilen wird. Wir wollen annehmen, daß Stromkreis und Feld ein einfaches konservatives System bilden. Es läßt sich nicht vorhersagen, ob beim Ein- oder Ausschalten der Ströme ein gewisser Energiebetrag abgestrahlt wird. Abstrahlungseffekte müßten sich in einer veränderten Gestalt des Induktionsgesetzes niederschlagen.

Wir wollen nun eine Anordnung aus zwei Stromkreisen mit den Strömen i_1 und i_2 betrachten. Die beiden Stromkreise sollen sich mit einem gewissen Abstand voneinander im freien Raum befinden (Abb. 3). Das vom Strom i_1 erzeugte Feld sei durch den Vektor $\boldsymbol{H}_1$ mit den Komponenten (H_{1x}, H_{1y}, H_{1z}) beschrieben; entsprechend gehöre $\boldsymbol{H}_2$ mit (H_{2x}, H_{2y}, H_{2z}) zu i_2. Für das resultierende Feld gilt dann

$$\begin{aligned} \boldsymbol{H}^2 &= (\boldsymbol{H}_1 + \boldsymbol{H}_2)^2 \\ &= \boldsymbol{H}_1^2 + \boldsymbol{H}_2^2 + 2\boldsymbol{H}_1 \cdot \boldsymbol{H}_2 . \end{aligned} \tag{25}$$

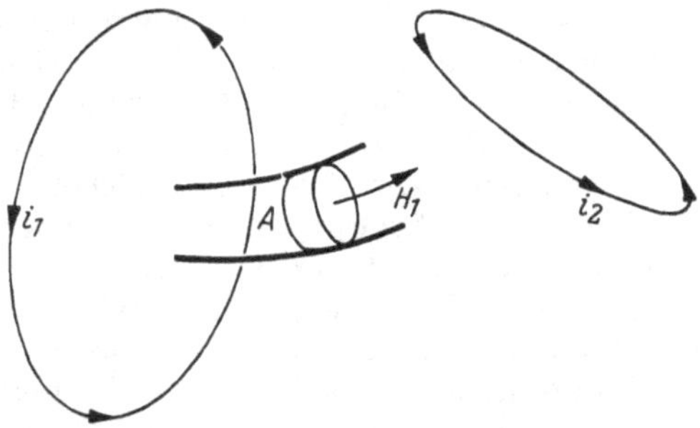

Abb. 3

Integration über den gesamten Raum liefert wie oben

$$\int \mu_0 \frac{\boldsymbol{H}_1^2}{2} \, \mathrm{d}\tau = \frac{1}{2} L_1 i_1^2 \tag{26}$$

und

$$\int \mu_0 \frac{\boldsymbol{H}_2^2}{2} \, \mathrm{d}\tau = \frac{1}{2} L_2 i_2^2 . \tag{27}$$

L_1 und L_2 sind die Selbstinduktionskoeffizienten der beiden Stromkreise. Verwenden wir als Volumenelement ein zum Feld $\boldsymbol{H}_1$ gehörendes Element einer Induktionsröhre, so entsteht bei der Integration von

$$\int \boldsymbol{H}_1 \cdot \boldsymbol{H}_2 \, \mathrm{d}\tau \tag{28}$$

ein Ausdruck dergestalt

$$\begin{aligned} &\int \mu_0 (H_{1x} H_{2x} + H_{1y} H_{2y} + H_{1z} H_{2z}) \, \mathrm{d}\tau \\ &\quad = \int (H_{1x} H_{2x} + H_{1y} H_{2y} + H_{1z} H_{2z}) \frac{\mathrm{d}s}{H_1} \\ &\quad = \int (l_1 H_{2x} + m_1 H_{2y} + n_1 H_{2z}) \, \mathrm{d}s . \end{aligned} \tag{29}$$

Dabei sind l_1, m_1, n_1 die Richtungskosinus von $\boldsymbol{H}_1$. In der Klammer steht die Projektion des Feldes $\boldsymbol{H}_2$ auf die Richtung von $\boldsymbol{H}_1$ bzw. d$\mathbf{s}$. Die Integration in

$$\int \boldsymbol{H}_2 \, \mathrm{d}\mathbf{s} \tag{30}$$

erstreckt sich über alle Induktionsröhren im Feld $\boldsymbol{H}_1$. $\boldsymbol{H}_2$ ist das allein durch den zweiten Stromkreis erzeugte Magnetfeld. Das Integral verschwindet deshalb für alle Feldröhren von $\boldsymbol{H}_1$, welche den zweiten Leiterkreis nicht durchsetzen. Als Ergebnis der Integration erhalten wir somit

$$i_2 N, \tag{31}$$

wobei N die Zahl der Induktionsröhren ist, die vom Stromkreis 1 erzeugt wird und Stromkreis 2 durchsetzt. Schreiben wir dafür wie üblich Mi_1, wobei M der Koeffizient der gegenseitigen Induktion ist, entsteht für das Integral schließlich

$$Mi_1 i_2 . \tag{32}$$

Die gesamte Feldenergie beträgt dann

$$\frac{1}{2} L_1 i_1^2 + M i_1 i_2 + \frac{1}{2} L_2 i_2^2 . \tag{33}$$

Zur Diskussion der elektromagnetischen Induktion stellen wir uns vor, daß die Ströme in beiden Leiterkreisen gleichzeitig ausgeschaltet werden. Mit E_1 und E_2 bezeichnen wir die elektromotorischen Kräfte, die in den beiden Stromkreisen auf Grund der zeitlichen Änderung der Ströme i_1 und i_2 induziert werden. Wenn die Leiter im Raum fixiert sind, d. h. bei konstanten Koeffizienten L_1, L_2 und M, folgt aus dem Energieerhaltungssatz die Beziehung

$$i_1 \left(E_1 + L_1 \frac{\mathrm{d}i_1}{\mathrm{d}t} + M \frac{\mathrm{d}i_2}{\mathrm{d}t} \right) + i_2 \left(E_2 + L_2 \frac{\mathrm{d}i_2}{\mathrm{d}t} + M \frac{\mathrm{d}i_1}{\mathrm{d}t} \right) = 0 . \tag{34}$$

Nach dem FARADAYschen Induktionsgesetz müssen die Ausdrücke

$$E_1 + L_1 \frac{di_1}{dt} + M \frac{di_2}{dt} \tag{35}$$

und

$$E_2 + L_2 \frac{di_2}{dt} + M \frac{di_1}{dt} \tag{36}$$

einzeln verschwinden. Dies ist eine wesentliche Einschränkung, die nicht aus einer einzelnen Relation, wie sie der Energiesatz darstellt, gefolgert werden kann. Damit ist gezeigt, daß eine Ableitung, die lediglich den Energieerhaltungssatz heranzieht, im Falle einer willkürlichen Verteilung von Strömen und Leitern nicht möglich ist. Man kann auf der Grundlage dieser einzelnen Relation nicht voraussagen, wie sich die Energie auf die verschiedenen leitenden Kreise verteilen wird.

Es gibt jedoch Fälle, bei denen man durch Symmetriebetrachtungen etwas über die Stromverteilung aussagen kann. Als Beispiel betrachten wir zwei gleichartige Leiterkreise mit großem Abstand voneinander, so daß ihre Wechselwirkung vernachlässigbar ist. Der Widerstand der Kreise sei jeweils R. Zu einem bestimmten Zeitpunkt sollen in beiden Leiterkreisen Ströme gleicher Stärke, aber entgegengesetzter Richtung zu fließen beginnen, erzeugt etwa durch das plötzliche Entfernen eines Magneten. Bei einer Stromstärke i gehört zu jedem Stromkreis die Energie $1/2\ Li^2$, die in seinem Magnetfeld gespeichert wird. Infolge des Widerstandes wird diese Energie dissipativ abgebaut, sofern man nicht Strom und Feld konstant hält (Abb. 4, Abb. 5). Die beiden Stromkreise sollen nun in Richtung zueinander bewegt werden. Dabei induziert jeder Stromkreis im anderen einen Strom, der in die gleiche Richtung wie der bereits vorhandene fließt. Wir wollen annehmen, daß sich die Ströme bei einer geeigneten Annäherungsgeschwindigkeit gerade konstant halten. Wegen ihrer entgegengesetzten Richtung tritt eine Abstoßungskraft zwischen beiden Stromkreisen auf, so daß bei der Annäherung ein bestimmter Arbeitsbetrag geleistet werden muß. Bei vollständiger Annäherung beträgt dieser Arbeitsbetrag $W = Mi^2$. Hierbei ist M der Koeffizient der gegenseitigen Induktion in der Endlage. Nehmen die beiden Leiterkreise schließlich die gleiche räumliche Lage ein, gilt $M = L$, und die Felder beider

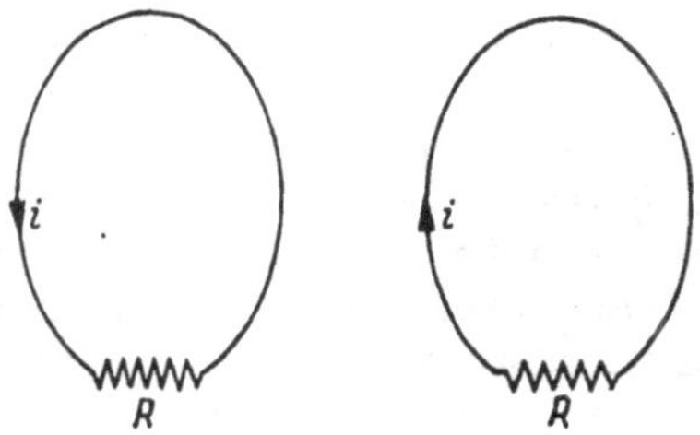

Abb. 4

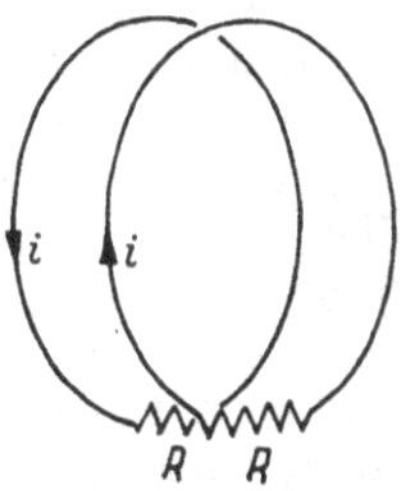

Abb. 5

Ströme kompensieren sich. E sei die während der Bewegung induzierte elektromotorische Kraft. Aus der Energiebilanz folgt, daß die gesamte Energie, die ursprünglich in den Feldern enthalten war, zusammen mit der aufgewandten Arbeit dissipativ in Wärme umgewandelt wird, d. h., es gilt

$$\begin{aligned} 2Ei &= W + Li^2 \\ &= 2W. \end{aligned} \tag{37}$$

Im entgegengesetzten Fall, d. h. bei einer Vergrößerung des gegenseitigen Abstandes der beiden Leiterkreise, klingen die Ströme rasch ab. Werden die Ströme jedoch während der Bewegung durch Batterien konstant gehalten, so müssen die Batterien das Doppelte des Arbeitsbetrages liefern, der von den Leiterkreisen während des Bewegungsablaufes geleistet wird. Der Differenzbetrag zwischen der Energie der Batterien und der äußeren

Arbeit wird im Feld gespeichert. Dieses Ergebnis besitzt allgemeinen Charakter. Wir betrachten zwei Stromkreise mit der Gegeninduktivität M, deren Ströme i_1 und i_2 durch Batterien konstant gehalten werden. Die bei einer Relativbewegung der Leiterkreise umgesetzte äußere Arbeit ist $(M_2 - M_1)\, i_1 i_2$, falls dabei M von M_1 zu M_2 übergeht. Die Batterien müssen den doppelten Wert dieser Energie aufbringen, wenn die Ströme konstant bleiben sollen. Der Differenzbetrag stellt wiederum die Feldenergie dar. Dieses Ergebnis wurde zuerst von Lord KELVIN erhalten.

Auf den ersten Blick könnte man vermuten, daß im Falle eines Permanentmagneten, der sich in der Nähe eines elektrischen Stromes befindet, im Energieausdruck für die resultierenden Felder ebenfalls ein gemischter Term auftaucht. KELVIN hat gezeigt, daß ein solcher Term nicht auftritt. Um dies zu verstehen, ersetzen wir in dem Versuch mit den beiden sich annähernden Stromkreisen einen der beiden Stromkreise durch einen Permanentmagneten. Der Magnet besitze dabei eine zum Strom äquivalente Magnetisierung. Die im Feld des Permanentmagneten gespeicherte Energie sei λ. Die Anfangsenergie bei großem Abstand der Körper beträgt dann $Li^2 + \lambda$. Für die Annäherung des Magneten an den Stromkreis benötigt man den gleichen Arbeitsbetrag wie früher, und das Magnetfeld kompensiert sich in gleicher Weise. Man könnte deshalb erwarten, daß beim Abschalten des Stromes keine Energie über die Selbstinduktion in den Stromkreis zurückgelangt. Beim Abklingen des Stromes wird jedoch der Kompensationseffekt der Felder beseitigt, und das Magnetfeld des Permanentmagneten tritt wieder in Erscheinung. Dadurch wird nun im Stromkreis eine elektromotorische Kraft induziert, die den Strom aufrechtzuerhalten sucht. Die elektromotorische Kraft ist von der gleichen Größe, wie sie beim Einschalten des vom Magneten ersetzten Stromes entstehen würde. Wegen der Äquivalenz zwischen Strom und Magnet wird beim Induktionsprozeß eine Energie der Größe $1/2\,Li^2$ auf den Leiterkreis übertragen. Eine solche Energie würde auch entstehen, wenn man den Strom bei Abwesenheit des Magneten abschaltete. Als Energiebilanz kann man aufschreiben:

Feldenergie am Anfang	$=\frac{1}{2}Li^2 + \lambda$
Aufgewandte Arbeit	$= W$
Gesamtbetrag	$= W + Li^2 + \lambda$
Feldenergie am Ende	$= \lambda$
Energiedissipation beim Ausschaltprozeß	$=\frac{1}{2}Li^2$
Energiedissipation während der Annäherung	$= W$
Gesamtbetrag	$= W + Li^2 + \lambda$

Die gesamte äußere Arbeit, die zur Annäherung von Magnet und Leiterkreis aufgebracht werden muß, wird in Wärme überführt. Man erhält genau das gleiche Ergebnis, wenn man sich vorstellt, daß die Feldenergie unverändert bleibt und die äußere Arbeit zur Induktion der elektromotorischen Kraft verwendet wird. Die bei dieser Betrachtung erzielten Resultate besitzen allgemeine Gültigkeit. Nehmen wir an, daß gerade N Feldlinien des Magneten den Leiterkreis durchsetzen, so wird beim Ausschaltprozeße in Energiebetrag der Größe $1/2Li^2 - Ni$ vom resultierenden Feld auf den Leiterkreis übergehen. Hinzu kommt jedoch noch die Energie Ni, da bei diesem Prozeß das ursprüngliche Feld des Magneten wieder in Erscheinung tritt. Die äußere Arbeit am System wird im Stromkreis wieder in Wärme umgesetzt. KELVIN konnte so die auf den ersten Blick überraschende Tatsache erklären, daß HELMHOLTZ für die Bewegung eines Permanentmagneten in der Nähe eines Leiterkreises das richtige

Resultat erhalten hatte, obwohl er die im Magnetfeld gespeicherte Energie nicht berücksichtigt hatte.

Unsere Überlegungen werden falsch, wenn wir induzierten Magnetismus betrachten. Im Falle eines magnetischen Materials mit einer bestimmten Suszeptibilität wird vom Strom Arbeit geleistet. Auch die magnetische Feldenergie vergrößert sich. Experimente, wie FARADAY sie ausgeführt hat, zeigen, daß sich der Selbstinduktionseffekt bei der Verwendung von Weicheisenkernen gegenüber hartmagnetischem Material beträchtlich vergrößert. Eine Batterie zur Aufrechterhaltung des Stromes muß einen Energiebetrag aufbringen, der sich aus der äußeren Arbeit und dem zusätzlich im Feld gespeicherten Betrag zusammensetzt. Es erfordert eine gewisse Erfindungsgabe, wenn man sich Herleitungen des FARADAYschen Gesetzes in der Art der HELMHOLTZschen Rechnungen ausdenken will, die ohne eine Vernachlässigung des induzierten Magnetismus auskommen und den KELVINschen Einwand bezüglich der Feldenergie berücksichtigen. Man kann beide Schwierigkeiten umgehen, wenn man den Fall stationärer Felder betrachtet. Eine einfache Anordnung stellt der FARADAYsche Scheibendynamo dar. Bei diesem Dynamo rotiert eine Kupferscheibe zwischen den beiden Polen eines Permanentmagneten. Am äußeren Rand der Scheibe und auf der Achse befinden sich Schleifkontakte. Bei einem Radialstrom i, einem Scheibenradius a und einer Drehzahl n beträgt die Arbeit pro Zeiteinheit

$$\pi a^2 i B n . \tag{38}$$

Dabei ist B die magnetische Induktion des Magneten. Für die induzierte elektromotorische Kraft E entsteht

$$E i = \pi a^2 i B n \tag{39}$$

bzw.

$$E = \pi a^2 B n . \tag{40}$$

Der Wert von E ist durch die Zahl der Feldlinien bestimmt, die von einem Radius der Scheibe pro Zeiteinheit geschnitten werden. Bei dieser Anordnung kommt die FARADAYsche Vorstellung von einem Überschneiden des magnetischen Flusses gut zum Ausdruck. Allerdings behalten Stromkreis und Magnet ihre relative Lage zueinander bei, so daß die Interpretation, die von der zeitlichen Änderung des den Stromkreis durchsetzenden Flusses ausgeht, nicht ohne weiteres einleuchtet. Der Stromkreis ist dadurch charakterisiert, daß ein Scheibenelement kontinuierlich das vorangehende ersetzt. Das Experiment sagt nichts darüber aus, welche elektromotorische Kraft bei einer Änderung des Flusses durch einen stationären Stromkreis induziert wird. Die Flußänderung kann dabei leicht durch Variation des Stromes in einem benachbarten Leiterkreis erzeugt werden. FARADAY hatte sich in einem solchen Falle die Kraftlinien als beweglich vorgestellt. Die Beweglichkeit der Linien ist jedoch keine Tatsache, die man von vornherein voraussetzen kann.

Andere theoretische Vorstellungen wurden 1846 von WEBER entwickelt. Nach WEBER setzt sich der elektrische Strom aus einer Strömung positiver Elektrizität, die sich mit der Geschwindigkeit u in die eine Richtung bewegt, und aus einer gleichartigen Strömung negativer Elektrizität in die entgegengesetzte Richtung zusammen. Er untersuchte das Kraftgesetz zwischen den Ladungen, das von den Geschwindigkeiten, Beschleunigungen und von den gegenseitigen Abständen der Ladungen abhing. Nach dem AMPÈREschen Gesetz mußten solche Kräfte existieren. Mit Hilfe des Kraftgesetzes leitete WEBER einen Ausdruck für die Wechselwirkungsenergie ab. Das Induktionsgesetz erhielt er auf ähnliche Weise wie NEUMANN. Wir wollen die WEBERsche Theorie kurz skizzieren.

Dazu betrachten wir einen Strom, der aus einer Menge λ positiver und negativer Elektrizität besteht, die sich mit jeweils entgegengesetzten Geschwindigkeiten vom Betrage u bewegen. Ein zweiter Strom sei durch die Größen λ' und u' charakterisiert, so daß wir für den ersten Strom

$i = 2\lambda u$ und für den zweiten Strom $i' = 2\lambda' u'$ schreiben können. Ersetzt man die sogenannten elektrodynamischen Einheiten von AMPÈRE durch elektromagnetische Einheiten, so entsteht für die Abstoßungskraft zweier Stromelemente $i\,\mathrm{d}s$ und $i'\,\mathrm{d}s'$

$$F = ii'\,\mathrm{d}s\,\mathrm{d}s'\left(\frac{2}{r}\,\frac{\mathrm{d}^2 r}{\mathrm{d}s\,\mathrm{d}s'} - \frac{1}{r^2}\,\frac{\mathrm{d}r}{\mathrm{d}s}\,\frac{\mathrm{d}r}{\mathrm{d}s'}\right). \tag{41}$$

Betrachten wir zunächst die Wechselwirkung der positiven Elektrizität im ersten Strom mit der positiven und negativen Elektrizität des zweiten Stromes. Für die positiven Ladungen gilt

$$\left(\frac{\mathrm{d}r}{\mathrm{d}t}\right)_1 = u\,\frac{\mathrm{d}r}{\mathrm{d}s} + u'\,\frac{\mathrm{d}r}{\mathrm{d}s'} \tag{42}$$

und

$$\left(\frac{\mathrm{d}^2 r}{\mathrm{d}t^2}\right)_1 = u^2\,\frac{\mathrm{d}^2 r}{\mathrm{d}s^2} + 2uu'\,\frac{\mathrm{d}^2 r}{\mathrm{d}s\,\mathrm{d}s'} + u'^2\,\frac{\mathrm{d}^2 r}{\mathrm{d}s'^2}. \tag{43}$$

Ersetzen wir im zweiten Strom die positiven Ladungen durch die negativen, gelten die gleichen Ausdrücke, wenn wir das Vorzeichen von u' ändern, d. h.

$$\left(\frac{\mathrm{d}r}{\mathrm{d}t}\right)_2 = u\,\frac{\mathrm{d}r}{\mathrm{d}s} - u'\,\frac{\mathrm{d}r}{\mathrm{d}s'} \tag{44}$$

und

$$\left(\frac{\mathrm{d}^2 r}{\mathrm{d}t^2}\right)_2 = u^2\,\frac{\mathrm{d}^2 r}{\mathrm{d}s^2} - 2uu'\,\frac{\mathrm{d}^2 r}{\mathrm{d}s\,\mathrm{d}s'} + u'^2\,\frac{\mathrm{d}^2 r}{\mathrm{d}s'^2}. \tag{45}$$

Durch Kombination dieser Ausdrücke findet man für die Kraft zwischen zwei Stromelementen

$$\frac{F}{2} = \frac{\lambda\lambda'\,\mathrm{d}s\,\mathrm{d}s'}{r^2}\left[r\left\{\left(\frac{\mathrm{d}^2 r}{\mathrm{d}t^2}\right)_1 - \left(\frac{\mathrm{d}^2 r}{\mathrm{d}t^2}\right)_2\right\} - \frac{1}{2}\left\{\left(\frac{\mathrm{d}r}{\mathrm{d}t}\right)_1^2 - \left(\frac{\mathrm{d}r}{\mathrm{d}t}\right)_2^2\right\}\right]. \tag{46}$$

Die Wirkung der negativen Elektrizität im ersten Strom auf positive und negative Elektrizität im zweiten Strom liefert einen analogen Ausdruck. Man sieht, daß die Abstoßungskraft F gleich

$$\frac{ee'}{r^2}\left\{r\frac{\mathrm{d}^2r}{\mathrm{d}t^2}-\frac{1}{2}\left(\frac{\mathrm{d}r}{\mathrm{d}t}\right)^2\right\} \tag{47}$$

zwischen zwei bewegten elektrischen Ladungen e und e' die gleiche Form besitzt. Zu dieser Kraft muß noch die elektrostatische Abstoßung

$$\frac{ee'c^2}{r^2} \tag{48}$$

addiert werden. Damit ergibt sich für die Kraft zwischen zwei Ladungen nach der WEBERschen Theorie ein Ausdruck der Gestalt

$$\frac{ee'c^2}{r^2}\left\{1+\frac{r}{c^2}\frac{\mathrm{d}^2r}{\mathrm{d}t^2}-\frac{1}{2c^2}\left(\frac{\mathrm{d}r}{\mathrm{d}t}\right)^2\right\}. \tag{49}$$

Die zugehörige Wechselwirkungsenergie lautet

$$E=\frac{ee'c^2}{r}\left\{1-\frac{1}{2c^2}\left(\frac{\mathrm{d}r}{\mathrm{d}t}\right)^2\right\}. \tag{50}$$

Für die zeitliche Abnahme der elektrischen Energie bezüglich einer Änderung in r findet man

$$\begin{aligned}-\frac{\mathrm{d}E}{\mathrm{d}t}&=\frac{ee'c^2}{r^2}\frac{\mathrm{d}r}{\mathrm{d}t}-\frac{ee'}{2r^2}\left(\frac{\mathrm{d}r}{\mathrm{d}t}\right)^3+\frac{ee'}{r}\frac{\mathrm{d}^2r}{\mathrm{d}t^2}\frac{\mathrm{d}r}{\mathrm{d}t}\\&=\frac{ee'c^2}{r^2}\left\{1+\frac{r}{c^2}\frac{\mathrm{d}^2r}{\mathrm{d}t^2}-\frac{1}{2c^2}\left(\frac{\mathrm{d}r}{\mathrm{d}t}\right)^2\right\}\frac{\mathrm{d}r}{\mathrm{d}t}.\end{aligned} \tag{51}$$

Nach dem Prinzip der virtuellen Arbeit muß dies gleich der Leistung der elektrischen Kräfte $F(\mathrm{d}r/\mathrm{d}t)$ sein.

Bezeichnen wir die Geschwindigkeiten der Ladungen mit

$\bar{v}$ und $\bar{v}'$, folgt für die Energie

$$E = \frac{ee'c^2}{r}\left(1 - \frac{(\bar{r}\cdot\bar{v} - \bar{r}\cdot\bar{v})^2}{2c^2r^2}\right). \tag{52}$$

Berücksichtigung der Wechselwirkungen zwischen den Ladungen beider Vorzeichen in jedem Strom liefert

$$E = \frac{4ee'}{r^3}(\bar{r}\cdot\bar{v})(\bar{r}\cdot\bar{v}') = ii'\frac{(\bar{r}\cdot \mathrm{d}s)(\bar{r}\cdot \mathrm{d}s')}{r^3} \tag{53}$$

mit

$$i = 2ev. \tag{54}$$

Mit Hilfe des Vektorpotentials

$$A = \int \frac{(\bar{r}\cdot \mathrm{d}s')\bar{r}}{r^3} i', \tag{55}$$

wobei die Integration über den Leiterkreis s' geführt wird, entsteht schließlich für die Gesamtenergie

$$E = \int iA\,\mathrm{d}s. \tag{56}$$

Die Integration läuft hier über den Leiterkreis s. Das Integral ist gleich dem Induktionsfluß durch den Leiterkreis s, multipliziert mit dem Strom. Das Faradaysche Induktionsgesetz folgt aus diesem Ausdruck, wenn der Strom i oder i' bzw. die Lage der Leiterkreise s oder s' variiert wird. Die Webersche Theorie wird unbrauchbar, falls sich ein elektrischer Strom nicht in gleiche Beiträge positiver und negativer Elektrizität mit jeweils entgegengesetzten Geschwindigkeiten von gleichem Betrag zerlegen läßt. Obwohl dies auf den ersten Blick nicht so aussieht, kann man diese Schwierigkeit nicht umgehen, ohne dabei die Theorie zu zerstören. Diese Theorie bietet keine hinreichend allgemeine Grundlage für die elektromagnetische Induktion. Es war andererseits die erste Theorie, die die elektrodynamischen Erscheinungen auf abstands- und geschwindigkeitsabhängige Kräfte zwischen den Ladungen zurückführte. Man war damals der Ansicht, daß ein so fundamentales Gesetz wie das elektromagnetische Induktionsgesetz nicht auf einer speziellen Konzeption des elektrischen Stromes begründet werden konnte. Trotz des Fortschrittes, den die Elektronentheorie der elektrischen Leitung genommen hat, bleibt dies auch heute noch richtig. Die Grundlagen der elektromagnetischen Theorie sollten nicht entscheidend von der Natur des elektrischen Stromes abhängen. So ist beispielsweise der Leitungsmechanismus beim HALL-Effekt weit von den einfachen Vorstellungen entfernt, mit denen man bereits das FARADAYsche Gesetz herleiten kann.

Die MAXWELLsche Behandlung des Problems wird auf Seite 255ff. dargestellt. Seine Methode ist sehr allgemein und benutzt keine speziellen Annahmen über die Natur des elektrischen Stromes. Sie steht in Einklang mit allen grundlegenden Erscheinungen der Elektrodynamik. Die MAXWELLsche Theorie verwendet den Formalismus der verallgemeinerten LAGRANGEschen Mechanik und kommt ohne genaue Kenntnis der Natur des elektrischen Mediums aus. Auch FARADAY war bemüht, spezielle Annahmen über die Konstitution des elektrischen Stromes zu vermeiden. Seine Skepsis gegenüber anderen Ansichten wirkte sich nicht immer günstig für seine Arbeit aus. Insbesondere bei der Elektrolyse, die FARADAY sehr intensiv untersucht hat, ließ sich die Vorstellung eines Ladungstransportes kaum umgehen. Trotzdem hob er hervor, daß er über die Natur des elektrischen Stromes so gut wie nichts wisse. Im Paragraphen 283 seiner „Experimentellen Untersuchungen" beschrieb FARADAY, was er unter dem Begriff des Stromes verstand.

Unter einem Strom verstehe ich etwas Fortschreitendes, sei es eine Elektrizitätsflüssigkeit oder zwei Flüssigkeiten, die sich in entgegengesetzten Richtungen bewegen. Es könnten auch reine Schwingungen, oder noch allgemeiner, fortschreitende Kräfte vorliegen. Unter einer Anordnung verstehe ich eine lokale Ordnung von Teilchen, Flüssigkeiten oder Kräften, die keiner Translation unterliegt. Es könnten noch viele andere Gründe angeführt werden, die dem Strom gegenüber der Anordnung den Vorzug geben, jedoch möchte ich hier unnötige Feststellungen vermeiden.

Im Paragraphen 516 schrieb er:

Ich bin die Experimente durchgegangen, die diese Gesichtspunkte unterstützen oder mit elektrochemischen Prozessen bzw. mit elektrischen Strömen verknüpft sind, und habe insbesondere solche Experimente angeschaut, die eher für die Theorie zweier Elektrizitätssorten als für eine Elektrizitätssorte sprechen. Ich konnte jedoch keinerlei Anzeichen feststellen, die diese Frage geklärt hätten bzw. die Hypothese zweier Elektrizitätssorten unterstützt hätten. Noch weniger ließ sich nachweisen, ob in einem Strom eventuell die eine Elektrizitätssorte stärker als die andere hervortritt oder auch ohne die andere existieren kann und ob sie eine Sorte variiert oder im geringsten Grade beeinflußt werden kann, ohne eine ausgleichende Variation der anderen Sorte hervorzurufen...

Weiter unten, im Paragraphen 1617, drückt Faraday folgendes aus:

Das Wort Strom ist von der gewöhnlichen Sprache so vorgeprägt, daß man sich bei seiner Anwendung auf die elektrischen Phänomene kaum in hinreichender Weise von seiner Bedeutung freimachen kann oder eine gewisse Voreingenommenheit verhindern kann.

Eine solche Bemerkung besitzt durchaus ihre Berechtigung, zumal diese Zeit, in der es üblich wurde, über die reale Natur des elektrischen Stromes zu sprechen, ohne daß ein Beweis jederzeit gegeben werden konnte, recht widersprüchliche Ansichten hervorbrachte. Die schwerverständlichen Eigenschaften mancher gewöhnlicher Leiter sollten eine Warnung vor allzu vereinfachten Modellen für die Natur des elektrischen Stromes sein.

Die Maxwellsche Behandlung des Problems erfordert kaum zusätzliche Bemerkungen. Alle seine Annahmen werden bei der Darstellung der Theorie erläutert. Sie sind so allgemein wie möglich und stehen mit den experimentellen Ergebnissen im Einklang. Bezüglich der Trägheit der Elektrizität versuchte MAXWELL, einen zusätzlichen experimentellen Beleg zu geben, seine Experimente waren jedoch zu ungenau. Eine wichtige Annahme seiner Theorie besteht darin, daß Energie kinetischen Ursprunges im Raum gespeichert werden kann. Nach seiner Ansicht muß irgendein bewegliches Medium existieren, dessen Bewegung von der Stärke der Ströme abhängt, wobei diese bewegliche Materie nicht auf den Bereich der stromführenden Leiter beschränkt ist. Die elektromotorische Kraft wirkt auf die Elektrizität und erzeugt kinetische Energie analog zur Erzeugung mechanischer kinetischer Energie durch mechanische Kräfte. Diese kinetische Energie wird nun außerhalb der stromführenden Leiter gespeichert. Für die Elektrizität gilt nach MAXWELL ein Erhaltungssatz. Es soll erwähnt werden, daß sich MAXWELL auch mit der Hypothese beschäftigt hat, die den elektrischen Strom auf zwei gleichwertige Ströme positiver und negativer Flüssigkeiten zurückführt. Die Hypothese stammt von FECHNER, von dem sie auch WEBER übernommen hat. MAXWELL hat sich jedoch bemüht, solche speziellen Annahmen möglichst zu vermeiden, selbst wenn man damit das Fehlen elektrischer Trägheitseffekte erklären konnte.

Die MAXWELLsche Theorie verknüpft ebenso wie andere Theorien die Erscheinung der elektromagnetischen Induktion mit den magnetischen Wirkungen der Ströme. NEUMANN hatte eine solche Verknüpfung mit Hilfe seiner Potentialfunktion hergestellt, während WEBERS Theorie auf der Hypothese der beiden Elektrizitätsflüssigkeiten fußte. Die grundlegende Hypothese von MAXWELL beinhaltet die Speicherung kinetischer Energie im Raum.

Der in den Auszügen reproduzierte Teil von MAXWELLS „Treatise" endet mit den nicht weiter festgelegten Koeffizienten L, M usw. Diese Größen können jedoch durch die Ausdrücke für die mechanische Wechselwirkung zweier Stromkreise näher bestimmt werden. Die mechanische Kraft auf einen mit dem Strom i_1 durchflossenen Leiter berechnet sich bei Anwesenheit eines zweiten Stromes i_2

aus

$$\frac{\mathrm{d}}{\mathrm{d}x}\int B_2\,\mathrm{d}S. \tag{57}$$

B_2 ist die mit dem zweiten Stromkreis verknüpfte magnetische Induktion. Das Integral erstreckt sich über eine beliebige Fläche, die vom Stromkreis 1 umrandet wird. Nach dem AMPÈREschen Gesetz gilt für die Induktion

$$i_2 \operatorname{grad} \Phi_2, \tag{58}$$

wobei Φ_2 der vom zweiten Stromkreis aufgespannte Raumwinkel ist. Die bei MAXWELL auftretende Größe M ist folglich mit der gegenseitigen Induktivität der beiden Stromkreise identisch. Die Definition der magnetischen Induktion wird unabhängig von Experimenten mit Magneten, zumal solche Experimente in der modernen Meßtechnik keine Rolle mehr spielen. Andererseits besitzen die magnetischen Eigenschaften der Stoffe weiterhin eine große Bedeutung für die Theorie der Elektrizität. Der Magnetismus kann entweder auf der Basis der magnetischen Pole oder auf der Grundlage der AMPÈREschen Ströme behandelt werden.

Ein weiteres Problem ist die Einordnung der elektromagnetischen Induktion in die Relativitätstheorie. Als physikalisches Phänomen muß sie bezüglich einer gleichförmigen Bewegung invariant sein. Der Unterschied zwischen einem elektrischen Feld und einem bewegten Magnetfeld verschwindet. Die elektromagnetische Induktion stellt einen Effekt erster Ordnung dar. Wir stellen uns einen Leiter vor, der sich mit der Geschwindigkeit $\bar{v}$ durch ein Induktionsfeld $\bar{B}$ bewegt. Der Leiter möge dabei frei bewegliche Ladungen enthalten. Die bewegten Ladungen sind äquivalent zu einem Strom. Die zugehörige Kraft pro Ladungseinheit ist durch das Vektorprodukt aus $\bar{v}$ und $\bar{B}$ gegeben. Auf bewegte negative Ladungen wird eine entsprechende Kraft mit entgegengesetztem Vorzeichen ausgeübt. Der Sachverhalt kann in äquivalenter Weise durch Einführung eines elektrischen Feldes der Stärke $(\bar{B} \times \bar{v})$ beschrieben werden. Man gelangt auf diese Weise zum FARADAYschen Gesetz. Die üblichen Schwierigkeiten entstehen, wenn der durch einen festen Leiterkreis gehende Fluß variiert wird. In diesem Falle bewegen sich die Ladungen innerhalb des Leiters in Abhängigkeit der elektrischen und magnetischen Felder.

Mit diesen Betrachtungen haben wir einen Überblick über die Theorien gegeben, die eine Verknüpfung zwischen dem elektromagnetischen Induktionsgesetz und den von stationären Strömen ausgeübten Kräften herstellen. Alle diese Theorien benutzen bestimmte Annahmen, wovon die meisten als plausibel erscheinen. Allerdings haben spätere Untersuchungen gezeigt, daß es außerordentlich gewagt war, Schlußfolgerungen über die Elektrizität in Leitern bei gleichzeitiger Anwesenheit elektrischer und magnetischer Felder zu ziehen. Die Bewegung der Elektrizität in einem Leiter hat sich als kompliziert erwiesen. Beispielsweise führt das kollektive Verhalten der Elektronen manchmal zu negativen effektiven Massen, so daß die Bewegung dann in entgegengesetzter Richtung verläuft. Die Bewegung eines Leiters in einem konstanten Magnetfeld scheint der theoretischen Diskussion leichter zugänglich zu sein als der Fall eines festen Leiterkreises im variablen Magnetfeld. FARADAY sah diese beiden Fälle als gleichberechtigt an. Der Ausgangspunkt seiner Überlegungen war dabei die physikalische Existenz der Kraftlinien. Die Divergenzfreiheit der magnetischen Induktion war von FARADAY nur für stationäre Felder nachgewiesen worden. Ein Analogieschluß für variierende Felder ist jedoch nicht ohne weiteres möglich. Man weiß nicht von vornherein, ob die Vorstellung richtig ist, daß die Kraftlinien bei einem variierenden Strom vom Draht ausgehen und wieder zusammenbrechen und auf diese Weise einen benachbarten Leiterkreis überschneiden. Wir wollen das FARADAYsche Gesetz als ein unabhängiges

Gesetz betrachten, das direkt auf dem Experiment basiert. Wir müssen dann jedoch zu unserer Ausgangsfrage zurückkehren und nach grundlegenden Experimenten suchen, die mindestens mit einer relativen Genauigkeit von 10^{-5} ausgeführt werden können. Man sollte sich zunächst über den Unterschied zwischen dem Ampèreschen Gesetz und dem Faradayschen Induktionsgesetz Klarheit verschaffen. Zur Verifizierung des Ampèreschen Gesetzes ist die Messung der Kräfte zwischen Leiterkreisen unterschiedlicher Geometrie notwendig. In den Eichlaboratorien benutzt man dazu verschiedene Elektrodynamometer, wie sie auch zur Bestimmung der Stromstärkeeinheit dienen. Außerdem gibt es verschiedene Strombalance-Methoden (z. B. das häufig benutzte Rayleigh-Verfahren oder das Pellat-Elektrodynamometer von R. L. Driscoll[1])), die eine hohe Genauigkeit bei der Verifizierung des Gesetzes erreichen. Bei diesen Experimenten wird der geometrische Faktor im Ampèreschen Gesetz gemessen. Über die Proportionalitätskonstante kann im Falle von Strömen durch Definition verfügt werden. Ein solches Vorgehen ist jedoch im Rahmen der Theorie der Elektrizität nur an einer Stelle möglich. Mit der Festsetzung des Ampères läßt sich die Spannungseinheit aus der Arbeit bestimmen. Im Falle des Faradayschen Gesetzes

$$E = -K \frac{\mathrm{d}N}{\mathrm{d}t} \tag{59}$$

steht man vor der Aufgabe, die Konstante K zu bestimmen. Dazu ist eine unabhängige Messung von E notwendig. Eine erste Möglichkeit wäre das Lorenzsche Experiment zur Festlegung des Ohm. Bei diesem Experiment rotiert eine Kupferscheibe im Feld eines Stromes J, der durch eine Spulenanordnung fließt. Die resultierende induzierte elektromotorische Kraft, die man über Schleif-

[1]) Journal of National Bureau of Standards, **60**, 287 (1958).

kontakte an Achse und äußerem Umfang der Scheibe abnimmt, wird gerade gegen die Spannung über dem zu eichenden Widerstand R, der vom Strom I durchflossen wird, ausbalanciert. Wenn die Scheibe n Umdrehungen pro Sekunde ausführt und wir mit M die Gegeninduktivität zwischen den Spulen und der Scheibe bezeichnen, gilt

$$RI = MIn \tag{60}$$

oder

$$R = Mn. \tag{61}$$

Damit ist der Widerstand auf den Koeffizienten der gegenseitigen Induktion und auf eine Drehzahl zurückgeführt. Erweist sich der Widerstand als unabhängig von der Stromstärke I, so ist die induzierte elektromotorische Kraft proportional zum pro Zeiteinheit überschnittenen Fluß. Die Proportionalitätskonstante im FARADAYschen Gesetz läßt sich auf diese Weise nicht bestimmen.

Die LORENZsche Methode wurde inzwischen weitestgehend durch Meßbrückenanordnungen ersetzt, deren Selbst- und Gegeninduktivitäten aus der Geometrie und mit Hilfe des AMPÈREschen Gesetzes berechnet werden können. Die Übereinstimmung zwischen solchen Brückenmessungen mit den Ergebnissen, die aus Experimenten mit der rotierenden Scheibe resultieren, würde einen Beleg für das FARADAYsche Gesetz in einer Form liefern, in die die Änderung des Flusses selbst eingeht. Die Gestalt des Gesetzes im Falle eines festen Induktionsfeldes müßte man dabei voraussetzen. Vom Standpunkt des LORENZschen Experiments bleibt die Proportionalitätskonstante unbestimmt; gehen wir von der Theorie aus, werden wir wieder mit der Konzeption des Permanentmagnetismus konfrontiert.

Ein dritter Aspekt des Problems wird sichtbar, wenn man das Ohm auf die Berechnung einer Kapazität zurückführt, wie es in australischen und amerikanischen Laboratorien praktiziert wurde. Die Gleichsetzung dieser Standardeinheiten mit denen, die aus Induktionsexperimenten folgen, würde eine quantitative Bestätigung des Induktionsgesetzes geben. Voraussetzung bleibt jedoch die Kenntnis des Verhältnisses von elektromagnetischen zu elektrostatischen Einheiten. Diese Information erhält man durch Messung der Lichtgeschwindigkeit. Andererseits benutzen wir damit bereits die Maxwellsche Theorie, deren Grundlagen wir zu begründen suchen. Der Beweis des Faradayschen Gesetzes im Rahmen dieser Theorie wird deshalb indirekter Natur sein und auf der logischen Konsistenz der Theorie beruhen.

Eine weitere Messung, die nahezu mit der erforderlichen Genauigkeit ausgeführt werden kann, betrifft Wärmeexperimente. Üblicherweise wird dabei das mechanische Wärmeäquivalent bestimmt; man kann solche Experimente jedoch auch für eine Absolutbestimmung des Widerstandes benutzen. Aus der Übereinstimmung der so erhaltenen Eichgrößen mit denen der Induktionsexperimente folgt ebenfalls ein Beweis des Faradayschen Gesetzes. Wahrscheinlich ist die bei diesem Vergleich erzielte Genauigkeit etwa eine Größenordnung geringer als bei den besten Resultaten mit anderen Methoden. Bei Wärmeexperimenten hat man eine wichtige Besonderheit zu beachten. Wärmeexperimente sind die einzigen Experimente, welche die induzierte elektromotorische Kraft in absoluter Weise mit Einheiten der Arbeit verknüpfen. Dagegen liefert die Gleichsetzung der Widerstandswerte, die man mit der Lorenz-Scheibe bei verschiedenen Umlaufgeschwindigkeiten oder aus Eichinduktivitäten bei verschiedenen Frequenzen erhält, nur eine relative Begründung des Faradayschen Gesetzes. Die Proportionalitätskonstante kann damit nicht bestimmt werden. Alle gerade besprochenen Experimente dienten dem Zweck, einen Widerstandsstandard festzulegen. Sie liefern keinen hinreichenden experimentellen Beweis für die Grundgesetze der Elektrodynamik. Sowohl theoretische als auch experimentelle Untersuchungen lassen in dieser Hinsicht noch Wünsche offen.

Kapitel V

Faraday als der Begründer der Feldtheorie

Auf dem Gebiete der Physik ist es nur wenigen Wissenschaftlern gegeben, Ideen und Konzeptionen zu entwickeln, die abseits vom gewohnten Weg liegen. Die meisten müssen sich damit begnügen, das bereits Bestehende weiter auszubauen. FARADAY war ein Mensch, der in besonderem Maße eigene Ideen besessen hat. Der Begriff der Kraft hatte beispielsweise für ihn nicht die herkömmliche Bedeutung. Vieles in seinem Werk war durch die Überzeugung von der Einheit der Naturkräfte geprägt, obgleich er nicht der Schöpfer dieser Vorstellung war. Auch viele andere, wie beispielsweise OERSTED, hatten dadurch Anregungen für ihre Forschungen erhalten. Diese Idee war nicht immer völlig klar und fundiert. Sie bedeutete nicht, daß die verschiedenen Naturphänomene bis auf einen gemeinsamen Ursprung zurückverfolgt werden konnten, sondern eher, daß zwischen ihnen eine Verknüpfung bestand. Dies entspricht etwa dem Wunsch, Theorien mit immer größerem Allgemeinheitsgrad zu entwickeln. Dieser Weg wurde bei vielen Untersuchungen im Rahmen der theoretischen Physik beschritten.

Das Konzept, auf dem FARADAY viele seiner Überlegungen in Elektrizität und Magnetismus aufbaute, war die Vorstellung der Kraftlinien. TYNDALL schrieb darüber:

> Es sei daran erinnert, daß FARADAY für Materie und Kraft Vorstellungen benutzte, die sich von den gewöhnlichen Ansichten der Wissenschaftler unterschieden. Eine Kraft schien für ihn nur eine Realität zu sein entlang der Linie, in deren Richtung sie wirkte. Die Linien, entlang deren die Gravitation zwischen Sonne und Erde wirkt, schienen sich in seiner Vorstellung als eine Vielzahl elastischer Fäden darzustellen. Er sah die Wirkung der Gravitation als Ausdruck der enormen Elastizität der „Schwerelinien“ an. Diese Vorstellungen, die sich im Falle des Magne-

tismus als fruchtbar erwiesen hatten, jedoch im Falle der Gravitation kaum erfolgreich waren, vermehrten seine Anstrengungen, auch den letzteren Krafttyp einzuordnen. Wenn er unter freiem Himmel seine Spulen fallen ließ, so bewegten sie sich vor seinem geistigen Auge durch die Linien der Gravitationskräfte. Hieraus resultiert seine Zuversicht und Überzeugung, daß sich eine Wirkung zeigen sollte. Man darf nicht vergessen, daß FARADAYS Schwierigkeiten, sich mit diesen Dingen auseinanderzusetzen, im Grunde genommen die gleichen wie die von NEWTON waren. Er hat stets versucht, die Schwierigkeiten zu überwinden, und mit ihnen die Grenzen, die dem Intellekt auferlegt sind.

Die Idee von den Linien der magnetischen Kräfte kam FARADAY bei der Betrachtung der linearen Anordnung von Eisenfeilspänen, die über einem Magneten ausgestreut wurden. Er spricht von einem konvergenten oder divergenten Linienverlauf, wenn die Linien durch magnetische oder diamagnetische Körper laufen, und er illustriert dies durch Skizzen. Die Darstellung einer Konzentrierung oder einer Divergenz begründet sich ebenfalls auf der direkten Beobachtung seiner Eisenfeilspäne. FARADAY hat sehr lange über diese Linien nachgedacht. Er hat sie bei seinen Experimenten über Induktionsströme in so selbstverständlicher Weise benutzt, daß der Zusammenhang zu den Linien für ihn unauflösbar wurde, und er ohne sie die Probleme nicht durchdenken konnte. Er schreibt: „Ich habe mich so daran gewöhnt, mit ihnen zu arbeiten, insbesondere bei meinen letzten Untersuchungen, daß ich unbewußt voreingenommen geworden sein könnte und so aufgehört hätte, ein scharf urteilender Beobachter zu sein. Trotzdem habe ich mich stets bemüht, die theoretischen Überlegungen experimentell zu überprüfen. In keinem Falle bin ich auf irgendwelche Fehler oder Widersprüche bezüglich der Linien gestoßen.[1])

Schon sehr zeitig hatte sich FARADAY mit der Beziehung zwischen Materie und Raum beschäftigt. In seinem Notizbuch steht folgende Eintragung von 1818: „Körper üben keine Wirkung aus, wo sie sich nicht aufhalten. Frage: Ist nicht das Umgekehrte davon richtig? Wirken nicht auch alle Körper, wo sie sich nicht aufhalten und üben sie nicht Wirkungen aus, wo sie sich

[1]) BENCE JONES, S. 274.

gerade befinden?“ Zu dieser Frage kehrte FARADAY oft zurück. Die endgültige Lösung schien für ihn in einer Theorie der Materie zu liegen, die mit den BOSCOVITCH-Kraftzentren arbeitet. In seinen Notizen steht:

Der endgültige Eindruck besteht darin, daß Teilchen lediglich Kraftzentren darstellen; daß die Kraft bzw. die Kräfte die Materie bilden; daß es deshalb zwischen den Teilchen keinen Raum gibt, im Unterschied zu den Materialteilchen; daß sie sich untereinander berühren, gerade wie in Gasen, Flüssigkeiten oder Festkörpern; und daß sie materiell durchdringbar sind, wie wahrscheinlich auch ihre Zentren.

In einem Brief an RICHARD TAYLOR schrieb FARADAY 1844:

Die Ansichten, wie sie jetzt über den Aufbau der Materie bestehen, scheinen notwendig den Schluß zu enthalten, daß die Materie den gesamten Raum erfüllt oder wenigstens den Raum, in dem Gravitation existiert (eingeschlossen die Sonne und ihr System). Die Gravitation ist eine Eigenschaft der Materie und hängt von bestimmten Kräften ab. Solche Kräfte bestimmen die Konstitution der Materie. Nach dieser Vorstellung kann sich die Materie nicht nur gegenseitig durchdringen, sondern jedes Atom bewegt sich sozusagen durch das ganze Sonnensystem. Es behält dabei jedoch sein eigenes Kraftzentrum. Dieses Bild scheint auf den ersten Blick sehr harmonisch zu den mathematischen Untersuchungen von MOSSOTTI bezüglich der Phänomene der Elektrizität, Kohäsion, Gravitation usw. zu passen. Es harmoniert auch mit dem alten Ausspruch: Materie kann nicht wirken, wo sie nicht ist.

FARADAYS Konzept der Kraftlinien geht auf magnetische Beobachtungen zurück. Er hatte zunächst angenommen, daß sich diese Linien nur auf Grund der Anwesenheit von Materie ausbreiteten. Über ihre Ausbreitung im Vakuum besaß er keine klaren Vorstellungen, zumal die Herstellung eines Vakuums selbst für ihn keineswegs klar war. Wie das obige Zitat zeigt, schien er an der Existenz eines Vakuums gezweifelt zu haben; doch änderte sich seine Ansicht darüber von Zeit zu Zeit. Über die magnetischen Substanzen schrieb er:

Es ist lediglich Beobachtung erforderlich, um festzustellen, daß bei der Einwirkung eines Magneten auf Weicheisen das Material auf Grund der Kräfte, die auf die Teilchen an den verschiedenen Punkten ausgeübt werden, in eindrucksvoller Weise ausgerichtet und konzentriert wird.

Diese Zeilen wurden 1845 geschrieben, als Faradays Denken mit solchen Begriffen und Vorstellungen bereits sehr vertraut war. Er hatte die Idee der Kraftlinien jedoch schon viel früher auf die Elektrostatik übertragen. Zwar konnten die Kraftlinien in elektrischen Feldern nicht so leicht wie in magnetischen Feldern beobachtet werden, doch hinderte ihn dies nicht, sie in seiner Phantasie zu skizzieren. Er beschrieb ein Experiment, in dem die Linienanordnung mit kleinen Seidenstückchen bestimmt werden sollte. Alle untersuchten Substanzen erwiesen sich als elektrisierbar, und Faraday konnte die Beobachtungsergebnisse, die er mit dem Magneten und dem Weicheisenstück erzielt hatte, auf den elektrostatischen Fall übertragen. Durch diesen Analogieschluß ließ sich die Struktur des elektrischen Feldes auffinden. Faraday hat an der Vorstellung festgehalten, daß sich elektrische Felder nur durch ein materielles Medium ausbreiten können. Nach seiner Ansicht wurde eine Induktionserscheinung von Punkt zu Punkt durch die elektrische Polarisation des Dielektrikums übertragen. Den Begriff des Dielektrikums hatte Faraday für eine Substanz, einschließlich des Vakuums geprägt, durch die hindurch sich elektrische Felder ausbreiteten. Die Elektrolyse war einer der ersten Forschungsgegenstände, auf die diese Ideen erfolgreich angewandt wurden. Faraday entwickelte die dazugehörige Theorie in der 11. Reihe seiner „Experimentellen Untersuchungen“. Im November 1837 schrieb er darin:

Als ich die allgemeine Tatsache entdeckte, daß Elektrolyte im festen Zustand den Strom nicht leiten, während sie im flüssigen Zustand gut leitend sind, glaubte ich, einen Weg zur Erklärung induktiver Wirkungen gefunden zu haben. Ebenso erschien mir nun die Unterordnung vieler ähnlicher Phänomene unter ein einheitliches Gesetz möglich. Nehmen wir einmal Wasser als

Elektrolyt. Belegt man eine Eisplatte auf beiden Seiten mit Platinblech und verbindet die Bleche jeweils mit einer kontinuierlichen Ladungsquelle positiver bzw. negativer Elektrizität, so wird diese Anordnung ähnlich wie eine Leidener Flasche aufgeladen. Wir haben den Fall gewöhnlicher Induktion vor uns. Durch das Eis fließt kein Strom. Wenn man das Eis schmilzt, verringert sich die Induktion um einen bestimmten Betrag, da nun ein Strom fließen kann. Dieser Stromdurchgang hängt jedoch von einer besonderen molekularen Anordnung der Teilchen ab, die mit dem in entgegengesetzte Richtungen verlaufenden Transport der Elektrolytelemente zusammenhängt. Der Grad der Entladung ist der Menge der abgeschiedenen Bestandteile genau proportional. Ob die Aufladung der beiden Metallbleche durch eine starke Elektrisiermaschine, eine große Voltasche Batterie oder durch ein einzelnes Plattenpaar bewirkt wird, spielt für das Prinzip des Vorganges keine Rolle. Die gewöhnliche Induktion tritt stets bei Elektrolyten im festen Zustand auf. Im flüssigen Zustand entstehen chemische Vorgänge, die zur Zersetzung des Elektrolyten führen, falls sich nicht andere Vorgänge störend überlagern. Es ist sehr wichtig, daß man die Effekte in bestimmten Extremfällen vergleicht, um damit auch ihre Natur in einem viel schwächeren Zustand zu verstehen. Meist treten die Effekte nur unter besonderen Bedingungen hinlänglich in Erscheinung. Im Falle der Elektrolyse scheint die Induktion der erste Schritt und die Zersetzung der zweite Schritt zu sein (eine Trennung dieser beiden Schritte durch Wahl des festen oder flüssigen Zustandes liegt in unserer Hand). Da die Induktion in Stoffen wie Luft, Glas, Wachs usw. stets die gleiche Natur besitzt und da der gesamte Effekt im Elektrolyten auf einer Wirkung polarisierter Teilchen zu beruhen scheint, bin ich zu der Vermutung gekommen, daß die gewöhnliche Induktion in jedem Falle eine Wirkung angrenzender Teilchen ist und daß elektrische Fernwirkungen (d. h. gewöhnliche induktive Wirkungen) nur durch den Einfluß der dazwischenliegenden Materie stattfinden können.

Meine Achtung vor Epinus, Cavendish, Poisson und anderen ausgezeichneten Forschern, in deren Theorien die Induktion als eine geradlinige Fernwirkung dargestellt wird, hatte mich lange Zeit von der soeben diskutierten Ansicht abgehalten. Obwohl ich immer versucht habe, die gegenteilige Meinung zu beweisen und diesbezügliche Experimente zu machen, wie beispielsweise die Untersuchung fester und flüssiger Elektrolyte unter dem Einfluß von polarisiertem Licht, so konnte ich wegen der großen Allgemeinheit des Gegenstandes meine Experimente erst seit kurzem weiter ausbauen und meine Ansichten publizieren. Jetzt glaube ich, daß die gewöhnliche Induktion in jedem Falle eine Wirkung angrenzender polarisierter Teilchen ist und nicht auf der Wirkung von Teilchen mit merklichem Abstand voneinander beruht. Wenn dies richtig ist, so muß die Durchsetzung dieser Ansicht für weitere Fortschritte bei der Untersuchung der Natur elektrischer Kräfte von größter Bedeutung sein.

Die FARADAYsche Theorie der Elektrolyse beruht in der Tat auf einer Ausrichtung oder Polarisation der Elektrolytteilchen im elektrischen Feld. Durch die Bewegung benachbarter Teilchen wird die Polarisation gestört; danach erfolgt wieder ein Reorientierungsprozeß und so weiter fort. Die Bestandteile einer Verbindung wandern bei diesem Prozeß in jeweils entgegengesetzte Richtungen. Ein anderer Sachverhalt, über den FARADAY Überlegungen angestellt hat, bestand darin, daß von selbst keine isolierten positiven oder negativen Ladungen auftreten. Er schreibt:

Im Zusammenhang dazu schien es mir in keinem Falle möglich zu sein, Materie lediglich mit einer Sorte von Elektrizität in absoluter Weise zu laden. Daraus entstand der Wunsch, klarer als bisher zu verstehen, wie die elektrischen Kräfte und die Materieteilchen miteinander verknüpft sind, und dies insbesondere bei induktiven Wirkungen, auf denen die meisten anderen Wirkungen zu beruhen scheinen.[1])

Diese Feststellung ist etwas verwunderlich, da es sehr leicht ist, einen Körper mit einer Sorte Elektrizität aufzuladen. Was FARADAY meinte, war mehr die Tatsache, daß positive und negative Ladungen in der Regel stets in gleichen Mengen auftreten. Eine bestimmte Ladung auf einen Körper wird immer von einer entsprechenden Ladung umgekehrten Vorzeichens anderswo begleitet.

Ich habe versucht, die Existenz der Elektrizität getrennt von der Materie nachzuweisen, indem ich eine Substanz positiv oder negativ aufgeladen habe. Diese Versuche sind jedoch alle fehl-

[1]) Experimental Researches, 1163.

geschlagen, gleichgültig, welche Substanz oder welche Methode zur Aufladung benutzt wurde. Dies bewog mich zunächst, die Induktion als eine Wirkung der Materieteilchen zu betrachten, wobei die Teilchen beide Kräfte in gleicher Weise entwickeln können.[1])

Elektrische Ladungen verhalten sich in gewisser Weise ähnlich wie magnetische Pole. Sie erscheinen auf Körperoberflächen infolge der Polarisation der Materie. Im Falle des Magnetismus ist die polarisierte Materie das Material des Magneten, im elektrischen Falle ist es das Dielektrikum. Die elektrische Ladung stellt Quelle oder Senke elektrischer Kraftlinien dar. „Wenn ich die Begriffe positiv oder negativ benutze, so meine ich damit nur die Endpunkte solcher Linien.“[2]) Diese Argumentation liefert auch eine Erklärung, warum sich elektrische Ladungen nur auf der Oberfläche eines Leiters befinden.

FARADAY baute einen Würfel mit einer Seitenlänge von 12 Fuß. Die Seitenflächen wurden mit einem Netzwerk aus Draht bedeckt und isoliert. Er schreibt:

Ich ging in den Würfel hinein und hielt mich in ihm auf. Mit Hilfe brennender Kerzen, Elektrometer und aller anderen Testmöglichkeiten versuchte ich, einen elektrischen Zustand im Inneren nachzuweisen. Es zeigten sich jedoch nicht die geringsten Anzeichen dafür, obwohl die Außenflächen des Würfels ständig kräftig aufgeladen wurden, so daß große Funken und Funkenbüschel von der gesamten äußeren Oberfläche ausgingen.[3])

Andererseits riefen geladene Körper, die sich im Innern des Würfels befanden, Ladungen auf den Wänden hervor. Bei der Diskussion seiner Kraftlinien hat FARADAY der Tatsache, daß die Linien im allgemeinen gekrümmt und nicht gerade verlaufen, größte Wichtigkeit beigemessen. Er schien darin eine Unterstützung seiner Theorie der Polarisation von Materie zu sehen, die im Gegensatz zu den Fernwirkungstheorien stand. FARADAY betrachtete die Gravitation als ein Beispiel für die Fern-

---

[1]) Experimental Researches, 1168.

[2]) Diary, 3. August 1837.

[3]) Experimental Researches, 1173.

wirkung und stellt sich deshalb die Kraftlinien des Gravitationsfeldes notwendigerweise als geradlinig vor. Bis jetzt ist für die Gravitation kein Äquivalent zur Induktion bekannt; und das Vorhandensein einer zusätzlichen Masse beeinflußt nicht die Anziehungswirkung, die von anderen Massen ausgeht. Die Kraftlinien des resultierenden Feldes einer Anzahl gravitierender Massen sind sicher nicht gradlinig. Es ist schwierig, Faradays Argumente für die Geradlinigkeit der Gravitationslinien zu verstehen.

Die Vorstellung, daß sich elektrische Felder durch Polarisation gewöhnlicher Materie ausbreiten, wurde von Dr. Hare, damals Professor für Chemie an der Universität von Pennsylvania, bezweifelt. Er schrieb an Faraday folgendes:

... Als ich begann, Ihre Untersuchungen über dieses Gebiet zu lesen, schien mir das Hindurchtreten von Elektrizität durch das Vakuum oder durch ein hochverdünntes Medium, wie es in verschiedenen Experimenten, insbesondere denen von Davy, demonstriert wurde, inkonsistent mit der Vorstellung zu sein, daß die Anwesenheit ponderabler Materie für die elektrische Induktion notwendig sei. Ich schloß deshalb, daß sich Ihre Anstrengungen hauptsächlich auf eine erneute Prüfung dieser Frage richteten. Wenn sich die Induktion im Falle des Vakuums geradlinig ausbreitet, ist es dann nicht möglich, daß man die krummlinige Ausbreitung im Dielektrikum den veränderten Einflüssen zuschreiben muß? Wenn elektrisch geladene Teilchen auf den gegenüberliegenden Wänden eines Vakuums eine Wirkung aufeinander zeigen, wie Sie zugeben, warum ist dann die allgemein akzeptierte Theorie, wonach die angeregte Fläche einer Leidener Flasche auf der gegenüberliegenden Fläche einen entgegengesetzten Zustand hervorruft, nicht hinreichend?

Mir scheint, daß der gewöhnliche Materiebegriff mit übertriebenen Vorstellungen belastet wurde und mit Eigenschaften versehen wurde, die er nicht besitzt. Wir erlangen nur auf Grund der Eigenschaften der Materie direkte Kenntnis, und die Existenz der Materie steht über einer theoretischen Betrachtung. Da wir die Eigenschaften wahrnehmen, muß es materielle Teilchen geben, zu denen diese Eigenschaften gehören. Bis jetzt gibt es keine Überzeugung, welche die Menschheit mit mehr Nachdruck vertreten hätte, als die der Existenz der Materie in jener ponderablen Gestalt, wie sie im ganz gewöhnlichen Sinne anerkannt wird. Akzeptiert man nicht, daß diese Überzeugung nur von einer theoretischen Deduktion getragen werden kann, die von der Wahrnehmung der Eigenschaften ausgeht, so entsteht ein Widerstreben, die Existenz anderer Materie zuzulassen, die keine solche instinktive Glaubwürdigkeit besitzt, obwohl theoretisch ähnliche Schlüsse anwendbar sind. Nehmen wir eine Art von Materie als existierend an, weil wir ihre Eigenschaften wahrnehmen, so kann man ihre Existenz nicht auf irgendeine andere Weise begründen. Sind wir nicht dazu ermächtigt, die Existenz einer anderen Art von Materie anzunehmen, wenn wir mehr Eigenschaften wahrnehmen, als vernünftigerweise einer Art von Materie zugeordnet werden können? Manche Philosophen sind zu der Annahme gekommen, daß wir von einem Ozean elektrischer Materie umgeben seien, die vermöge eines Überflusses oder Mangels die Phänomene der mechanischen Elektrizität hervorbringe. Unabhängig davon scheint es mir unfaßbar, daß die galvanischen und elektromagnetischen Erscheinungen, wie sie jetzt in den Blickpunkt gerückt sind, zufriedenstellend erklärt werden können, ohne das Wirken eines imponderablen Mediums anzunehmen, durch dessen Hilfe sich der induktive Einfluß von Strömen oder Magneten ausbreitet. Es wurden viele kunstvolle Experimente erfunden, um zu zeigen, daß die allgemein akzeptierten Vorstellungen von der elektrischen Induktion nicht in der Lage sind, die Phänomene ohne Annahme eines modifizierenden Einflusses ponderabler Materie zu erklären. Es könnte sich herausstellen, daß die Ergebnisse gerade durch die Einbeziehung ponderabler Teilchen nicht ausreichend erklärt werden können. Ich hoffe, daß Sie veranlaßt würden, das ganze Problem noch einmal zu durchdenken, um herauszufinden, ob der Anteil der benachbarten ponderablen Teilchen im Vergleich zur Wirkung eines umgebenden imponderablen Mediums nicht doch sekundärer Natur ist.

HARE beabsichtigt hier nicht, FARADAYS Feldbegriff zu kritisieren. Er wünscht lediglich, daß man ihn nicht von den Eigenschaften gewöhnlicher Materie abhängig macht. FARADAYS Antwort ist nicht sehr zufriedenstellend. Er wiederholt, welche Bedeutung er mit dem Begriff „angrenzend“ verbindet. „Ich verstehe unter angrenzenden Teilchen solche, die unmittelbar benachbart sind. Das heißt nicht, daß es keinerlei Raum zwischen ihnen gibt". Vergleichen wir den Begriff „gewöhnliche Induktion" mit folgenden Zeilen:

> ... Ich habe in meiner Theorie nichts gesagt, was die Wechselwirkung eines geladenen Teilchens im Zentrum eines Vakuums mit einem benachbarten Teilchen verbietet, obwohl ihr Abstand etwa einen halben Zoll betragen sollte. In Anbetracht der Bedeutung, die ich mit dem Begriff „angrenzend" verknüpft habe, sehe ich hier keinen Widerspruch, ebensowenig eine natürliche Unmöglichkeit oder Unwahrscheinlichkeit für solch eine Wechselwirkung. Die gewöhnliche Induktion stellt für mich eine Wirkung zwischen angrenzenden Teilchen dar, deren Abstand belanglos ist. Die Induktion durch das Vakuum hindurch ist keine gewöhnliche Erscheinung, doch bis jetzt habe ich nicht beobachtet, daß dabei ein anderes Wirkungsprinzip gelten soll.

Man empfindet dies mehr als eine Diskussion um Worte und Begriffe. FARADAY war zu diesem Zeitpunkt offenbar nicht bereit, die Darstellung des Vakuums als leeren Raum anzuzweifeln. Seine Theorie der „gewöhnlichen Induktion" beruhte auf der Wechselwirkung von Teilchen, wobei deren relative Abstände keine wesentliche Rolle spielten. Die Induktionswirkung, die sich über die Hälfte eines Zolls im Vakuum erstreckt, kann nichts anderes als eine Fernwirkung bedeuten. Es ist nicht klar, wie diese direkte Wechselwirkung über den Abstand hinweg die Schwierigkeiten beseitigen soll, die mit der Vorstellung der Fernwirkung verbunden sind. Die Wirkung durch das Vakuum hindurch entspricht vielmehr dieser Vorstellung. Trotzdem hat die Beharrlichkeit, mit der FARADAY an der Idee festhielt, daß die Kraftlinien Eigenschaften der Materie und nicht die eines körperlosen Äthers seien, es ihm ermöglicht, den ersten wesentlichen Schritt zu tun und ungezwungener und schöpferischer über diese Dinge nachzudenken. Andererseits war er sehr vorsichtig, wenn es darum ging, den Linien bestimmte physikalische Eigenschaften zuzuschreiben. Er nahm beispielsweise an, daß sich seine Kraftlinien in einem Zustand longitudinaler Spannung und seitlicher Kompression befinden, d. h. das Bestreben haben, sich zu verkürzen und zu verdichten. Er schreibt:

Man kann sich vorstellen, daß eine direkte induktive Kraft zwischen den beiden geladenen leitenden Begrenzungsflächen entlang bestimmter Linien ausgeübt wird und von einer seitlichen oder transversalen Kraft begleitet ist. Diese Kraft ist einer Dilatation oder Abstoßung der entsprechenden Linien äquivalent. Die Anziehungskraft, die zwischen den Teilchen des Dielektrikums in der Induktionsrichtung existiert, ist mit einer Abstoßungs- oder Divergenzkraft in der Querrichtung verknüpft.[1])

FARADAY entwickelte eine Theorie des elektrischen Stromes, die sich sehr eng an seine Theorie der Elektrolyse anlehnte. Als Vorstufe dazu schlug er ein Modell für ein nichtleitendes Dielektrikum vor:

Wenn man den Raum um eine geladene Kugel mit einem Gemisch eines nichtleitenden Dielektrikums füllt, z. B. mit Terpentinöl oder Luft, und kleine kugelförmige Leiter, z. B. Schrotkugeln, mit geringem Abstand voneinander in der Nähe anordnet, so ähnelt dies in Anordnung und Wirkung einem nichtleitenden Dielektrikum. Lädt man die Kugel auf, so werden die kleinen Leiter polarisiert. Beim Entladen der Kugel kehren diese in ihren Normalzustand zurück.

Zur Theorie des elektrischen Stromes schreibt FARADAY:

Die Theorie nimmt an, daß alle Teilchen, sei es von nichtleitender oder leitender Materie, selbst leitend sind. In ihrem Normalzustand sind sie nicht polarisiert, sie können aber durch den Einfluß benachbarter geladener Teilchen in einen solchen Zustand versetzt werden. Der polarisierte Zustand entwickelt sich augenblicklich, genau wie in einem isolierten leitenden Körper, der aus vielen Teilchen besteht. Die polarisierten Teilchen befinden sich in einem Zwangszustand und versuchen, in ihrem Normalzustand zurückzukehren. Teilchen mit beweglichen Ladungen können leicht geladen oder polarisiert werden. In Richtung der induktiven Wirkung aneinandergrenzende Teilchen übertragen ihren Polarisationszustand mehr oder weniger leicht aufeinander. Wenn dies nicht so leicht möglich ist, muß sich erst

[1]) Experimental Researches, 1297.

die polare Kraft vergrößern, bevor diese Übertragung stattfindet. Eine leichte Übertragung der Kräfte zwischen aneinandergrenzenden Teilchen führt zur Leitung, eine gehemmte Übertragung dagegen zum isolierenden Verhalten.[1])

Vor noch größeren Schwierigkeiten stand FARADAY, als er die Ausbreitung eines Magnetfeldes im Raum beschreiben wollte. Auch in diesem Falle hätte er gern seinen Mechanismus vom Weitergeben der Eigenschaften durch benachbarte Teilchen benutzt, jedoch erwiesen sich die Teilchen gewöhnlicher Materie als unmagnetisch. In seinen früheren Experimenten hatte er keinen Einfluß auf die Induktionseigenschaften eines Magnetfeldes feststellen können, als er beispielsweise Platten aus Schellack, Schwefel oder Kupfer in das Feld gebracht hatte. „... man kann fragen, wie sich die Teilchen nichtleitender Körper, wie Luft, Schwefel oder Lack, verhalten, wenn sie in ein magnetisches Kraftlinienfeld gebracht werden.“ Bei der Behandlung dieses Problems geht FARADAY auf den Begriff des elektrotonischen Zustandes zurück:

Die Antwort hierauf ist momentan eine reine Vermutung. Ich habe lange gedacht, daß es bei solchen Körpern eine bestimmte Bedingung gibt, die einem Zustand entspricht, der Ströme in Metallen und anderen Leitern erregt. Bei Nichtleitern würde man sich diesen Zustand als Spannungszustand vorstellen. Ich habe mich bemüht, einen solchen Zustand nachzuweisen, indem ich rotierende nichtleitende Körper in die Nähe magnetischer Pole brachte oder starke Ströme in der Nähe von nichtleitenden Substanzen ein- und ausschaltete. Die Versuche waren jedoch erfolglos. Die Intensität eines solchen Zustandes muß außerordentlich klein sein, da die zu seiner Erzeugung benutzten Ströme ebenfalls sehr schwach waren. Trotzdem ist es recht wahrscheinlich, daß der Zustand existiert und von einem geschickteren Experimentator nachgewiesen wird. Ich halte es für möglich, daß sich magnetische Wirkungen durch die Vermittlung von Teilchen fortpflanzen, und zwar in ähnlicher Weise, wie dies bei der Ausbreitung der induktiven Kräfte statischer Elektrizität geschieht. Dabei sollten die vermittelnden Teilchen mehr oder weniger einen besonderen

---

[1]) Experimental Researches, 1669–75.

Zustand annehmen, den ich schon mehrfach (wenn auch mit recht unvollkommenen Vorstellungen) mit dem Begriff elektrotonisch charakterisiert habe. Ich hoffe, ich werde nicht so verstanden, daß dies meine unverrückbare Meinung ist. In der Tat habe ich eher das Gegenteil gezeigt, nämlich, daß die magnetischen Kräfte völlig unabhängig von der Materie sind, die sich zwischen den induzierenden und induzierten Körpern befindet. Jedoch lassen sich die Schwierigkeiten, wie sie bei solchen Substanzen wie Kupfer, Silber, Blei, Kohle und selbst bei wäßrigen Lösungen auftreten, nicht einfach übergehen. Solche Substanzen nehmen bekanntlich einen besonderen Zustand an, wenn sie zwischen wechselwirkende Körper gebracht werden. Sie stören jedoch das Endresultat nicht mehr als Substanzen, in denen ein solcher Zustand bis jetzt nocht nicht entdeckt wurde.[1])

Wenn wir, wie MAXWELL es getan hat, FARADAYS elektrotonischen Zustand mit dem Vektorpotential des magnetischen Feldes identifizieren, so besteht FARADAYS Theorie darin, dieses Potential mit der Funktion einer Ursache zu belegen. Das Vektorpotential würde dann mehr der Ursprung als ein bloßes Maß des Feldes sein. Da es eine Funktion der felderzeugenden Ströme ist, erscheint diese Idee nicht als gänzlich unvernünftig. Das Vektorpotential müßte des weiteren mit selbstreproduzierenden Eigenschaften versehen werden, damit die Ausbreitung von Raumpunkt zu Raumpunkt möglich ist. Dies bringt keine größeren Schwierigkeiten mit sich als die Ausbreitung eines Magnetfeldes, ausgehend von den erzeugenden Strömen. Obwohl das Konzept des elektrotonischen Zustandes einen gewissen Wert besitzt, da es einen anschaulichen Mechanismus liefert, so sind doch sowohl elektrotonischer Zustand als auch Vektorpotential vom heutigen Standpunkt aus eliminierbar. Das Feld kann ebensogut direkt mit den Strömen verknüpft werden. Obwohl sich FARADAY sehr eingehend mit der Feldausbreitung beschäftigt hat, gelang ihm doch keine befriedigende und hinreichende Erklärung.

Im Dezember 1845 berichtete FARADAY über seine

---

[1]) Experimental Researches, 1728–9.

Entdeckung des Diamagnetismus. Er fand, daß nahezu alle Körper einen bestimmten Effekt im Magnetfeld zeigten. Diese Erscheinungen prägten seine Vorstellungen über den Magnetismus entscheidend. Von besonderem Interesse sind seine Experimente mit magnetischen Lösungen. Er benutzte dabei Eisensulfatlösungen verschiedener Konzentration. Er fand, daß das Verhalten von Körpern im Magnetfeld vom umgebenden Medium abhängt. Bringt man einen diamagnetischen Körper in eine Lösung, die selbst stärkeren Diamagnetismus zeigt, so verhält er sich wie ein paramagnetischer Körper. Er erfährt Kräfte in Richtung wachsender Feldstärke. Diese Tatsache lenkte Faradays Aufmerksamkeit auf die entsprechenden Erscheinungen im Vakuum. Er sah den Diamagnetismus zuerst als ein vom Paramagnetismus getrenntes Phänomen an, während er zwischen Paramagnetismus und Ferromagnetismus keinen Unterschied machte:

Alle Phänomene bestehen letztlich darin, daß die Teilchen sich unter der magnetischen Kraftwirkung von Punkten stärkerer zu Punkten schwächerer Kraft zu bewegen suchen. Ist die Substanz von allen Seiten mit magnetischen Kraftlinien gleicher Stärke umgeben, so wird sie sich nicht bewegen, im auffallenden Gegensatz zu einem linearen elektrischen Strom unter gleichen Umständen. Diese Erscheinung ist neu, nicht nur in dem Sinne, daß ein Magnet auf Körper eine Kraftwirkung ausübt, die früher angeblich nicht beeinflußt wurden, sondern auch, weil sie uns eine zweite Art der magnetischen Kraftwirkung vermittelt. Diese beiden Arten stehen in der gleichen allgemeinen gegensätzlichen Relation zueinander wie positive und negative Elektrizität. Die diamagnetischen Phänomene sind deshalb so bedeutungsvoll, weil sie den dualen Charakter der magnetischen Kräfte, wie er bis zu einem gewissen Grade schon bekannt war, entscheidend und in einer neuen Richtung erweitern. Die Materie scheint den magnetischen Kräften ebenso allgemein unterworfen zu sein wie der Gravitation, den elektrischen, chemischen oder kohäsiven Kräften...[1]).

---

[1]) Experimental Researches, 2418–20.

FARADAYS erste Theorie des Diamagnetismus war polarer Natur. Er schrieb:

Eine Erklärung der Bewegung diamagnetischer Körper und der gesamten dynamischen Erscheinungen als Folge der Krafteinwirkung durch Magneten könnte darin bestehen, daß die magnetische Induktion in ihnen einen im Vergleich zu magnetischen Substanzen entgegengesetzten Zustand erzeugt. Wenn man von beiden Materiesorten je ein Teilchen in das Magnetfeld bringt, so werden beide magnetisch und stellen ihre Achse parallel zur resultierenden magnetischen Kraft ein. Das Teilchen aus magnetischer Materie wird jedoch seinen Nord- und Südpol dem jeweils entgegengesetzten Pol des induzierenden Magneten zuwenden, während beim diamagnetischen Körper gerade das Umgekehrte eintritt. Daraus ergibt sich dann eine Annäherung im einen und eine Abstoßung im anderen Falle. Nach der AMPÈREschen Theorie würde dieser Tatbestand der Annahme entsprechen, daß in Eisen und anderen magnetischen Stoffen Ströme induziert werden, die parallel zu denen im induzierenden Magneten bzw. Batteriesystem fließen, während solche Ströme im Wismut, schwerem Glas und anderen diamagnetischen Körpern die entgegengesetzte Richtung haben. Die Ströme in Diamagnetika haben damit die gleiche Richtung wie die Induktionsströme in diamagnetischen Leitern beim Einschaltvorgang; die Ströme in magnetischen Körpern besitzen dagegen die Richtung der Induktionsströme beim Ausschaltprozeß. Im Falle nichtleitender magnetischer oder diamagnetischer Substanzen sollten keine Schwierigkeiten entstehen, da die hypothetischen Ströme nicht innerhalb der Masse, sondern um die Materieteilchen herum fließen.[1])

(Mit dem Begriff diamagnetischer Leiter meinte FARADAY lediglich einen Leiter, der sich im Magnetfeld befindet. Ein Dielektrikum war dagegen eine Substanz, durch die ein elektrisches Feld läuft. Entsprechend bezeichnete ein Diamagnetikum einen Körper, durch den ein Magnetfeld geht. Der Begriff diamagnetisch besaß ursprünglich keine Beziehung zur Bewegung im Magnetfeld. Später wurde er in diesem Sinne verwendet, da die meisten Diamagnetika einen rechten Winkel zum Feld

[1]) Experimental Researches, 2429–30.

einnahmen. FARADAY führte später auch den Begriff paramagnetisch als Gegenbegriff ein.)

Auf die polare Theorie stützte sich FARADAY nicht ausschließlich. Selbst in der Arbeit, in der er sie beschrieb, stellte er andere versuchsweise Überlegungen an. Zu diesem Zeitpunkt waren seine Experimente mit Luft und verschiedenen Gasen noch nicht erfolgreich beendet. Nichtsdestoweniger schrieb er:

> Die Effekte mit Luft sind jedoch in dieser Hinsicht identisch mit den Resultaten, die mit Eisenlösungen verschiedener Konzentration erhalten wurden. Im letzteren Falle hing der Effekt offenbar vom Grad der magnetischen Stärke der Lösungen ab... Wenn alle Körper in einem unterschiedlichen Grad magnetisch wären und eine gewisse Reihe mit Luft in der Mitte bildeten, so wäre eine Voraussage über die tatsächlich ablaufenden Vorgänge leicht möglich. Ein beliebiger Körper aus dem mittleren Teil der Reihe würde sich in Substanzen, die oberhalb von ihm in der Reihe stehen, äquatorial ausrichten, wohingegen er sich in Substanzen unterhalb axial einstellt...
>
> Nach diesem Prinzip müßte auch der leere Raum magnetisch sein, und zwar in gleichem Grade wie Luft oder andere Gase. Es wäre zwar möglich, daß der Raum, Luft oder bestimmte Gase die gleiche allgemeine Beziehung zu den magnetischen Kräften besitzen, jedoch erscheint es mir als eine gravierende zusätzliche Annahme, daß sie im absoluten Sinne magnetisch sein sollten. Wahrscheinlich ist, daß sie sich in einem Normalzustand befinden. Zur Zeit neige ich zu der früheren Ansicht, nämlich, daß Diamagnetika spezifische Eigenschaften besitzen, die sich von den gewöhnlichen magnetischen Wirkungen antithetisch unterscheiden. Wir haben es somit mit einer neuen magnetischen Eigenschaft zu tun.[1])

Die bis dahin ausgeführten Experimente mit Gasen waren erfolglos geblieben, weil die magnetischen Eigenschaften des Gases von den Eigenschaften der Gefäße überdeckt worden waren. Im August 1850 beschrieb FARADAY eine neue Differentialdrehwaage, mit der er

---

[1]) Experimental Researches, 2438, 2440.

diese Schwierigkeiten überwinden konnte. Das neue Gerät führte unmittelbar zur Entdeckung des Paramagnetismus von Sauerstoff. In diesem Zusammenhang tauchte auch wieder die Frage nach der physikalischen Natur des Diamagnetismus auf. Ebenso bereiteten die Eigenschaften des freien Raumes grundsätzliche Schwierigkeiten. FARADAY schreibt:

Bevor wir magnetische und diamagnetische Körper voneinander abgrenzen, müssen wir den wahren Charakter des Raumes, der frei von jeglicher materieller Substanz ist, betrachten. Obwohl wir den Raum nicht völlig von der Materie befreien können, läßt sich doch eine gute Annäherung an den Idealzustand mit einem sorgfältig hergestellten TORRICELLIschen Vakuum erreichen. Es ist kaum nötig festzustellen, daß sowohl Eisen als auch Wismut in einem solchen Vakuum außerordentlich empfindlich auf einen Magneten reagieren. Von solchen Experimenten, aber auch von allgemeinen Beobachtungen her scheint klar zu sein, daß die magnetischen Kraftlinien den leeren Raum durchdringen können, ebenso wie die Gravitationskräfte und die elektrischen Kräfte den Raum durchdringen. Der Raum besitzt folglich bestimmte ihm innewohnende magnetische Eigenschaften, die sich später wahrscheinlich als äußerst wichtig für die Naturphänomene herausstellen werden. Dieser Charakter des Raumes ist jedoch nicht von der gleichen Art wie der, den wir im Hinblick auf die Materie mit den Begriffen magnetisch oder diamagnetisch belegen. Dies miteinander zu verwechseln, würde bedeuten, Raum und Materie durcheinanderzubringen und die Konzeptionen zu stören, mit denen wir an einer immer klareren Beschreibung der Naturkräfte arbeiten. Im Falle der Gravitation oder der elektrischen Kräfte hieße das, die wechselwirkenden Teilchen und den Raum, durch den die Wechselwirkung erfolgt, durcheinanderzubringen. So etwas würde meiner Ansicht nach die Tür für einen weiteren Fortschritt verschließen. Der leere Raum kann keine Wirkung ausüben, wie das die Materie tut, auch wenn man der Ätherhypothese größten Spielraum gewährt. Mit dieser Hypothese ist die einschneidende Zusatzannahme verknüpft, daß die magnetischen Kraftlinien Vibrationen im Äther darstellen. Bis jetzt gibt es keinen Beweis oder Hinweis, daß für ihre Ausbreitung Zeit erforderlich ist. Auch gibt es keinen Hinweis, in welcher Hinsicht sie in ihrem allgemeinen Charakter den Gravitationslinien oder den elektrischen Kraftlinien ähneln oder sich von ihnen unterscheiden. Des weiteren kann man nicht voraussetzen, daß der Raum solche Zirkularströme enthält, wie sie gemäß der Ampèreschen Theorie um die Teilchen gewöhnlicher magnetischer Materie fließen bzw. wie sie nach meiner jetzigen Annahme in entgegengesetzter Richtung um die Teilchen diamagnetischer Materie fließen sollten....[1])

Zwei Monate später, im Oktober 1850, erschien die nächste Reihe der „Experimentellen Untersuchungen". In ihr wurde eine Feldbeschreibung der magnetischen Wirkung entwickelt.

Die bemerkenswerten Ergebnisse einer früheren Reihe dieser Untersuchungen bezüglich der ausgeprägten Tendenz einiger Gase, entweder aus dem zentralen Kraftliniengebiet herausgedrängt oder in dieses hineingezogen zu werden, führten mich zu der Vorstellung, daß die Körper einen unterschiedlichen Grad des „Leitungsvermögens" für Magnetismus besitzen. Diese Differenz kann für viele Phänomene verantwortlich sein; sie kann auch zur Erklärung der Natur der magnetischen Kräfte herangezogen werden. Es lohnt sich deshalb, weiter darüber nachzudenken und andere Gesichtspunkte zu diskutieren, obwohl die Gefahr des Irrtums nicht auszuschließen ist. Bis jetzt haben meine Überlegungen noch einen hypothetischen Charakter, und ich benutze den Ausdruck „Leitungsvermögen" als einen allgemeinen Ausdruck für die Fähigkeit bestimmter Körper, magnetische Kräfte zu übertragen und fortzupflanzen. Das besagt noch nichts über den Mechanismus einer solchen Weiterleitung...

Bringt man eine Substanz mit einem gegebenen Leitungsvermögen in das Magnetfeld und fügt eine andere Substanz mit größerem Leitungsvermögen hinzu, so wird sich die letztere Probe in das Gebiet größter magnetischer Kraft zu bewegen suchen und die andere Substanz dabei verdrängen. So beobachtet man es wenigstens bei spontan magnetischen Körpern wie Eisen, Nickel, Kobalt und ihren Kombinationen. Man erkennt eine Analogie zu den von der elektrischen Induktion hervorgerufenen Phänomenen. Bringt man eine weitere Probe mit noch höherem Leitungsvermögen hinzu, wird sie sich entlang der axialen Linie anordnen und die anderen Proben entsprechend verschieben. Ein Körper mit einer gegebenen Stärke des Leitungsvermögens wird als stärker oder schwächer einzuordnen sein, je nachdem,

[1]) Experimental Researches, 2787–8.

ob er relativ zu anderen Körpern vom Magnetfeld angezogen oder abgestoßen wird...

Bezüglich der Ausbreitung der magnetischen Kraftwirkung habe ich bereits festgestellt, daß der leere Raum oder das Vakuum eine solche Fortpflanzung zuläßt. Es besteht eine Analogie zu den Gravitationskräften und zu den Kräften der statischen Elektrizität. Substanzen, die wie Sauerstoff eine Ausbreitung dieser Kraftwirkung begünstigen, bilden die Gruppe der magnetischen oder paramagnetischen Stoffe. Andererseits können wir Substanzen wie Äthylen und Phosphor, die die Ausbreitung der magnetischen Kraftwirkung mehr oder weniger hemmen, zur Klasse der diamagnetischen Stoffe zusammenfassen. ... Wenn eine solche allgemeine Betrachtung paramagnetischer und diamagnetischer Substanzen richtig ist, so können die dazugehörigen inneren Prozesse kaum identisch sein, obwohl sie zumindest ähnlich sein können. Es ist möglich, daß in den Substanzen zirkulare elektrische Ströme mit entgegengesetzten Richtungen existieren. Die Unterschiede zwischen den Substanzen sollten nicht von Stromstärkedifferenzen gleichgerichteter Ströme abhängig sein.[1])

FARADAY betrachtet dann den Einfluß, den die Verschiebung seiner Kraftlinien in paramagnetischen und außerhalb diamagnetischer Körper auf die Feldstärke der Umgebung ausübt. Diamagnetische Körper haben das Bestreben, sich zu Punkten schwächerer Feldstärke zu bewegen. Dies führt dazu, daß sich zwei solche eng benachbarte Körper voneinander abstoßen, und die Feldstärke zwischen ihnen ansteigt. Dagegen streben paramagnetische Körper nach Raumgebieten höherer Feldstärke. Sie stoßen sich im Feld gegenseitig ab, da sich die Feldstärke zwischen ihnen verringert. Andererseits ziehen sich diamagnetische und paramagnetische Körper gegenseitig an. Die Bewegungsformen in diesen drei Fällen sind in Abb. 6 dargestellt, die auf FARADAY zurückgeht.

Ein Jahr später, im Oktober 1851, erschien eine weitere Reihe der „Experimentellen Untersuchungen“ unter dem Titel: „Über magnetische Kraftlinien, ihren definiten Charakter und ihre Verteilung innerhalb eines Magneten und im Raum“. Darin wird die Benutzung der Kraft-

[1]) Experimental Researches, 2797–8, 2802–3.

linien bei der Beschreibung der magnetischen Erscheinungen erläutert. Die Arbeit enthält einen Vergleich dieser Beschreibung mit der Fernwirkungskonzeption. FARADAY schreibt:

Wie sich die magnetische Kraft durch Körper hindurch oder durch den Raum ausbreitet, wissen wir nicht. Entweder liegt eine Fernwirkung wie bei der Gravitation vor, oder es existiert ein

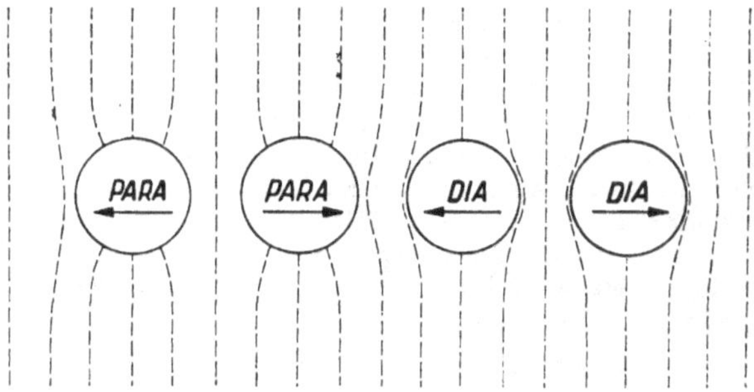

Abb. 6

gewisses dazwischenliegendes Medium wie im Falle des Lichtes, der Wärme, des elektrischen Stromes und, wie ich glaube, der statischen Elektrizität. Die Vorstellung einer magnetischen Flüssigkeit oder von magnetischen Wirkungszentren schließt die letztere Art der Ausbreitung nicht ein, während die Idee der Kraftlinien damit konsistent ist. Andererseits ist eine solche Methode zur Beschreibung der Kräfte damit noch nicht widerlegt. Die Beschreibung der Kräfte muß in jedem Falle mit dem Naturgeschehen in Einklang stehen. Betrachtet man die Beziehungen zwischen dem Vakuum und der magnetischen Kraft, sowie den allgemeinen Charakter der magnetischen Phänomene außerhalb eines Magneten, so kommt man zu der Ansicht, daß für die Erklärung der Ausbreitungseffekte lediglich eine Anziehung oder Abstoßung über die Entfernung hinweg nicht ausreicht. Die Ausbreitungswirkung könnte eine Funktion des Äthers sein. Jedoch sollte der Äther, falls er existiert, außer der Übermittlung der Strahlung noch andere Funktionen haben.

FARADAYS Ideen über die Kraftlinien fanden zunächst keine große Zustimmung bei den Anhängern der Fernwirkungstheorie. Beispielsweise schrieb Sir GEORGE AIRY in einem Brief an J. BARLOW, den FARADAY zur Stellungnahme erhielt, folgendes:

...Der Einfluß eines Magneten auf einen anderen Magneten kann vollständig durch die Annahme beschrieben werden, daß gewisse Teile gerade so wirken, als wenn sie von einem Faden gezogen würden, während andere Teile wiederum so wirken, als wenn sie von einem Stock gestoßen würden. Eine solche Darstellung ist nicht unklar und ungenau, sondern eine Sache strenger numerischer Rechnung. Eine Rechnung auf der Grundlage des einfachen Gesetzes der reziproken Abstandsquadrate repräsentiert die Phänomene in präziser Weise. Ich kann das behaupten, da wir solche Rechnungen laufend machen. Die Schwierigkeit, eigene Beweisgründe anderen darzulegen, ist mir bekannt. Ich kann mir jedoch kaum jemanden vorstellen, der diese Übereinstimmung praktischer und numerischer Art kennt und einen Augenblick zögert, sich zwischen dieser einfachen und präzisen Beschreibung einerseits und der unklaren und schlecht greifbaren Konzeption der Kraftlinien andererseits zu entscheiden. Sie wissen, daß die französischen Mathematiker den Effekt der Induktion mit den gleichen Gesetzen berechnet haben.[1])

FARADAY hatte damals keineswegs ohne jegliche mathematische Begründung gearbeitet. In seiner Antwort an BARLOW schrieb er:

Mein lieber BARLOW! Ich schicke Ihnen AIRYS zweiten Brief zurück. Ich glaube, daß er in einige Ungereimtheiten über meine Ansichten und Arbeiten verwickelt ist. Auf alle Fälle verdrehen seine Bemerkungen meine Vorstellungen. Als erstes, er spaltet die Frage in zwei Teile auf, und zwar a) in die Wirkung umgekehrt proportional zu den Abstandsquadraten und b) in Metaphysik. Was das erste mit meiner Betrachtung zu tun hat, vermag ich nicht zu erkennen. Ich bestreite weder das Wirkungsgesetz noch treten irgendwelche Differenzen zu den mathematischen Ergebnissen auf (wenigstens, wenn ich THOMSON und VON RIESS verstehe). Dabei ist es gleichgültig, ob man die Resultate gemäß meiner Vorstellungen hernimmt oder die der französischen

---

[1]) BENCE JONES, S. 349.

Mathematiker anschaut. Warum wird dann über die reziproken Abstandsquadrate gesprochen? Ich mußte die Zuhörer meines Freitagabend-Vortrages über den Gültigkeitsbereich dieses Gesetzes aufklären. AIRYS Brief zeigt, wie notwendig dies war.[1])

Wenn man weiß, wie FARADAY die theoretischen Probleme behandelte, fällt es schwer, nicht mit AIRYS Beschwerde über den Mangel an Präzision zu sympathisieren. FARADAY scheint darüber hinaus Schwierigkeiten mit dem Gesetz der reziproken Quadrate im Falle der Gravitation gehabt zu haben. MAXWELL schrieb an ihn: „Ich, für meinen Teil, kann Ihre Unzufriedenheit mit dem Gravitationsgesetz nicht verstehen, vorausgesetzt, Sie betrachten die Sache von Ihren eigenen Prinzipien her". FARADAYS Theorie benötigte eine Präzisierung, die nur die Anwendung der Mathematik bringen konnte. Dieser Schritt gelang ihm selbst nicht. Es ist ein Glücksumstand, daß MAXWELL diese Aufgabe so erfolgreich übernehmen konnte. TYNDALL schrieb über FARADAY:

...in seiner Suche nach der Einheit aller Kräfte machte er alle seine großen Entdeckungen. In seinem späteren Leben faßte eine neue Vorstellung von der Materie in ihm Fuß. Er immaterialisierte die Materie in „Kraftzentren" und materialisierte die Richtungen, in die sich die Materie zu bewegen suchte, in „physikalische Kraftlinien". Was er von der Materie in ihren Zentren entfernte und auf die Kraft übertrug, gab er ihr teilweise in den Linien ihrer Bewegung zurück. Er vergrößerte und ergänzte die Gebiete und Probleme, die einer experimentellen Untersuchung zugänglich waren. Er war ständig bestrebt, seine Ideen zu prüfen. Wenn es ihm auch nicht immer gelang, seine Vorstellungen zu verwirklichen, so hat er doch durch sein Genie, seine Wahrhaftigkeit und seine Geschicklichkeit die experimentelle Forschung mit neuen und richtungsweisenden Tatsachen bereichert. Er hinterläßt der Wissenschaft ein Denkmal, das in seiner ganzen Größe für immer erhalten bleiben wird.

---

[1]) BENCE JONES, S. 350.

Kapitel VI

Das Leben von James Clerk Maxwell

Die Arbeit und die Ideen FARADAYS wurden durch JAMES CLERK MAXWELL weiterentwickelt und in eine mathematische Form gebracht. Sein Name wird immer mit den Gleichungen des elektromagnetischen Feldes verbunden bleiben. Er war der Sohn von JOHN CLERK MAXWELL und dessen Gattin FRANCES, eine geborene CHARLTON aus Northumberland. Sie gehörten der oberen Mittelklasse an und wurden als praktisch begabt beschrieben, der Ehemann war besonders an den Anwendungen der Wissenschaft interessiert. Beide Familien hatten Zugang zu wissenschaftlichen Kreisen. Der Name MAXWELL wurde zu CLERK wegen des Erbes eines Landbesitzes, der in früherer Zeit durch ein Fräulein MAXWELL in die Familie gebracht wurde, hinzugefügt.

JAMES CLERK MAXWELL wurde am 13. Juni 1831 in der 14 India Street in Edinburgh geboren. Seine Eltern lebten bis dahin noch nicht auf dem Landbesitz in Kirkcudbrightshire, wo es kein Haus für sie gab. Der Landbesitz war bloß der Überrest eines viel größeren bei Middlebie in der benachbarten Grafschaft von Dumfriesshire, der, bevor JOHN CLERK MAXWELL ihn erbte, abgetrennt und verkauft wurde, um Schulden zu begleichen. Er selbst baute das Haus in Glenlair, wo JAMES den größten Teil seiner Kindheit verbrachte, und JAMES wurde so eher als Landkind als als Städter aufgezogen. Als JAMES acht Jahre alt war, starb seine Mutter im Alter von 47 Jahren an derselben Krankheit, an der er selbst später im nahezu gleichen Alter starb. Seine frühe formelle Ausbildung geschah mittels eines privaten Hauslehrers, der jedoch nicht sehr erfolgreich gewesen zu sein schien. JAMES wird als langsam im Lernen geschildert. Im Alter von zehn Jahren wurde er nach Edingburgh, 13 Heriot Row geschickt, um dort mit seiner Tante väterlicherseits, Mrs. WEDDERBURN, zu leben. Hier ging er zur Schule an der Edinburgh Academy. Er kam in eine Klasse, die schon ein Jahr und zwei Monate bestand. Seine ländliche Kleidung und sein Dialekt erschienen seltsam, und er wurde schrecklich geneckt. Ihm wurde der Spitzname „Dafty“ gegeben, der ihm lange Zeit anhaftete. Er war in seinen Schultagen der seltsame Außenseiter. Diese Erlebnisse können seine frühzeitige Gewohnheit erklären, sich in sich selbst zurückzuziehen, und seine Art, so zu sprechen, daß es oft schwierig war zu folgen.

Trotzdem verging James Knabenzeit nicht ohne beträchtliche Vorteile. Er verbrachte gelegentlich Ferien in Professor Thomsons Haus (Lord Kelvin), und nachdem James ungefähr 14 Jahre alt war und in der Schule durch den Gewinn von Preisen für Mathematik einige ansprechende Leistungen gezeigt hatte, nahm ihn sein Vater häufig zu Versammlungen der Edinburgh Society of Arts und der Royal Society of Edinburgh mit. Vater und Sohn standen im engen Kontakt mit Professor Forbes von der Universität, und dieser sicherte die Veröffentlichung von James erster wissenschaftlicher Arbeit, die er noch während seiner Schulzeit über das Zeichnen bestimmter ovaler Kurven schrieb. Für Forbes und Maxwell begann in dieser Zeit eine lebenslange Freundschaft, und es war eine Unterstützung durch Forbes, daß er Maxwell erlaubte, als Student seine Geräte zu benutzen. Das begünstigte und entwickelte Maxwells wissenschaftliche Interesse sehr. Maxwell wurde auch von seinem Onkel, John Cay, mitgenommen, um Nicol — einen Freund von David Brewster — zu sehen, von dem er kurze Zeit darauf als Geschenk eines der bekannten Polarisationsprismen erhielt. P. G. Tait ging in der Schule in die nächstniedrigste Klasse. Die beiden wurden feste Freunde und tauschten Manuskripte auf mathematischen Gebiet aus. Mit 16 Jahren kam Maxwell zur Edinburgh University, wo er drei Jahre blieb. Seine Ferien verbrachte er meistens auf Glenlair, wo er Zeit hatte, seine Interessen am polarisierten Licht, an der Elektrizität und an der Geometrie zu entwickeln. Er hat

1849 eine geometrische Arbeit und 1850 eine über das Gleichgewicht von elastischen Festkörpern vor der Royal Society of Edinburgh verlesen. Kurz, MAXWELL lernte in seiner Frühzeit einen sehr bezeichnenden Kreis der schottischen Wissenschaftler kennen. Durch sein Leben auf dem Lande und durch die glücklichen Umstände seiner Freizeit hatte er engen Kontakt mit der Natur und Naturerscheinungen.

Mit 19 Jahren ging MAXWELL im Herbst 1850 nach Peterhouse in Cambridge an das College, an das P. G. TAIT schon zwei Jahre eher gegangen war. Die Anzahl an fähigen Mathematikern am College war jedoch so groß, daß die Aussicht auf eine Stelle als Fellow (Mitglied des Lehrkörpers einer englischen Universität oder wissenschaftlichen Einrichtung) gering erschien. Am Ende des ersten Semesters zog er auf den Rat seines Vaters zur Trinity, was ihm viele seiner Freunde in Edinburgh von Anfang an empfohlen hatten. Das erste Jahr wohnte er möbliert in der King's Parade, danach hatte er jedoch Zimmer im College — G. 6 Great Court von 1852 bis 1853 und I. 4 Nevile's Court von 1854 bis 1855. Im Jahre 1854 bestand er das Mathematical Tripos mit der Position eines „zweiten Streiters". ROUTH (von Peterhouse und „ROUTHS Rule") wurde „erster Streiter", er teilte sich jedoch den SMITH-Preis mit MAXWELL.

MAXWELL war athletisch gebaut, jedoch Sport im gewöhnlichen Sinne zog ihn wenig an. Er war kurzsichtig. Wegen seiner Tierliebe verabscheute er das Jagen in den schottischen Mooren. Seine prinzipiellen Mittel zur Körperertüchtigung waren spazierengehen, schwimmen, rudern und reiten. Bei einer Gelegenheit, nach einem Aufenthalt mit Freunden im Lake District, ging er von Carlisle nach Glenlair zu Fuß nach Hause, eine Strecke von ungefähr 50 Meilen. Über seine Art zu schwimmen sagte P. G. TAIT:

„Er stieg den Startblock im Hallenbad hinauf, warf sich flach mit dem Gesicht ins Wasser, tauchte und schwamm hin und her, erklomm dann den Startblock auf der anderen Seite, und warf sich flach auf seinen Rücken ins Wasser. Er sagte, es stimuliere den Kreislauf!" Er war ein geschickter Reiter, und als er älter war, erfreuten er und seine Frau sich am Reiten. Viele Jahre lang ritt seine Frau ein Ponny, das „Charlie" genannt wurde und das Maxwell selbst zugeritten hatte. Sie ritt im Damensattel mit einer Decke, um die Reitkleidung einer Lady anzunehmen. Er ritt ein schwarzes Pferd namens „Dizzy", von dem gesagt wurde, daß es den früheren Besitzer zur Verzweiflung gebracht hätte. Er nahm auch Übungen am Gymnasium und war an der Wissenschaft der Bewegung interessiert. Das letztere erklärt zweifellos sein Eifer an „Diabolo" oder „Teufel auf zwei Stöcken", wie er es nannte.

Maxwell besaß auch Sinn für stillen Humor, der ihm von vielen, die ihn kannten, zugestanden wurde. Zwei Beispiele praktischer Scherze von ihm sind in seiner Biographie von Campbell und Garnett wiedergegeben. Als er 1857 seinen Grad „Master of Arts" bekam, brachte er seinen „Dynamischen Kreisel" mit und zeigte ihn auf einer Teeparty in seinen Zimmern. Seine Freunde gingen, als er sich noch drehte. Am nächsten morgen verspottete er einen seiner Freunde, der über den Hof kam. Er sprang aus dem Bett, versetzte den Kreisel in Drehung und verschwand schnell wieder im Bett. Viel später stieß er als Cavendish-Professor auf dicken Kesselstein in einem Kessel, und dieser Kesselstein schien ihm ein bißchen oolithisch zu sein. Er schickte eine Probe zu dem Professor der Geologie mit der Bitte, daß er die Ablagerung identifizieren sollte. Das wurde ordnungsgemäß getan — und ganz korrekt!

Er las bei den Klassikern, die der Hauptgegenstand seiner früheren Ausbildung gewesen waren, obwohl es einundeinhalb Jahre nach seinem Beginn in Cambridge war, daß er sein „Little-go" bestand. Er hatte ein starkes Interesse an Philosophie, die er an der Edinburgh University studiert hatte, speziell an der Erkenntnistheorie. Er schrieb eine beträchtliche Menge englischer Verse.

Er war konservativ und religiös und neigte dazu, bei den Debatten mit den Anhängern der Entwicklungslehre, die damals stark im Kommen war, die kirchliche Linie zu unterstützen. Sein prinzipielles Argument, daß die Atome, aus denen die Materie besteht, sich nicht entwickelt haben könnten, würde heute nicht akzeptiert werden. Es würde wenigstens verlangen, eine Periode zurückzugehen. Es dient hauptsächlich als eine Mahnung des Wankelmutes der wissenschaftlichen Meinung. MAXWELL jedoch bekannte, daß er „keine Nase für Ketzerei" habe und daß er Freunde auf beiden Seiten der Kontroverse habe. Er erhielt beim zweiten Versuch die Stelle eines Fellow bei der Trinity im Oktober 1855. Ihm wurde die Stelle nach einer Prüfung zuerkannt, und er wurde von drei Mathematikern auserwählt. Er begann sofort über Optik und Hydrostatik zu lesen.

Sein ganzes Leben lang wurde MAXWELL von seinem Landhaus auf Glenlair stark angezogen. Daran kann seine Ungeschicklichkeit in der Schule beim ersten Heraustreten in die Welt und die vergleichsweise Schwerfälligkeit, mit der er Hindernisse überwand, irgendeinen Anteil haben. Da seine Mutter starb, hatte sich bei ihm eine große Zuneigung zu seinem Vater entwickelt, der dann allein lebte, und als die Professur für Naturphilosophie am Marischal College in Aberdeen frei wurde, bewarb er sich um diese Stellung. Die langen Sommerferien würden es ihm erlauben, nahezu die Hälfte des Jahres größtenteils ununterbrochen auf Glenlair zu leben. Sein Anliegen, nahe bei seinem Vater zu sein, wurde jedoch niemals erfüllt. Gerade bevor er zu seinem letzten Sommersemester nach Cambridge zurückkehrte, starb sein Vater. MAXWELL kehrte wie gewöhnlich nach Cambridge zurück, seine Kandidatur am Marischal College ging voran, und später wurde er ernannt. Glenlair blieb seine Heimat.

Er begann im November 1856 in Aberdeen. Die Arbeit eines Professors an einer schottischen Universität ähnelte zu dieser Zeit mehr der eines Schulmeisters. Die Jungen kamen jünger zur Universität, und ihre Studien waren sehr elementar. Es gab viele Debatten über MAXWELLS Fähigkeit als Lehrer. In Aberdeen waren seine Klassen groß — manche siebzig oder achtzig Mann —, und seine Art war kurios, oft träumend und plötzlich erwachend. Er lehrte vielleicht über die Köpfe der meisten seiner Schüler hinweg. Es gibt keinen Zweifel daran, daß einige der besten stark von seinem Unterricht profitierten, aber die übrigen blieben zurück. In Aberdeen heiratete er die Tochter des Direktors des Colleges, FRANCES MARY DEWAR. Dies allein scheint zu zeigen, daß er wahrscheinlich keinesfalls für eine ungeeignete Person gehalten wurde.

Nach vier Jahren wurden das Marischal College und das King's College vereinigt und bildeten die Aberdeen University. Die Stellung des Professors für Naturphilosophie wurde an DAVID THOMSON vergeben, dem Inhaber der Stellung am King's College und MAXWELLS Senior. MAXWELL bewarb sich dann zuerst um eine Professur in Edinburgh, von der gerade FORBES abgetreten war, aber sie wurde an seinen anderen Freund vergeben, an P. G. TAIT. Im Sommer 1860 wurde er am King's College in London angestellt.

In der Zeit, in der er am King's College in London war, wurde seine bedeutendste Arbeit über Elektrizität bekannt und veröffentlicht. Er behielt diese Stellung fünf Jahre. Er und seine Frau wohnten den größten Teil dieser Zeit in 8 Palace Gardens Terrace, Kensington. Die Aufgaben der Professur hielten ihn 9 Monate im Jahr in London. Mrs. MAXWELL half ihrem Mann bei einigen Experimenten über die Farberscheinung, und sie hatten ein Laboratorium in der Dachstube, die so lang wie das Haus war. Sie müssen sich jedoch danach gesehnt haben, ihr Haus auf dem Lande auf Glenlair stärker auszunutzen.

In London setzte MAXWELL seinen in Cambridge begonnenen und in Aberdeen weitergeführten Brauch fort, für die arbeitenden Menschen Abendvorlesungen zu halten. Eine der Gelegenheiten, die sein Londoner Wohnsitz hervorbrachte, war die Möglichkeit, mit FARADAY bekannt zu werden. Er wohnte damals am Hampton Court, obwohl er noch seine Pflichten an der Königlichen Institution erfüllte. MAXWELL gab dort seine erste Vorlesung am 17. Mai 1861 „Über die Theorie der drei primären Farben". Sonst war er unter den Zuhörern zu finden. Nachdem er seine erste Arbeit über die kinetische Gastheorie veröffentlicht hatte, wurde er einmal in einem Gedränge eingezwängt, das durch den Ausgang wollte. Er wurde von FARADAY verspottet, der ausrief: „He, MAXWELL, können sie nicht hinaus? Falls irgendein Mann seinen Weg durch ein Gedränge finden kann, dann sollten Sie es sein!" Ein wichtiger charakteristischer Gesichtspunkt, den FARADAY und MAXWELL teilten, war die Gewohnheit, in physikalischen Bildern zu denken. Obwohl MAXWELL ein ausgebildeter Mathematiker war, verließ er sich, wie von vielen bemerkt wird, mehr auf Diagramme und geometrische Zeichnungen als auf Symbole. Er schrieb zum Beispiel in seiner Arbeit „Über den dynamischen Kreisel" vom 20. April 1857, welche in den „Transactions of the Royal Society of Edinburgh" veröffentlicht wurde:

> Die mathematischen Schwierigkeiten der Theorie der Rotation entstehen hauptsächlich durch den Wunsch nach geometrischen Illustrationen und vernünftigen Vorstellungen, durch die wir die Ergebnisse der Analysis in unserem Gedächtnis festsetzen können. ...Gerade die Rotationsgeschwindigkeit um die Achse verlangt eine sorgfältige Definition, und der Lehrsatz, daß es bei allen Bewegungen um einen festen Punkt immer eine Linie von Teilchen gibt, die eine momentane Achse bilden, ist meistens in der Form einer sehr abstoßenden Menge von Rechnungen gegeben. Die meisten dieser Schwierigkeiten können vermieden werden, wenn man der Mechanik und der Geometrie des Problems ein bißchen Aufmerksamkeit widmet, bevor man auf die Diskussion der Gleichungen eingeht.

Während seiner Londoner Zeit erschienen 1860 seine erste Arbeit über die kinetische Gastheorie und seine zweite über Farbanalyse. 1861 veröffentlichte er seine Arbeit „Über physikalische Kraftlinien", die wir im nächsten Kapitel diskutieren. (Als er in Aberdeen begann, hatte er geschrieben „Über FARADAYS Kraftlinien". Die Arbeit mußte angefertigt worden sein, als er in Cambridge war.) Drei Jahre später erschien seine prinzipielle Arbeit über die Elektrizität, „Eine dynamische Theorie des elektromagnetischen Feldes". In seinem letzten Jahr am King's College muß er an der dynamischen Gastheorie gearbeitet haben. Zwei Arbeiten aus seiner Feder zu diesem Gebiet erschienen im folgenden Jahr. Es ist angedeutet worden, daß der Ursprung seiner Ideen auf dem Gebiet der statistischen Theorie zu finden ist, die er bei seiner Beschäftigung mit dem Problem der Saturnringe verwendet hat, wofür ihm 1857 der ADAM-Preis zuerkannt worden war. MAXWELL verließ den Lehrstuhl am King's College im Frühjahr 1860. Sein Nachfolger war W. G. ADAMS, nur seine Vorlesungen für seine arbeitenden Menschen setzte er während des folgenden Winters fort.

Der Beginn und das Ende der Periode am King's College waren durch ernsthafte Angriffe auf seine Gesundheit markiert. Im September 1860 zog er sich auf Glenlair Pocken zu — vermutlich auf dem Jahrmarkt, auf dem „Charlie" gekauft wurde. Im September 1865 litt er auch auf Glenlair an einem schweren Anfall von Erisipelas. Beide male war seine Frau seine Krankenschwester, ein Beruf, in dem er selbst nicht unerfahren war. Während er in Cambridge war, hatte er einen Freund gepflegt, einen Pommern, der später in Indian Mutiny durch eine schwere Krankheit starb; er hatte seinen Vater auf Glenlair persönlich gepflegt; er hatte seinen Schwager in seinem Haus in London versorgt, als dieser sich einer schmerzhaften Operation unterzog, und er schaute auch selbst nach seiner Frau, wenn sie krank war.

Nach London lebte MAXWELL auf Glenlair, obwohl er häufig in London und Cambridge zu Besuch war, wo er entweder als Moderator oder Examinator beim Mathematischen Tripos wirkte. 1867 machte er mit seiner Frau eine Reise durch Italien. Die Zeit wurde jedoch hauptsächlich im ruhigen Leben auf dem Lande verbracht, wo er seiner elektrischen Theorie durch seine „Treatise" die endgültige Form gab. Während er in London war, hatte er weiterhin viel Interesse an seinem Landbesitz. 1860 wurden einige Pfauen von einem Mr. McCunn aus Ardhallow gekauft. Sie saßen gewöhnlich vor der Veranda und schmückten diesen Platz. Zu einer späteren Zeit wurde Lord Kelvin am Besitz einiger dieser Vögel interessiert. Maxwell schrieb ihm, daß die Gärtnerei in Ardhallow die beste an der Küste war, als er die ersten von ihnen erwarb. Als Mr. McCunn starb, ließ seine Frau den Gärtner wirtschaften, und die Pfauen wurden vernichtet, die Gärtnerei hörte auf die gewöhnlichsten Pflanzen zu erzeugen und wurde zu einer völligen Einöde! Man sah Maxwell selten ohne einen seiner Hunde spazierengehen. Späterhin in Cambridge gingen sie mit ihm zum Cavendish Laboratory, wo sich bei einer Gelegenheit einer von ihnen auf einen isolierenden Hocker setzte. Durch das Reiben mit einem Katzenfell wurde er elektrisch geladen. Ein Katzenfell lädt sich positiv auf, wenn es sich mit anderen Materialien reibt, jedoch bei dieser Gelegenheit war es der Hund, der die positive Ladung erhielt. „Ein lebender Hund ist besser als ein toter Löwe", sagte Maxwell.

1871 wurde er eingeladen, um der erste Cavendish Professor für Physik in Cambridge zu werden. Nach etwas Widerstreben akzeptierte er es endlich. Er gab seine Antrittsvorlesung im Oktober. Seine erste Aufgabe war es, das Cavendish Laboratory zu planen und auszurüsten. Die Geldmittel dazu waren gerade der Universität durch ihren Kanzler, den Herzog von Devonshire, nach dem sie auch benannt ist, überreicht worden. Daneben war Maxwell die ersten zwei Jahre in dieser Stellung damit beschäftigt, die „Abhandlung über Elektrizität und Magnetismus" zu vollenden und deren Druck zu kontrollieren. Sie wurde 1873 veröffentlicht, nachdem ihr 1871 die weniger bekannte „Abhandlung über die Wärme" vorausgegangen war. Danach widmete Maxwell seine zur Verfügung stehende Zeit dem Redigieren von „Die elektrischen Untersuchungen von HENRY CAVENDISH“, das Ergebnis wurde 1879 veröffentlicht. In diesem Jahr begann er auch eine neue Überarbeitung seiner elektrischen Abhandlung, aber seine Gesundheit ließ nach. Er ging für den Sommer zurück nach Glenlair, weil er vermutete, daß er nur vorübergehend nicht ganz auf dem Posten sei, und weil er hoffte, daß die erfrischende Luft ihm helfen würde, wieder zu voller Gesundheit zu kommen. Statt dessen wurde seine Krankheit schlimmer, und am 2. Oktober wurde ihm von seinem Arzt gesagt, daß er nur noch einen Monat zu leben hätte. Er wurde zurück nach Cambridge gebracht, damit er eine bessere Pflege bekam, jedoch er starb am 8. November im Alter von 48 Jahren.

Zusätzlich zu seinen Hauptbeiträgen zur Wissenschaft, mit denen sein Name immer verbunden sein wird, liefert das CAVENDISH Laboratory in Cambridge ein eindrucksvolles Denkmal von JAMES CLERK MAXWELL. Es war sein Plan, und obwohl er durch fähige Assistenten unterstützt wurde, wurden die Grundlagen für die Schule der Forschung, die der Institution weltweiten Ruhm brachte, bevor das Jahrhundert zu Ende ging, von ihm gelegt. Kurz nachdem MAXWELL gestorben war, schrieb Lord KELVIN:

> Der Einfluß MAXWELLS in Cambridge hatte zweifellos eine große Auswirkung bei der Ausrichtung der mathematischen Studien auf fruchtbarere Kanäle als die, in denen sie viele Jahre lang gelaufen waren. Seine veröffentlichten wissenschaftlichen Arbeiten und Bücher, seine Wirkung als Examinator in Cambridge und seine Vorlesungen als Professor, all das trug dazu bei; aber über allem steht sein Werk, das er durch das Planen und Einrichten des CAVENDISH Laboratory geleistet hat. Es gibt tatsächlich geradezu ein Wiederaufleben der physikalischen Wissenschaft in Cambridge in den letzten fünfzehn Jahren, und das größtenteils durch MAXWELLS Einfluß.

MAXWELLS letzte öffentliche Vorlesung war die Rede „Über das Telephon“, die er am 24. Mai 1878 in Cambridge hielt. In ihr sagte er:

> In einer Universität sind wir besonders verpflichtet, nicht nur

die Einheit der Wissenschaft selbst, sondern auch die Gemeinschaft der Arbeiter der Wissenschaft anzuerkennen. Wir neigen zu stark dazu anzunehmen, daß wir hier bloß versammelt sind, damit bestimmte Studieneinrichtungen erreichbar sind, wie Museen und Laboratorien, Bibliotheken und Vorlesungen, so daß jeder von uns studieren kann, was er wünscht. Ich nehme an, daß die Bienenmenge die Blüten wegen des Honigs umschwirrt und daß die Bienen niemals daran denken, daß es wegen des Blütenstaubs geschieht, den sie von Blüte zu Blüte tragen, und was es möglich macht, zu herrlicheren Blumenfeldern und geschäftigeren Bienenschwärmen in den folgenden Jahren zu kommen.

Kapitel VII

Die Entwicklung der elektromagnetischen Theorie durch Maxwell

Während FARADAY in einer stark ideosynkratischen Art und Weise arbeitete, um seine eigenen Ideen im Lichte größtenteils selbst gemachter experimenteller Untersuchungen zu entwickeln, trachtete MAXWELL danach, dieselben Ideen in eine Sprache zu übersetzen, die schon von der Wissenschaft verwendet wurde. In seinen „Abhandlungen über die Elektrizität und den Magnetismus“ (S. 175) verglich er die Arbeit von AMPÈRE, einem hervorragenden mathematischen Physiker, mit der des Experimentalphysikers FARADAY:

Die Methode von AMPÈRE erlaubt es einem nicht, die Bildung der Ideen zu verfolgen, ... obwohl sie auf eine induktive Form hinausläuft. Wir können kaum glauben, daß AMPÈRE wirklich das Wirkungsgesetz mittels der Experimente entdeckte, die er beschreibt. Wir kommen zu einer Vermutung, die er uns selbst bestätigt, nämlich daß er das Gesetz durch einige Vorgänge entdeckt hat, die er uns nicht gezeigt hat, und daß er — nachdem er dann eine perfekte Demonstration aufgebaut hat — alle Spuren des Baugerüstes, mit dem er das Gesetz aufstellte, beseitigt hat.

FARADAY zeigt uns andererseits seine erfolglosen ebenso wie seine erfolgreichen Experimente, seine groben Ideen ebenso wie seine entwickelten, und wenn auch der Leser in seiner induktiven

Fähigkeit ihm gegenüber unterlegen ist, so fühlt er doch mehr Sympathie als Bewunderung und ist geneigt zu glauben, daß, falls er die Gelegenheit hätte, er auch ein Entdecker sein würde. Jeder Student sollte deshalb Ampéres Untersuchungen als ein großartiges Beispiel für den wissenschaftlichen Stil bei der Darlegung einer Entdeckung lesen. Er sollte jedoch auch Faraday studieren, um seinen wissenschaftlichen Geist mit Hilfe der Aktion und Reaktion zu kultivieren, die zwischen den ihm durch Faraday bekanntwerdenden neuentdeckten Tatsachen und den in seinem eigenen Verstand entstehenden Ideen stattfindet.

Er fährt fort:

Es war vielleicht zum Nutzen der Wissenschaft, daß Faraday, obgleich sich den fundamendalen Formen von Raum, Zeit und Kraft vollkommen bewußt, kein erklärter Mathematiker war. Er versuchte nicht, in die sehr interessanten Forschungen der reinen Mathematik einzudringen, was seine Entdeckungen nahegelegt hätten, falls sie in einer mathematischen Form dargelegt worden wären, und er fühlte sich weder berufen, seine Resultate in eine Form zu zwingen, die für den mathematischen Geschmack der Zeit akzeptabel war, noch sie in einer Form auszudrücken, die die Mathematiker angreifen könnten. Seine eigentliche Arbeit, seine Ideen mit seinen Tatsachen zu koordinieren und sie in einer natürlichen Sprache auszudrücken, vollbrachte er in seiner Freizeit.

Diese Abhandlungen habe ich hauptsächlich in der Hoffnung geschrieben, diese Ideen zur Basis einer mathematischen Methode zu machen.

Bei dieser Aufgabe war Maxwell sehr erfolgreich. Seinen Beitrag jedoch bloß als Übersetzung anzusehen wäre eine grobe Unterschätzung. Es ist wahr, daß die grundlegenden Gedanken der Theorie Maxwells bei Faraday zu finden sind, der sehr nahe an eine elektromagnetische Theorie des Lichts in seinen „Gedanken über Lichtschwingungen“ herankam. Die Sache war jedoch noch unklar und konnte nicht durch eine Abschätzung der Ausbreitungsgeschwindigkeit erfaßt werden. In Maxwells Händen wurden die Ideen herausgestellt und der ganzen Theorie eine Präzision gegeben, die Faradays Kräfte überstieg. Maxwells Abhandlung der

Theorie ist darüber hinaus mit zahlreichen interessanten Kommentaren durchsetzt, von denen das obige Zitat ein Beispiel ist und die das Lesen seiner Schrift beleben.

MAXWELLS Beiträge zur elektromagnetischen Theorie entstanden in vier Etappen. Der erste erschien in einer langen Arbeit, die am 10. Dezember 1855 und am 11. Februar 1856 vor der Philosophischen Gesellschaft von Cambridge vorgetragen wurde. Die Arbeit hieß „Über FARADAYS Kraftlinien". Der zweite hatte die gleiche Länge und erschien teilweise im „Philosophical Magazine" (Band XXI) im März 1861. Der dritte ist in einer Arbeit enthalten, die zur Wiedergabe in diesem Buch ausgewählt wurde und die den Titel „Eine dynamische Theorie des elektromagnetischen Feldes" trägt. Die Royal Society erhielt die Arbeit am 27. Oktober 1864. Er wurde im Band CLV der „Transactions" veröffentlicht. Den vierten Beitrag lieferte MAXWELL, indem er seine „Abhandlungen über Elektrizität und Magnetismus" schrieb. Er war, wie der Name schon sagt, ein umfassenderes Werk des ganzen Themas vom Standpunkt der Feldtheorie aus. Er wurde 1873 das erste Mal veröffentlicht. Wir betrachten zuerst die Arbeit „Über FARADAYS Kraftlinien", die den Beginn der Auseinandersetzung MAXWELLS mit dem Problem illustriert. In dieser Arbeit übernahm er einfach FARADAYS Ideen von den Kraftlinien in die Sprache der Mathematik. Er trieb keine physikalische Theorie voran und, obwohl die mathematischen Symbole auf einer physikalischen Analogie basieren, beschreiben sie bloß die Eigenschaften der Kraftlinien. In einer seiner charakteristischen Nebenbemerkungen sagt er:

Der erste Schritt beim effektiven Studium der Wissenschaft muß deshalb die Vereinfachung und die Zurückführung der Ergebnisse der vorläufigen Untersuchungen auf eine Form sein, in der der Verstand sie begreifen kann. Die Ergebnisse dieser Vereinfachung können die Form einer rein mathematischen Darstellung oder einer physikalischen Hypothese annehmen. Im ersten Fall verlieren wir die zu erklärende Erscheinung völlig aus den Augen, und obwohl wir die Konsequenzen der gegebenen Gesetze herleiten können, werden wir niemals tiefere Einsichten in die Zusammenhänge der Erscheinung erhalten. Falls wir andererseits eine physikalische Hypothese annehmen, so sehen wir die Erscheinung nur aus dieser Sicht und neigen zu einer Blindheit gegenüber Tatsachen und einer Waghalsigkeit in Vermutungen, die eine einseitige Erklärung unterstützt. Wir müssen deshalb irgendeine Untersuchungsmethode entwickeln, die es gestattet, die Gedanken eines jeden Schrittes mit einer klaren physikalischen Konzeption zu verbinden, ohne sich irgendeiner Theorie anzuvertrauen, die von der physikalischen Wissenschaft gefunden wurde und von der die Konzeption geborgt ist, so daß die Gedanken weder in Streben nach analytischen Spitzfindigkeiten vom Anliegen abgedrängt noch von der Wahrheit durch eine bevorzugte Hypothese entfernt werden.

Um physikalische Ideen zu erhalten ohne eine physikalische Theorie zu übernehmen, müssen wir uns mit der Existenz physikalischer Analogien vertraut machen. Mit einer physikalischen Analogie meine ich die teilweise Ähnlichkeit zwischen den Gesetzen einer Wissenschaft und denen einer anderen, wobei jede von ihnen die andere veranschaulichen kann...[1])

Zwei Beispiele solcher von Maxwell gegebenen Analogien sind erstens die von der Brechung von Licht und der Ablenkung eines Teilchens durch ein starkes, aber schmales beschleunigendes Feld und zweitens die zwischen dem Wärmestrom und der Anziehung durch Fernwirkung. Die zweite Analogie ist kürzlich von William Thomson im „Cambridge Mathematical Journal" entwickelt worden.

Zwecks Beschreibung der Eigenschaften der Kraftlinien entwickelt Maxwell zuerst eine Theorie der Bewegung einer inkompressiblen Flüssigkeit:

Es ist nicht einmal eine hypothetische Flüssigkeit, die eingeführt wurde, um die Erscheinung zu erklären. Es ist nur eine Sammlung imaginärer Eigenschaften, die in einer Art und Weise zur Begründung bestimmter Theoreme der reinen Mathematik verwendet werden können, die verständlicher für viele ist und sich besser auf physikalische Probleme anwenden läßt als eine, in der nur algebraische Symbole benutzt werden.

---

[1]) Collected Papers, I, S. 155.

Die Aufgabe ist es, einen mathematischen Formalismus aufzustellen, der an die Kraftlinien anknüpfen kann. Die Flüssigkeit fördert dabei nur das Verständnis. Die Flüssigkeit kann ebenso belanglos für den Magnetismus und die Elektrizität sein wie es der Wärmestrom für die Fernwirkung ist.

Die von MAXWELL konstruierte Analogie zu den Kraftlinien ist die der gleichförmigen Bewegung einer gewichtslosen und inkompressiblen Flüssigkeit durch ein Widerstand leistendes Medium. Die Flüssigkeit ist homogen, sie besitzt keine Trägheit und ihrer Bewegung wird ein Widerstand entgegengesetzt, der proportional zu ihrer Geschwindigkeit ist. Sie wird sich deshalb nur bewegen, wenn sie einem Druck ausgesetzt ist. Die Flächen gleichen Druckes werden diskutiert. Es zeigt sich, daß die Linien der Flüssigkeitsbewegung senkrecht auf ihnen stehen. Der Flüssigkeitsstrom wird durch Stromlinien und Stromröhren gezeichnet, und der ganze Raum wird in Zellen geteilt, die dadurch definiert sind, daß von den Einheitsröhren die Teile abgetrennt werden, die durch benachbarte Flächen gleichen Druckes mit $\delta p = 1$ gegeben sind. Schreibt man den Widerstand $R = ku$, wobei u die Geschwindigkeit der Flüssigkeit und k eine Konstante sind, so ist der Druck bei einer Entfernung r von der Quelle der Stärke S

$$p = \frac{kS}{4\pi r}. \tag{1}$$

Falls sich p und S auf eine Quelle und p' und S' auf eine andere beziehen und r der Abstand zwischen beiden ist, dann ergibt sich

$$S'p = \frac{kSS'}{4\pi r} = Sp'. \tag{2}$$

Eine Anzahl anderer Theoreme mit elektrostatischen Gegenstücken, die dem Leser vertraut sein werden, ergeben sich dann. Auf dieser Grundlage ist es möglich, die zwischen dem Flüssigkeitsstrom und der Elektrizität existierenden Analogien darzulegen. MAXWELL identifizierte das elektrische Potential V mit $-p$, die Kraft mit $-\mathrm{d}p/\mathrm{d}r = ku$ und die elektrische Ladung mit $kS/4\pi$.

Die Theorie der Dielektrika verläßt sich auf die Analogie zwischen einer Änderung in der Dielektrizitätskonstante und der Änderung im Widerstand gegen den Flüssigkeitsstrom. Quellen und Senken können geeignet über die Oberfläche verteilt werden, um in einem homogenen Raum ein System existierender Kraftlinien vorzutäuschen. Die Quellen und Senken entsprechen den induzierten Ladungen.

Die Analogie des Flüssigkeitsstromes ist gleichermaßen auf den Magnetismus anwendbar. In diesem Buch ist diese Analogie auf Permanentmagneten und die paramagnetische und diamagnetische Induktion angewendet (über den Weg von FARADAYS Theorie der Leitung der Kraftlinien). Eine andere und ebenso unabhängige Anwendung einer Analogie ist die auf den Fluß des elektrischen Stromes, was jedem Schuljungen bekannt ist.

Die Analogie wird einfach gebraucht, um die allgemeinen Eigenschaften der Kraftlinien darzustellen. Die Verwendung der Kraftlinien zur Bestimmung der Wechselwirkung zwischen zwei Stromkreisen wird dann auf der Grundlage äquivalenter magnetischer Schalen diskutiert, aber vielleicht ist der Teil der Arbeit der interessanteste, welcher sich mit der Induktion von Strömen und mit FARADAYS elektrotonischem Zustand befaßt. Die Tatsachen der elektromagnetischen Induktion und ihre Verbindung mit den Kraftlinien sind so übernommen, wie FARADAY sie darstellte. Die Zahl der Linien, die einen Stromkreis verketten, wird jedoch mit Hilfe eines Vektorpotentials berechnet, über das entlang des Stromkreises integriert wird. Dieses nimmt MAXWELL als ein Maß des elektrotonischen Zustandes. Er ist jedoch wie FARADAY unfähig, irgendeine übereinstimmende Eigenschaft der Leiter zu entdecken, durch die der Zustand wiedererkannt werden kann, und er muß sich so mit einer symbolischen Darstellung zufrieden geben. Er schrieb über FARADAYS Konzeption:

Die Vermutung eines Philosophen, der so vertraut mit der Natur ist, kann manchmal der Wahrheit näher kommen als das am besten begründete experimentelle Gesetz, das durch experimentelle Untersuchungen entdeckt wurde, und obgleich man nicht verpflichtet ist, es als eine physikalische Wahrheit zuzulassen, können wir es als eine neue Idee akzeptieren, durch die unsere mathematische Konzeption klarer gemacht wird.

In diesem Umriß von FARADAYS elektrischen Theorien, wie sie von einem mathematischen Standpunkt aus erscheinen, kann ich nicht mehr tun, als einfach die mathematische Methode darzulegen, durch die, wie ich glaube, die elektrischen Erscheinungen am besten verstanden und auf die Berechnung zurückgeführt werden können. Meine Absicht ist es gewesen, die mathematischen Ideen dem Verstand in einer greifbaren Form darzustellen, und zwar als System von Linien oder Flächen und nicht als bloße Symbole, die weder die gleichen Ideen übermitteln noch leicht an die zu erklärenden Erscheinungen anzupassen sind. Jedoch die Idee des elektro-tonischen Zustandes hat sich meinem Verstand noch nicht in solch einer Form vorgestellt, daß dessen Natur und Eigenschaften ohne Bezugnahme auf bloße Symbole erklärt werden könnte ...[1])

MAXWELL verwendet keine Vektorrechnung, und seine Arbeit neigt deshalb dazu, ziemlich umfangreich zu werden. Seine Bezeichnungen in dieser Arbeit sind kurz die folgenden: Der Vektor α_0, β_0, γ_0 ist das Vektorpotential; α_1, β_1, γ_1 ist die magnetische Feldstärke; α_2, β_2, γ_2 ist die elektrische Feldstärke; a_1, b_1, c_1 ist der magnetische Feldfluß, und a_2, b_2, c_2 ist der elektrische Strom. Die Arbeit enthält eine Deduktion des Induktionsgesetzes für Ströme entsprechend der HELMHOLTZschen Rechnung. Wenn man die Vektorrechnung benutzt und für den ganzen Vektor jeweils nur den ersten Buchstaben der

---

[1]) Collected Papers, I, S. 187.

MAXWELLschen Symbole verwendet, so läuft die Rechnung folgendermaßen:

Der Anteil der Dissipation an elektrischer Energie ist

$$\int (a_2 \cdot \alpha_2)\, d\tau. \tag{3}$$

Der Anteil der Arbeit gegen äußere Kräfte ist

$$\frac{d}{dt}\int \frac{(a_2 \alpha_0)}{4\pi}\, d\tau. \tag{4}$$

Daraus folgt

$$(a_2 \cdot \alpha_2) + \frac{(a_2 \cdot d\alpha_0)}{4\pi dt} = 0 \tag{5}$$

und

$$\alpha_2 = -\frac{1}{4\pi}\frac{d\alpha_0}{dt}. \tag{6}$$

Dieser Beweis stimmt nur, wenn α_0 von einem Permanentmagneten herrührt, weil, falls ein Beitrag durch einen zweiten Stromkreis hinzukommt, die gleiche Menge an äußerer Arbeit geleistet werden würde, wenn man wie vorher annimmt, daß die Ströme konstant gehalten werden, nur die Energie würde nicht nur im ersten Stromkreis, sondern auch im zweiten erscheinen. Der Extrawert an dissipierter Energie ist im Feld gespeichert.

Die Arbeit endet mit 12 Beispielen über die Anwendung der Theorie. Was sie schuf, war der grundlegende mathematische Apparat, mit dem man an die elektrischen Probleme herangehen konnte. MAXWELL bemerkte selbst: „Ich glaube nicht, daß sie auch nur den Schatten einer wahren physikalischen Theorie enthält; in der Tat, ihr Hauptvorzug als ein zeitweiliges Instrument der Forschung ist, daß sie sich nicht für alles hält.“[1]

Der in dieser Arbeit beschriebene mathematische Apparat ist natürlich sowohl für eine Theorie der Fern-

[1]) Collected Papers, I, S. 207.

wirkung als auch für eine Theorie der Kraftlinien geeignet. Tatsächlich war es eine von MAXWELLS Absichten zu zeigen, daß die beiden Theorien zu den gleichen Ergebnissen führen, eine Tatsache, die keineswegs allgemein zu erwarten war, wie wir gesehen haben. Die Einführung des Vektorpotentials als ein Maß des elektrotonischen Zustandes macht es MAXWELL jedoch tatsächlich einfacher, ohne Kraftlinien auszukommen, und zwar sogar im Falle der Induktion von Strömen, deren Gesetze von FARADAY mit Hilfe dieser Linien aufgestellt wurden. Die elektromotorische Kraft, die in jedem Element des Stromkreises induziert wird, ist dann einfach der Anteil der Änderung des Vektorpotentials am Ort des Elementes, und das Vektorpotential ist direkt aus den Strömen errechenbar, die das magnetische Feld erzeugen.

In dieser Arbeit ist die Erscheinung, die in MAXWELLS späterem Werk eine zentrale Stellung einnimmt, nämlich der Verschiebungsstrom, nicht erwähnt. Deshalb gibt es keinen Hinweis auf die Möglichkeit von Strahlung. Neben dem kurzen Hinweis auf die Möglichkeit, daß das elektrostatische Feld durch die Methode des Flusses behandelt werden kann, ist der Elektrostatik wenig Aufmerksamkeit geschenkt worden. Solch ein Konzept wie das des Verschiebungsstromes wurde nur möglich, als die sogenannte physikalische Theorie der Kraftlinien umschattet worden war. Der Ursprung davon kann direkt bis zu FARADAYS Ansichten, die die elektrostatische Induktion betreffen, verfolgt werden. Dieses Konzept wurde durch MAXWELL in den Arbeiten entwickelt, die über fünf Jahre später im „Philosophical Magazine" veröffentlicht wurden und in denen die Theorie der „Physikalischen Kraftlinien" dargestellt wurde. Das sind Kraftlinien, die mit einem strukturellen Dasein geschmückt sind, was sie von den mathematischen Konzepten unterscheidet, die nur zum Zwecke der Berechnung gebraucht werden. Inwieweit die gedanklichen Konzeptionen mit physikalischer Realität ausgestattet werden können, soll hier nicht diskutiert werden.

Es soll daran erinnert werden, daß FARADAY die elektrische Induktion durch eine Polarisation des dazwischenliegenden Mediums, des Dielektrikums, erklären wollte. Er meinte, daß diese von der Wirkung der angrenzenden Teilchen herrührt. Für diejenigen, die das Vakuum für einen leeren Raum hielten, warf die Möglichkeit der Induktion durch ein Vakuum ernthafte Zweifel an dieser Ansicht auf, und FARADAY hatte, wie wir gesehen haben, wenig Erfolg bei ihnen. Benachbarte Teilchen könnten Zentimeter entfernt sein, was kaum als Wirkung über einen unbedeutenden Abstand betrachtet werden kann, was ja FARADAYS Grundidee war. Jedoch weder FARADAY noch MAXWELL sahen das Vakuum wirklich als völlig leeren Raum an. FARADAY dachte es sich zuerst mit gewöhnlicher wägbarer Materie gefüllt, und MAXWELL verwendete statt dessen einen Äther und stimmte so mit Professor HARE überein. Gerade in seiner dritten Arbeit, die in diesem Buch wiedergegeben wird und in der die elektromagnetische Theorie voll entwickelt wurde, sagt MAXWELL:

> Das elektromagnetische Feld ist der Teil des Raumes, der Körper unter elektrischen und magnetischen Bedingungen enthält und umgibt.
>
> Er kann mit irgendeiner Art von Materie gefüllt sein, oder wir können uns bemühen, die ganze träge Masse wie im Falle der GEISSLERschen Röhren und anderen sogenannten Vakua zu entfernen.
>
> Es bleibt jedoch genug Materie übrig, um die Licht- und Wärmewellen zu erhalten und fortzupflanzen, und weil die Übertragung dieser Strahlung nicht stark geändert wird, wenn das sogenannte Vakuum durch durchsichtige Körper meßbarer Dichte ersetzt wird, sind wir genötigt zuzulassen, daß die Schwingungen nicht durch träge Massen, sondern durch eine ätherische Substanz hervorgerufen werden. Die träge Masse modifiziert nur in irgendeiner Weise die Bewegung des Äthers.
>
> Wir haben deshalb durch die Erscheinungen des Lichtes und der Wärme einigen Grund zu glauben, daß es ein ätherisches Medium gibt, das den Raum füllt, die Materie durchdringt, in Bewegung gesetzt werden kann und diese Bewegung auch auf

träge Massen übertragen kann, so daß es sie erhitzt und auf verschiedenartige Weisen beeinflußt. ... Professor THOMSON hat argumentiert, daß das Medium eine Dichte haben muß, die vergleichbar mit der der trägen Materie ist, und er hat auch eine untere Grenze für diese Dichte angegeben.

Wir können deshalb die Existenz eines durchdringenden Mediums von kleiner, aber realer Dichte, das in Bewegung gesetzt werden kann und diese Bewegung von einem Teil zu einem anderen mit großer, aber nicht unendlicher Geschwindigkeit übertragen kann, als eine Tatsache ansehen, die von einem Wissenschaftszweig unabhängig von unserem Forschungsgebiet abgeleitet wurde.

Noch später, in seinen „Treatise“ von 1873, die seine letzten Worte zu dieser Sache enthalten, spricht er weiterhin sehr bestimmt von einem Medium. Hier sagt er (Band II, S. 470):

Eine Theorie der molekularen Wirbel, die ich sehr unfangreich ausgearbeitet habe, wurde im „Phil. Mag.“ veröffentlicht...

Ich glaube, wir haben einen guten Beweis für die Ansicht, daß irgendeine Erscheinung der Rotation im magnetischen Feld stattfindet und daß diese Rotation durch eine große Zahl sehr kleiner Portionen Materie gebildet wird, wobei jede um ihre eigene Achse rotiert. Diese Achsen sind parallel zur Richtung der magnetischen Kraft, und die Rotationen dieser verschiedenen Wirbel müssen voneinander durch irgendeinen Mechanismus, der sie verbindet, abhängen.

Den von mir dann gemachten Versuch, ein Arbeitsmodell von dem Mechanismus darzustellen, darf man nur für das nehmen, was er wirklich ist, nämlich eine Demonstration, daß man sich einen Mechanismus vorstellen kann, der in der Lage ist, eine mechanische Verbindung zu erzeugen, welche der tatsächlichen Verbindung der Teile des elektromagnetischen Feldes gleichwertig ist. Das Problem der Bestimmung des Mechanismus fordert, eine gegebene Art der Verbindung zwischen der Bewegung der Teile eines Systems einzuführen, was immer unendlich viele Lösungen erlaubt. Von diesen können einige primitiver oder komplizierter sein als die anderen, jedoch alle müssen im allgemeinen die Bedingungen des Mechanismus befriedigen.

Die folgenden Ergebnisse der Theorie sind jedoch von größerem Wert:

1. Die magnetische Kraft ist der Effekt der Zentrifugalkraft der Wirbel.

2. Die elektromagnetische Induktion von Strömen ist der Effekt der Kräfte, die ins Spiel kommen, wenn sich die Geschwindigkeit der Wirbel ändert.

3. Die elektromagnetische Kraft rührt von dem Druck auf den Verbindungsmechanismus her.

4. Die elektrische Verschiebung entsteht durch das elastische seitliche Ausweichen des Verbindungsmechanismus.

Von den Tatsachen, daß sich elektrostatische Ladungen nur auf der Oberfläche von Leitern und daß positive und negative Ladungen nur zusammen und in gleichen Beträgen und niemals einzeln erzeugt werden, haben wir gesehen, daß FARADAY genötigt wurde, seine Aufmerksamkeit auf das umgebende Medium zu konzentrieren und die Ladungen auf Körpern einfach für das Ergebnis einer Polarisation in ihnen zu halten. Im Endeffekt wurden die Ladungen auf die Enden der Kraftlinien reduziert. In seiner zweiten Arbeit über die Elektrodynamik arbeitete MAXWELL den gleichen Standpunkt aus. Die Elektrizität setzte er fest ins Medium und sie durchdrang den ganzen Raum, auch den Teil, in dem sich Materie befand. In Leitern war die Elektrizität fähig, von einem Teilchen zum nächsten übertragen zu werden. In Nichtleitern einschließlich des Raumes oder „sogenannter Vakua“ waren die elastischen Verschiebungen oder die mikroskopischen Zirkulationen die einzig möglichen Bewegungen. Um diese Eigenschaften zu illustrieren, konstruierte MAXWELL sein Modell. Später nahm MAXWELL selbst einen Großteil der Einzelheiten des Modells auseinander, und heute ist tatsächlich sehr wenig davon übriggeblieben. Die Geschichte der Entwicklung der elektromagnetischen Theorie erinnerte seinerzeit viele an die „Cheshire Cat“:

„Ich wünsche, du würdest nicht fortfahren, so plötzlich zu erscheinen und zu verschwinden“, antwortete Alice, „du machst einen ganz schwindlig“. „Gut“, sagte die Katze; und nun verschwand sie ganz langsam, beginnend mit dem Schwanz und endend mit dem Grinsen, daß noch einige Zeit blieb, nachdem der Rest von ihr schon verschwunden war. „Nun gut! Ich habe oft eine Katze ohne ein Grinsen gesehen", dachte Alice, „aber ein Grinsen ohne eine Katze! Das ist die kurioseste Sache, die ich je in meinem Leben sah!"

Es ist eine Frage der Erfahrung.

Am Anfang der Theorie erschien der elektromagnetische Äther. Er war in viele umständliche Einzelheiten eingehüllt. Beim Aufbau des Modells mußte zuerst eine Wahl zwischen zwei Möglichkeiten getroffen werden. So konnte man den elektrischen Strom als einen Fluß behandeln und die magnetischen Kraftlinien als eine Spannung auffassen, die von einer Wirbelbewegung um ihn herrührt. Umgekehrt konnte man auch magnetische Kraftlinien als einen Fluß und den Strom als eine Spannung behandeln. Wegen der Übertragung wägbarer Materie in Elektrolyten und der Drehung der Polarisationsebene von Licht, das sich entlang der magnetischen Kraftlinien bewegt, hatte MAXWELL keine Schwierigkeit, die erste Möglichkeit auszuwählen. Das Folgende ist ein Umriß davon, wie er die Idee in seinem zweiten Beitrag zu dem Thema „Über physikalische Kraftlinien" ausarbeitete.

Die magnetischen Kraftlinien, deren Ausbreitung FARADAY ziemlich verwirrend fand, laufen vom Nordpol zum Südpol. Zwischen beiden gibt es eine Anziehung. Unter den Bedingungen eines Mediums, in dem die Kraftlinien existieren sollen, verhalten sich diese Linien, als wenn sie in Längsrichtung unter einer Spannung stehen würden. Die Kräfte, die mit elektrischen Strömen in magnetischen Feldern beobachtet werden, zeigen, daß die magnetischen Kraftlinien auch dazu neigen, sich seitlich auszudehnen. Dieses Verhalten kann durch ein System von Wirbeln imitiert werden, deren Zentrifugalkraft sie veranlaßt, sich seitlich auszudehnen und longitudinal zusammenzuziehen. Falls ein Medium, das Wirbel enthält, nicht durch einen geeigneten Kraftbeitrag daran gehindert wird, würde es sich seitlich ausdehnen, um ein Anwachsen des Durchmessers eines jeden Wirbels und im gleichen Verhältnis eine Verminderung der Geschwindigkeit zu erreichen. Das magnetische Feld könnte aus dieser Sicht als ein Medium mit einem bestimmten Druckverlust in Richtung der Wirbelachsen angesehen werden. Diese Druckdifferenz würde proportional zum Quadrat der Umfangsgeschwindigkeit der Wirbel gehen, und Maxwell schreibt dies $\mu v^2/4\pi$.

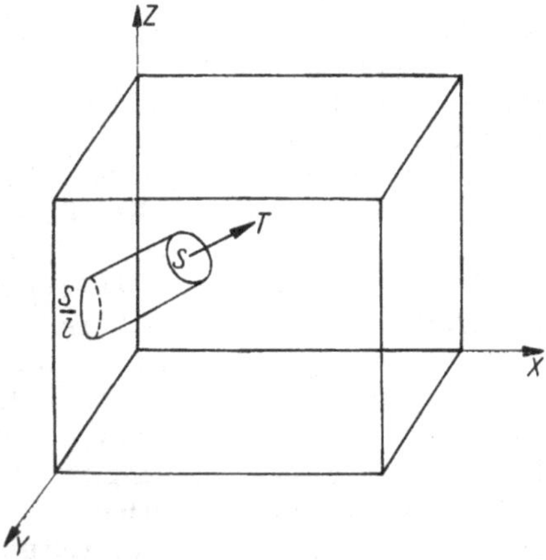

Abb. 7

Falls der allgemeine Druck p_1 ist und die longitudinale Spannung T von der Druckdifferenz herrührt, so ist aus Abb. 7 klar ersichtlich, daß die Kräfte auf die yz-Fläche einen pro Flächeninhalt der Größe

$$p_{xx} = lTS\frac{l}{S} - p_1 = l^2T - p_1 \tag{7}$$

zusammen mit einer tangentialen Kraft in z-Richtung

$$p_{zx} = nTS\frac{l}{S} = lnT \tag{8}$$

und eine ähnliche Kraft in y-Richtung

$$p_{yx} = lmT \tag{9}$$

erzeugen. l, m und n sind die Richtungskosinus der Wirbelachse.

Mit

$$T = \mu v^2/4\pi \tag{10}$$

und

$$\alpha = lv, \quad \beta = mv \qquad \text{und} \qquad \gamma = nv \tag{11}$$

erhalten wir

$$p_{xx} = \frac{\mu}{4\pi}\alpha^2 - p_1 \tag{12}$$

$$p_{yx} = \frac{\mu}{4\pi}\alpha\beta \tag{13}$$

$$p_{zx} = \frac{\mu}{4\pi}\alpha\gamma. \tag{14}$$

Die restlichen Terme können analog niedergeschrieben werden. In dieser Bezeichnungsweise ist p_{xy} die Kraft in x-Richtung, die auf eine Einheitsfläche der Ebene parallel zu $y = 0$ wirkt. Die Kraft pro Einheitsvolumen in x-Richtung auf ein Volumenelement, die von den Änderungen der Intensität und der Verteilung der Wirbel herrührt, ist dann

$$X = \frac{\mathrm{d}}{\mathrm{d}x}p_{xx} + \frac{\mathrm{d}}{\mathrm{d}y}p_{xy} + \frac{\mathrm{d}}{\mathrm{d}z}p_{xz}. \tag{15}$$

Wenn man die Formel für die Drücke verwendet, kann das folgendermaßen geschrieben werden:

$$\begin{aligned} X &= \frac{\alpha}{4\pi}\left(\frac{\mathrm{d}}{\mathrm{d}x}(\mu\alpha) + \frac{\mathrm{d}}{\mathrm{d}y}(\mu\beta) + \frac{\mathrm{d}}{\mathrm{d}z}(\mu\gamma)\right) \\ &\quad + \frac{\mu}{8\pi}\frac{\mathrm{d}}{\mathrm{d}x}(\alpha^2 + \beta^2 + \gamma^2) - \frac{\mu\beta}{4\pi}\left(\frac{\mathrm{d}\beta}{\mathrm{d}x} - \frac{\mathrm{d}\alpha}{\mathrm{d}y}\right) \\ &\quad + \frac{\mu\gamma}{4\pi}\left(\frac{\mathrm{d}\alpha}{\mathrm{d}z} - \frac{\mathrm{d}\gamma}{\mathrm{d}x}\right) - \frac{\mathrm{d}p_1}{\mathrm{d}x}. \end{aligned} \tag{16}$$

Der Vektor (α, β, γ) wird nun mit der magnetischen Feldstärke identifiziert, und wenn wir der Kürze wegen α für diesen Vektor und gleichfalls $\boldsymbol{X}$ für den Vektor X, Y, Z schreiben, so sehen wir, daß der erste Klammerausdruck

$$\boldsymbol{X} = \frac{\alpha}{4\pi} \operatorname{div} \mu\alpha = \alpha m \tag{17}$$

ist. Dabei ist m die Dichte des „magnetischen Stoffes".

Der zweite Term,

$$\boldsymbol{X} = \frac{\mu}{8\pi} \operatorname{grad} \alpha^2 \tag{18}$$

zeigt, daß Körper mit positivem μ sich in den stärksten Teil des Feldes hineinbewegen.

Der dritte und vierte Term ergeben zusammen

$$\boldsymbol{X} = \frac{\mu\alpha}{4\pi} \times \operatorname{rot} \alpha. \tag{19}$$

Nun ist rot α die Stromdichte $\boldsymbol{p}(p, q, r)$, so daß wir

$$\boldsymbol{X} = \frac{\mu\boldsymbol{\alpha}}{4\pi} \times \mathbf{p} \tag{20}$$

erhalten. Das liefert die Kraft auf einen Strom in einem Feld, in dem die magnetische Induktion $\mu\alpha$ ist.

Der letzte Term $\mathrm{d}p_1/\mathrm{d}x$ zeigt bloß an, daß das Element in die Richtung gedrängt wird, in der sich der hydrostatische Druck verringert.

Maxwell gibt auch ein qualitatives Bild von der Arbeit seiner Theorie. Zuerst betrachten wir das Verhalten eines magnetischen Poles, der sich in einem magnetischen Kraftfeld befindet. Nehmen wir an, daß N ein Nordpol in einem Feld ist, wobei die Richtung der Kraftlinien dieses Feldes die der Pfeile ist, die in Abb. 8 nach rechts zeigen. Die Kraftlinien, die von dem Pol ausgehen, werden rechts in dieselbe Richtung wie das Feld laufen und links in die entgegengesetzte Richtung gehen. Die Feldwirbel werden deshalb rechts beschleunigt und links gebremst werden. Die Spannung wird so rechts größer sein als links, so daß der Pol in Feldrichtung gedrängt werden wird. In gleicher Weise wird ein Südpol in die entgegengesetzte Richtung gedrängt werden.

Wenn ein elektrischer Strom wie in Abb. 9 in einem horizontalen magnetischen Feld aufwärts fließt, so vermehren die Linien, die vom Strom herrühren, das Feld rechts und verringern es links. Der seitliche Druck ist des-

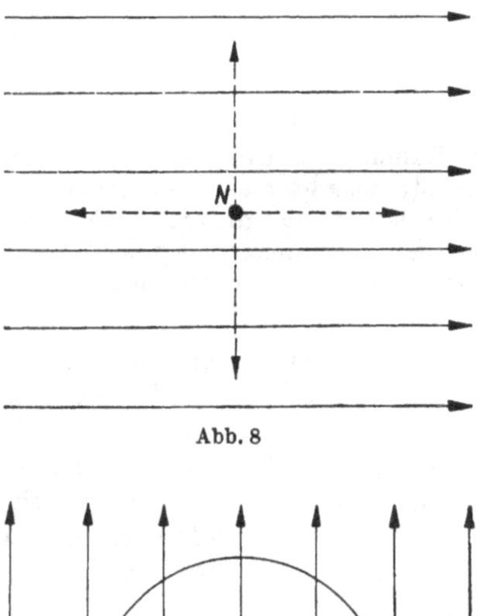

Abb. 8

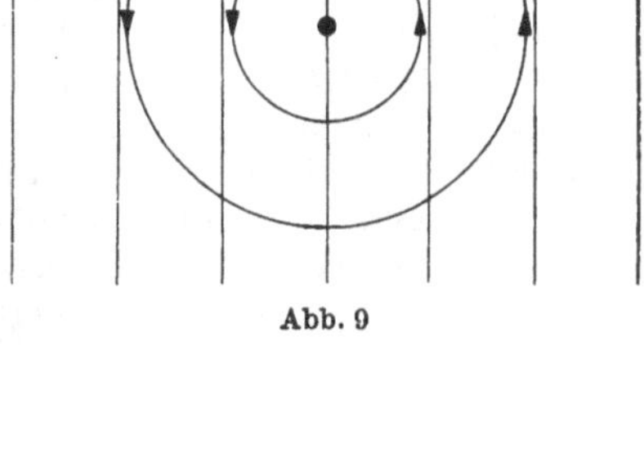

Abb. 9

halb rechts größer als links, und der Leiter wird so nach links gedrängt.

Bei Abwesenheit eines Stromes ist rot $\alpha = 0$, und es ist möglich, $\alpha = \operatorname{grad} \Phi$ zu schreiben, wobei Φ irgendein Skalar ist.

So ergibt sich

$$m = \frac{\mu}{4\pi} \operatorname{div} \alpha = \frac{\mu}{4\pi} \nabla^2 \Phi . \tag{21}$$

Die Lösung dieser Gleichung ist

$$\Phi = \sum \frac{m}{\mu r}, \tag{22}$$

so daß MAXWELL sagt:

> Die Kraftlinien in einem Raumteil, in dem μ konstant ist und in dem es keine elektrischen Ströme gibt, müssen so geartet sein, als würden sie von der Theorie des „imaginären Stoffes", der Fernwirkung hat, hervorgerufen. Die Annahmen dieser Theorie unterscheiden sich von denen unserer Theorie, jedoch die Ergebnisse sind gleich.

Die nächsten Fragen, die auftauchen, sind „Wie werden diese Wirbel in Rotation versetzt?" und „Warum sind sie gemäß den bekannten Gesetzen der Kraftlinien für Magnete und Ströme angeordnet?" MAXWELL meint, diese Fragen seien von höherer Ordnung in der Schwierigkeit als die, mit denen er sich soweit befaßt hat, und die Vorschläge, die er zu ihrer Lösung machte, würden nur eine provisorische Antwort liefern.

Diese provisorische Antwort ist dazu geeignet, dem modernen Leser als sehr seltsam aufzufallen. In einem homogenen magnetischen Feld werden alle Wirbel in derselben Richtung rotieren, so daß sich ihre Kontaktflächen in entgegengesetzten Richtungen bewegen werden. Um diese Schwierigkeit zu überwinden, übernahm MAXWELL eine Idee von JOHANN BERNOULLI dem Jüngeren und setzte „Kugellager" in Form von Teilchen zwischen die Wirbel, die ohne Gleiten auf den Oberflächen der Wirbel rollten, und es waren diese Teilchen, die die Elektrizität bildeten. Die Aufgabe eines solchen Modells war es natürlich nicht so sehr, die tatsächliche Struktur des Äthers zu beschreiben, als vielmehr die, ein mechanisches System zu erdenken, das denselben Gesetzen gehorchte. Der Glauben, daß irgendeine mechanische Struktur existiert, scheint akzeptiert worden zu sein. Es war keineswegs das phantastischste solcher Modelle, die

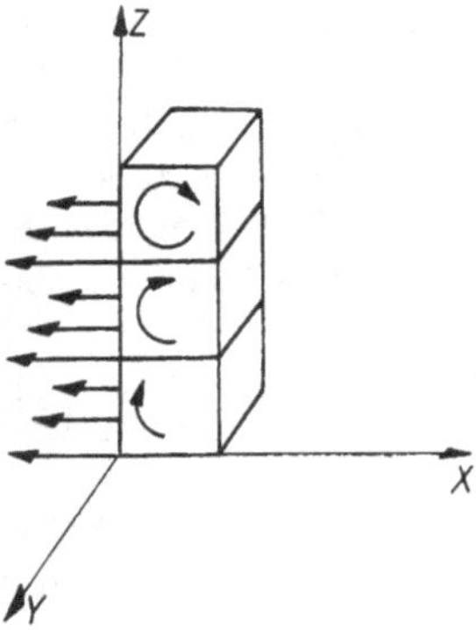

Abb. 10

aufgestellt wurden. Für den elastischen festen Äther erdachte sich Lord KELVIN 1889 eine Struktur,

> geformt aus Kugeln, jede Kugel befindet sich im Zentrum eines Tetraeders, der durch seine vier nächsten Nachbarn gebildet wird. Jede Kugel soll zu diesen vier Nachbarn durch starre Stangen verbunden sein, die sphärische Kappen an ihren Enden haben, so daß sie frei auf den Kugeln gleiten. Solch eine Struktur würde sich für kleine Deformationen wie eine inkompressible Flüssigkeit verhalten. Nun wird an jede Stange ein Paar gyroskopisch montierter Schwungräder befestigt, die mit gleichen, aber entgegengesetzten Winkelgeschwindigkeiten rotieren und ihre Achsen in Richtung der Stange haben; eine so ausgerüstete Stange wird eine Kopplung brauchen, die sie ruhig in irgendeiner Position hält, die zu ihrer ursprünglichen Position geneigt ist, und die Struktur als ganzes wird die Art von Quasielastizität besitzen, die sich zuerst MACCULLAGH vorstellte. (Abb. 10)

Auf der Grundlage des Modells mit den elektrischen Kugellagern können wir die durch Änderungen in der Wirbelstärke hervorgerufene Übertragung von Teilchen durch das Einheitsvolumen berechnen. Um Platz zu sparen, wollen wir die Deduktion durch die Annahme kubischer Wirbel, deren Flächen parallel zu den Koordinatenebenen sind, vereinfachen. β soll die Umfangsgeschwindigkeit sein, die durch die Zirkulation um eine Achse in y-Richtung erzeugt wird. Die elektrischen Teilchen zwischen den Wirbeln werden sich mit einer Geschwindigkeit bewegen, die gleich der Hälfte der Differenz der Umfangsgeschwindigkeiten der benachbarten Wirbel ist. Wenn es ϱ Teilchen pro Einheitsfläche der Wirbelzellen gibt, dann ist die Zahl der Teilchen, die im rechten Winkel zur x-Achse die Einheitsfläche durchlaufen, gleich

$$-\frac{\varrho}{2}\frac{\mathrm{d}\beta}{\mathrm{d}z}. \tag{23}$$

Wenn wir $\varrho/2(\mathrm{d}\gamma/\mathrm{d}y)$ für die Zirkulation um die z-Achse hinzufügen, so erhalten wir für die x-Komponente des Teilchenstromes

$$p = \frac{\varrho}{2}\left(\frac{\mathrm{d}\gamma}{\mathrm{d}y} - \frac{\mathrm{d}\beta}{\mathrm{d}z}\right) \tag{24}$$

oder bei Verwendung von Vektoren $\boldsymbol{p} = \varrho/2 \operatorname{rot} \boldsymbol{\alpha}$.

Das stimmt mit dem ersten Durchflutungsgesetz eines Stromes p überein, wie es vom AMPÈREschen Wirkungsgesetz eines Stromelementes gefolgert wird, falls wir setzen

$$\varrho = \frac{1}{2\pi}. \tag{25}$$

Ein Wirbel muß seinen Nachbarn in Rotation versetzen können, was notwendig ist, damit das Modell für die elektromagnetische Induktion in Betracht kommt. Wir müssen so annehmen, daß der Bewegung der Teilchen ein Widerstand entgegengesetzt wird.

Nun wollen wir annehmen (sagt MAXWELL), daß die Wirbel in einem Medium in irgendeiner willkürlichen Art und Weise angeordnet sind. Die Größen

$$\frac{d\gamma}{dy} - \frac{d\beta}{dz} \quad \text{usw.} \tag{26}$$

werden dann im allgemeinen Werte haben, so daß es zuerst elektrische Ströme im Medium geben wird. Diese werden durch den elektrischen Widerstand des Mediums gehemmt werden, so daß sie, wenn sie nicht durch einen gleichmäßigen Kraftbeitrag aufrechterhalten werden, schnell verschwinden, und wir werden

$$\frac{d\gamma}{dy} - \frac{d\beta}{dz} = 0 \quad \text{usw.} \tag{27}$$

bekommen; d. h., $\alpha\, dx + \beta\, dy + \gamma\, dz$ wird ein totales Differential sein. So gibt unsere Hypothese Auskunft über die Verteilung der Kraftlinien.

Es ist nicht allzu einfach, diesen Teil des physikalischen Bildes klar zu erhalten. Wie der Widerstand entsteht, ist nicht erklärt. Widerstand soll dann anzutreffen sein, wenn die elektrischen Teilchen von einem „Molekül des Mediums" zum nächsten wandern, jedoch in einem Molekül ist der Widerstand gleich Null. Der Unterschied zwischen Leitern und Isolatoren besteht darin, daß in ersteren die Teilchen von einem Molekül zum anderen wandern können, im letzteren, einschließlich dem mutmaßlichen Raum, sind sie jedoch auf ein Molekül beschränkt. Wenn der Strom in einem Leiter aufrechterhalten wird, dann versetzt der Fluß der Elektrizität die Zellen des Mediums in Umdrehung, ähnlich der Wirkung einer Zahnstange auf ein gezahntes Treibrad, das mit ihr gekoppelt ist. Das Verhältnis der Rotation der Wirbel zum Strom, der sie erzeugt, ist in Abb. 11 illustriert. Abb. 11 wurde von der Arbeit übernommen.

Die nächste Aufgabe ist es, FARADAYS Induktionsgesetz für Ströme abzuleiten, und dies wird durch die Berechnung der Energie des Mediums getan. Die Rechnung wird durch die Betrachtung zweier Systeme von

Permanentmagneten geführt, die relativ zueinander verschoben werden, und obwohl diese Rechnung viel allgemeiner ist, ist sie im wesentlichen identisch mit der, die wir schon im Abschnitt 4 angegeben haben. Das Ergebnis ist dasselbe. Die Energie E pro Einheitsvolumen ist

$$E = \frac{\mu v^2}{8\pi} = \frac{\mu}{8\pi}(\alpha^2 + \beta^2 + \gamma^2). \tag{28}$$

Wie wir schon gesehen haben, reicht das aus, um uns zum Induktionsgesetz für Ströme zu führen.

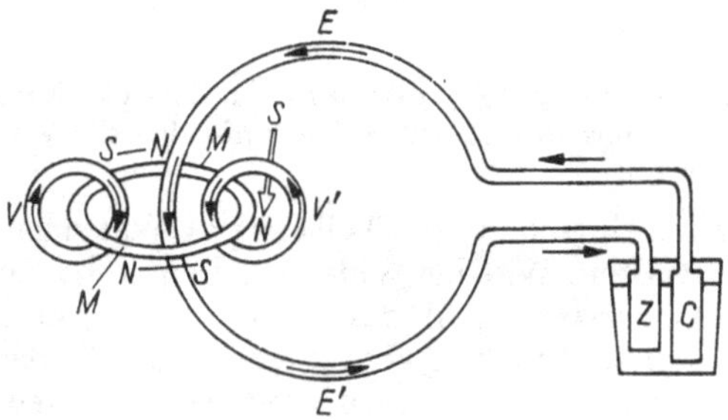

Abb. 11

MAXWELL definierte ein Vektorpotential F, G, H, so daß

$$\mu\boldsymbol{\alpha} = \operatorname{rot} \boldsymbol{F} \quad \text{und} \quad \operatorname{div} \boldsymbol{F} = 0 \tag{29}$$

ist, was in gewohnter Weise FARADAYS Gesetz für die elektromotorische Kraft P, Q, R liefert, die durch Induktion erzeugt wird

$$\boldsymbol{P} = \frac{\mathrm{d}\boldsymbol{F}}{\mathrm{d}t}. \tag{30}$$

Ein qualitatives Bild von dem vermuteten Geschehen ist auf der Basis von Abb. 12 aufgebaut, die auch aus der Arbeit entnommen wurde. Wir nehmen einen Strom an, der von A nach B läuft. Die Wirbel in der Reihe gh werden in Umdrehung gesetzt werden, und diese werden die Teilchen in der Linie pq in entgegengesetzter Richtung zu dem Strom in AB in Bewegung setzen. Falls der induzierte Strom durch einen Widerstand aufgehalten wird, werden die Wirbel in der Reihe kl in Umdrehung versetzt

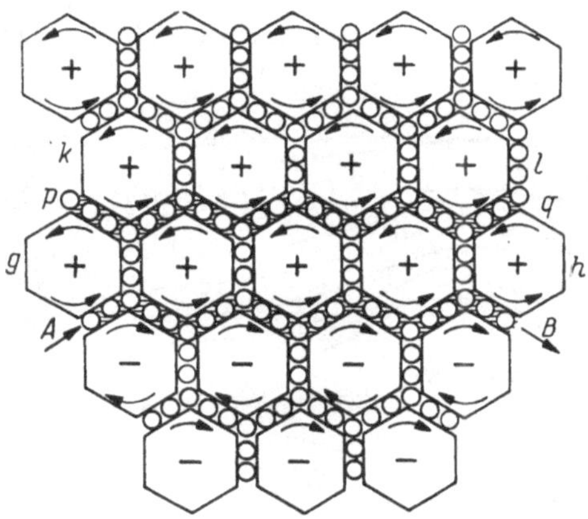

Abb. 12

werden, und wenn ihre Geschwindigkeit gleich der in der Reihe gh geworden ist, wird der Strom in pq aufhören. Wenn der primäre Strom von A nach B gestoppt wird, werden die Wirbel in der Reihe gh gestoppt, so daß die fortlaufende Rotation der Wirbel in der Reihe kl zu einem induzierten Strom von p nach q führen wird, bis sich die Energie durch die Arbeit, die gegen den Widerstand geleistet wird, erschöpft hat.

Eine ausführliche Berechnung des Effektes der Deformation eines Mediums, das Wirbel enthält, wird dann durchgeführt, und es wird gezeigt, daß die elektromotorischen Kräfte, die ein sich mit der Geschwindigkeit

v durch ein magnetisches Feld bewegender Körper erfährt,

$$P = \mu a \times v + \frac{dF}{dt} - \operatorname{grad} \psi \tag{31}$$

sind. ψ ist ein Skalar.

Wie man sich das Geschehen vorstellt, kann man aus Abb. 13 ersehen. Wir nehmen an, daß A der horizontale Schnitt durch einen vertikalen Draht ist, der sich von Westen nach Osten durch ein magnetisches Feld bewegt,

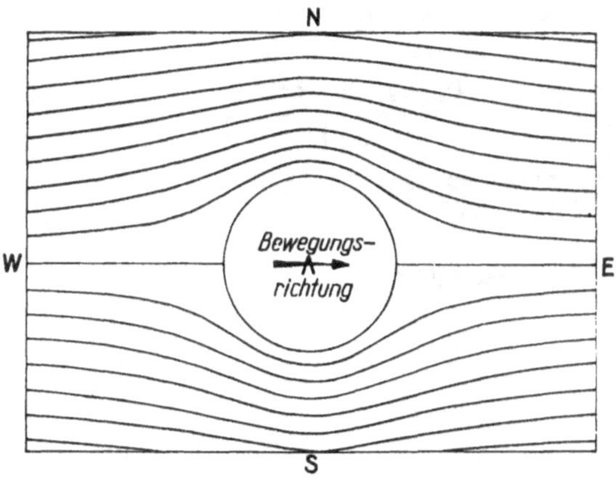

Abb. 13

das von Süden nach Norden verläuft. In der Figur sind die gezeichneten Linien, die von Osten nach Westen laufen, die am Draht vorbeilaufenden Stromlinien des Mediums. Dem ganzen System wird eine Geschwindigkeit nach Westen gegeben, um den Draht zur Ruhe zu bringen. Die Wirbel, deren Achsen in nordsüdliche Richtung zeigen, werden östlich des Drahtes longitudinal vergrößert und seitlich zusammengeschoben, wenn sie sich dem Draht nähern. Ihre Rotation wird deshalb beschleunigt sein. Westlich wird sie wieder gebremst sein. Wir nehmen an, daß die Wirbel, wenn wir von Süden nach Norden schauen, im Uhrzeigersinn rotieren. Sie werden deshalb auf ihrer westlichen Seite nach oben und auf ihrer östlichen Seite nach unten am Draht reiben. Die Beschleunigung der Wirbel an der Ostseite des Drahtes wird so die Elektrizität im Draht aufwärtstreiben. Die Wirbel westlich des Drahtes geben ihre Abwärtsbewegung dazu, und wenn sie gebremst sind, dann wird die Elektrizität im Draht wieder aufwärts getrieben.

Besonderes Interesse ist mit dem Teil III seines Beitrages zu der Theorie verbunden, der im „Philosophischen Magazin" im Januar bis Februar 1862 veröffentlicht wurde und dem er den Titel gab „Die Theorie der molekularen Wirbel, angewendet auf die statische Elektrizität". Er enthält die erste Diskussion des Verschiebungsstromes und den ersten Versuch einer elektromagnetischen Theorie des Lichtes. Der Äther füllte den ganzen Raum, und er enthielt den Stoff der Elektrizität. Elektrostatische Ladungen entstanden wegen einer elastischen Verschiebung der Elektrizität, und um sie zu erzeugen, ist eine elektromotorische Kraft notwendig. Die Verschiebung war proportional zur Kraft und verschwand, wenn die Kraft verschwand.

Falls R die durch das Medium hervorgerufene elektrische Kraft ist, die den Körper in den Ausgangszustand überführen will, und h die Verschiebung ist (d. h. die Ladung, die durch eine Flächeneinheit rechtwinklig zur Bewegung befördert wird), so schrieb MAXWELL

$$R = -4\pi E^2 h. \tag{32}$$

E ist ein Koeffizient, der vom Dielektrikum abhängt. Eine Änderung der Verschiebung erzeugt einen Strom der Dichte r, der durch

$$r = \frac{\mathrm{d}h}{\mathrm{d}t} \tag{33}$$

gegeben wurde. Dieser Strom entsteht, da ja die Verschiebung Ladung von einem Ende des Mediums zum anderen bringt.

Betrachten wir eine Scheibe eines gleichförmig polarisierten Dielektrikums mit einer Ladungsdichte h an der Oberfläche, wie wir das in einem parallelen Plattenkondensator finden. Die Kraft pro Flächeneinheit an der Oberfläche würde

$$-Rh = 4\pi E^2 h^2 \tag{34}$$

sein.

Wenn die Ladung in elektrostatischen Einheiten gemessen werden würde und von der Größe h' wäre, bekämen wir für die Kraft

$$4\pi h'^2. \tag{35}$$

So ist $E = h'/h$ das Verhältnis der Größe einer Ladung in elektrostatischen Einheiten zu ihrer Größe in elektromagnetischen.

MAXWELL berechnete dann die Starrheit, die das Medium besitzen müßte, damit man die beobachtete Relation zwischen R und h erhält. Dazu entschied er sich aus irgendeinem nicht offensichtlichen Grunde dafür, ein Medium zu betrachten, das in kugelförmige Zellen geteilt war, obwohl dies ihm nicht erlauben würde, bei seiner einfachen Schicht von Kugellagern zu bleiben. Seine Rechnungen wurden auch weiter getrieben, als es sein Modell rechtfertigte. Es ist offensichtlich zu nicht mehr als zur Abschätzung der Größenordnung zu gebrauchen, und das kann einfacher auf der Grundlage des viel gröberen Bildes von kubischen Zellen getan werden. Da das zu demselben Ergebnis wie die kompliziertere Version führt, wollen wir uns auf die einfachere Rechnung beschränken.

Zuerst wollen wir den Weg abschätzen, den die Elektrizität tatsächlich zurücklegt. Falls ϱ wie vorher die Ladungsdichte der Wände ist, die die Zellen trennen, und x die Länge darstellt, durch die sich die Elektrizität bewegt, so werden wir

$$h = \frac{2x\varrho}{\delta} \tag{36}$$

erhalten, wobei δ die Länge einer Zellenseite ist (jede Zelle wird eine Ladung von $2x\delta\varrho$ beitragen, wie es in Abb. 14 auf einer Fläche von δ^2 gezeigt ist).

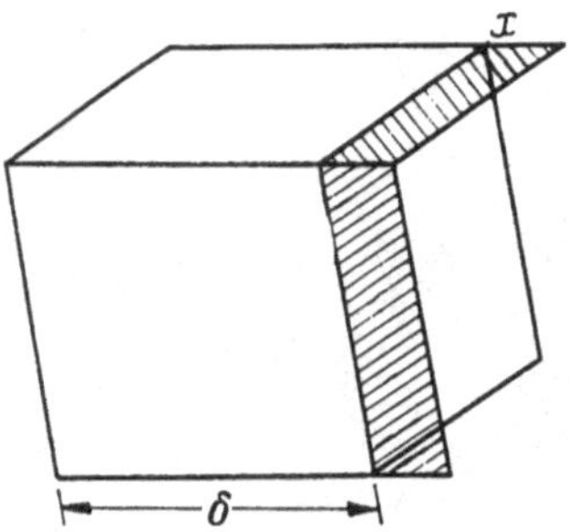

Abb. 14

So ist

$$x = \frac{R\delta}{8\pi E^2 \varrho}. \tag{37}$$

Um den Koeffizienten der Starrheit η zu berechnen, betrachten wir ein Medium, das durch die Verschiebung von Schichten parallel zur Ebene $z = 0$ geschert ist (wie in Abb. 15).

Wir haben

$$\eta = \frac{R\varrho}{4} \frac{\delta}{x} = 2\pi E^2 \varrho^2. \tag{38}$$

Nun haben wir schon gefunden (in Formel (25)), daß

$$\varrho = \frac{1}{2\pi} \tag{39}$$

ist, so daß gilt

$$\eta = \frac{E^2}{2\pi}. \tag{40}$$

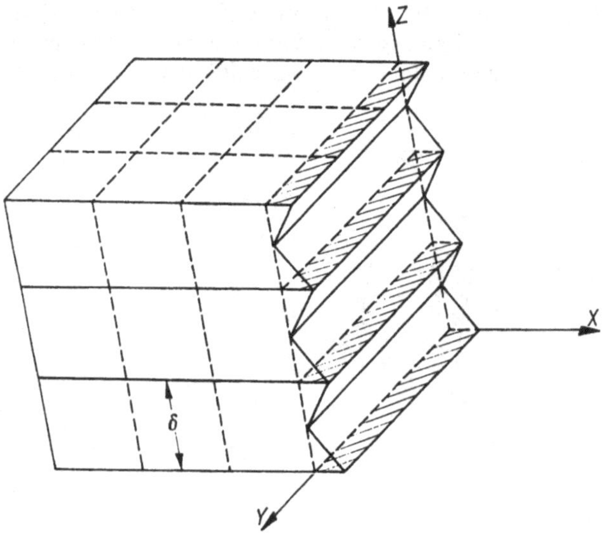

Abb. 15

Um die Fortpflanzungsgeschwindigkeit von Wellen durch das Medium zu berechnen, müssen wir auch dessen Dichte d kennen. MAXWELL erhielt diese aus der Energie des Mediums.

Wir wollen annehmen, daß der Äther mit einer Geschwindigkeit proportional zum Abstand vom Zentrum

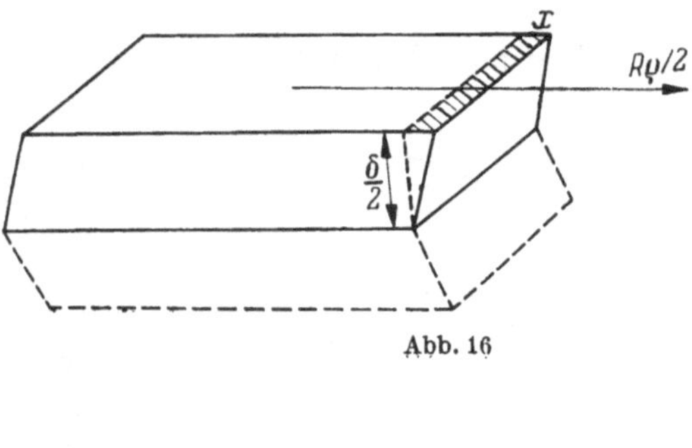

Abb. 16

in kubischen Wirbeln zirkuliert, wie das in Abb. 17 der Fall ist. Die kinetische Energie pro Volumeneinheit ist dann

$$4\frac{d}{\delta^2}\int_0^{\delta/2} y\,\mathrm{d}y\left(\frac{2yv}{\delta^2}\right)^2 = \frac{v^2 d}{4}, \tag{41}$$

wobei v die periphere Geschwindigkeit ist.

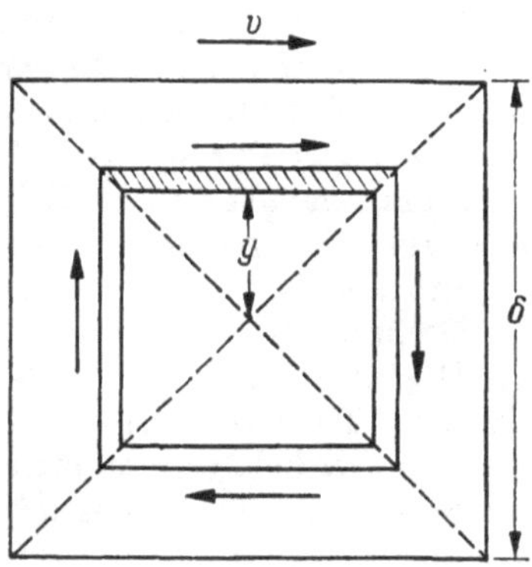

Abb. 17

Aber in Gleichung (28) ist gefunden worden, daß die Energie pro Volumeneinheit

$$\frac{\mu v^2}{8\pi} \tag{42}$$

ist. Daraus folgt

$$d = \frac{\mu}{2\pi}. \tag{43}$$

Wir haben für die Fortpflanzungsgeschwindigkeit der transversalen Schwingungen im Medium

$$V = \sqrt{\frac{\eta}{d}} = \frac{E}{\sqrt{\mu}}. \tag{44}$$

Dies ist in aller Kürze Maxwells erste elektromagnetische Theorie des Lichts. Damit versuchte er zu zeigen, daß es nicht notwendig war, verschiedene Medien für die Fortpflanzung des Lichts und für die Erscheinungen der Elektrodynamik zu postulieren. Derselbe Äther, in dem die Wirbel die magnetischen Kraftlinien bilden, würde auch zur Übertragung transversaler elastischer Störungen mit Lichtgeschwindigkeit fähig sein.

Im vierten und letzten Abschnitt dieser Arbeit stellte Maxwell eine Theorie der Drehung der Polarisationsebene von Licht auf, welches sich entlang der Kraftlinien in einem magnetischen Feld bewegt. Der Strahl von eben polarisiertem Licht wurde in zwei zirkular polarisierte Komponenten zerlegt, die in entgegengesetzten Richtungen rotieren. Die Ätherwirbel beschleunigten die Rotation der einen Komponente und bremsten die der anderen. Der Effekt war eine Drehung der Polarisationsebene der Resultierenden in Übereinstimmung mit der Beobachtung. Obwohl seinerzeit die Theorie einen Beweis lieferte, der die Idee der Ätherwirbel unterstützte, brauchen wir uns hier kaum weiter mit ihr zu beschäftigen.

Eine wichtige Auswirkung dieser Untersuchung der Drehung der Polarisationsebene des Lichts war jedoch, von Faradays Klassifizierung in Vakua von paramagnetischen Substanzen und diamagnetischen Substanzen loszukommen, so daß das Verhalten von diamagnetischem Material als dasselbe betrachtet werden konnte wie das einer paramagnetischen Substanz, die von einem Medium mit größerer Permeabilität umgeben ist. M. Verdet entdeckte, daß paramagnetische Substanzen auf Licht den entgegengesetzten Effekt von diamagnetischen Substanzen haben, und daraus folgt zusammen mit Maxwells Theorie, daß die „molekularen" Rotationen in den zwei Substanzklassen in entgegengesetzten Richtungen verlaufen müssen. „Wir müssen erkennen", schloß Maxwell, „der diamagnetische Zustand ist das Gegenteil vom paramagnetischen."

Wir kommen deshalb zu MAXWELLS drittem Beitrag zur elektromagnetischen Theorie, in der er ungefähr das Bild der Theorie aufstellte, wie wir es heute kennen. Da der Hauptteil der Arbeit hier wiedergegeben wird, sind nur kurze Kommentare dazu notwendig. Der Gegenstand dieser Forschung bestand darin, die Theorie von Notbehelfen und umständlichen Annahmen zu befreien. Solch ein Notbehelf waren die elektrischen Kugellager, die anfangs der Theorie vorwärts geholfen haben. Er erklärte:

Ich habe bei einer früheren Gelegenheit versucht, eine spezielle Bewegungsart und eine spezielle Art von Formänderung zu beschreiben, die ich so gestaltete, daß ich sie für die Erscheinungen ausnutzen konnte. In der vorliegenden Arbeit weiche ich jeder Hypothese dieser Art aus, und durch den Gebrauch solcher Worte wie elektrisches Moment und elektrische Elastizität ... will ich nur die Gedanken des Lesers auf mechanische Eigenschaften lenken, die ihm beim Verständnis der elektrischen Erscheinungen helfen werden. Alle diese Phrasen dienen in der vorliegenden Arbeit nur der Illustration, sie sind für die Erklärung nicht notwendig.

Wenn ich jedoch von der Energie des Feldes spreche, dann will ich das wörtlich verstanden haben. Alle Energie ist dieselbe wie mechanische Energie. ...

Die einzige Frage ist: Wo hält sie sich auf?...

Die Cheshire Cat begann zu verschwinden. Ihre Einzelheiten waren weg, aber ihre Substanz bleibt noch. Es scheint wenig Zweifel zu geben, daß MAXWELL fortfuhr, sich dem ganzen Problem von FARADAYS Standpunkt eines Mediums her zu nähern und daß er im einzelnen so zu der Idee des Verschiebungsstromes gelangte, obwohl, wie wir gleich sehen werden, er sich bewußt war, daß der Verschiebungsstrom notwendig war, um seine Gleichungen für das magnetische Feld konsistent zu machen — der Grund, der heute sehr häufig vorgebracht wird, um das Konzept beizubehalten. Nun hat das Medium selbst sein Verschwinden vollendet.

Der Reihenfolge, in der der Sachverhalt in der dritten Arbeit entwickelt ist, kann man entnehmen, daß die Gesetze der elektromagnetischen Induktion vom Experiment Faradays geliefert werden und daß aus diesen die Gesetze der mechanischen Wirkung der Ströme zu deduzieren sind. Wenn man Maxwells Standpunkt einnimmt, so ist diese Reihenfolge doch im starken Maße willkürlich. Beide Gesetze wurden zuerst für zwei Stromkreise mit drei willkürlichen Konstanten L, M, N erhalten. Man kann diese entweder aus dem Induktionsgesetz identifizieren, wie es Maxwell in seiner Arbeit vorschlägt. In diesem Fall kann das Gesetz der mechanischen Wirkung von Strömen als eine Deduktion dargestellt werden. Der Prozeß kann jedoch auch umgekehrt werden, und man kann die Konstanten aus dem mechanischen Wechselwirkungsgesetz finden. Das Induktionsgesetz erhält man nun auf deduktivem Wege. Es ist möglich, daß es etwas einfacher ist, die Konstanten auf Maxwells Art und Weise zu finden, so daß seine Reihenfolge vielleicht vorzuziehen ist. Jedoch kein Weg ist völlig frei von Annahmen. Die Situation wurde schon in Abschnitt IV diskutiert.

Diese Arbeit enthält die erste vollständige Darlegung der Gleichungen des elektromagnetischen Feldes, mit denen Maxwells Name seitdem verknüpft ist. Er stellte acht davon auf, alle sind in elektromagnetischen Einheiten ausgedrückt.

Die Gleichungen A seiner Arbeit lauten in Vektorschreibweise

$$\boldsymbol{p}' = \boldsymbol{p} + \frac{\mathrm{d}\boldsymbol{f}}{\mathrm{d}t}. \tag{45}$$

Diese Gleichung drückt den Gesamtstrom $\boldsymbol{p}'$ als eine Summe des normalen Stromes $\boldsymbol{p}$ und des Verschiebungsstromes $\mathrm{d}\boldsymbol{f}/\mathrm{d}t$ aus. Man gelangt zu ihr, wie wir gesehen haben, wenn man Faradays Konzept betreffs der Funktion des Mediums mathematisch ausdrückt. Nach dem Verschwinden des Mediums kommt man heute gewöhnlich von verschiedenen Seiten an diese Gleichung heran. Ampères Experimente für geschlossene Stromkreise führen zu dem Arbeitsgesetz, das in der gebräuchlichen

Schreibweise durch folgende Gleichung ausgedrückt wird:

$$\operatorname{rot} \boldsymbol{H} = \frac{4\pi}{c} \boldsymbol{j}. \tag{46}$$

Das hat zur Folge, daß

$$\operatorname{div} \boldsymbol{j} = 0 \tag{47}$$

gilt, was nur eine Feststellung der Tatsache ist, daß das Gesetz nur auf geschlossene Stromkreise angewendet wird, in denen Elektrizität nirgends gespeichert wird. Im Falle offener Stromkreise, wie z. B. beim Laden eines Kondensators, gilt

$$\operatorname{div} \boldsymbol{j} = -\frac{\mathrm{d}\varrho}{\mathrm{d}t}, \tag{48}$$

was nicht Null ist, da ein Teil der Ladung wegfließt. Hier wird manchmal festgestellt, daß die zwei Gleichungen inkonsistent sind und deshalb eine Abänderung verlangen. Das ist natürlich in der Form, wie die Gleichungen niedergeschrieben sind, wahr. Sie sind aber nur in dem Sinne inkonsistent, daß dasselbe Symbol $\boldsymbol{j}$ für zwei verschiedene Dinge gebraucht wurde — für einen stetigen Strom eines Stromkreises im ersten Falle und für einen endenden Strom im zweiten. Das ist ein anderes Beispiel der Schwierigkeit, auf die wir schon stießen, als wir über AMPÈRES Gesetz der Wirkung von Stromelementen in differentieller Form ($\operatorname{rot} \boldsymbol{H} = 4\pi \boldsymbol{j}/c$ ist eine Formel dieses Gesetzes) schrieben. Solange man sich auf kleine Elemente konzentriert, kann man nicht zwischen stetigen und endenden Strömen unterscheiden. MAXWELLS Ausweg aus dieser Schwierigkeit bestand darin, alle Ströme stetig zu machen. Da

$$4\pi \frac{\mathrm{d}\varrho}{\mathrm{d}t} = \operatorname{div} \frac{\mathrm{d}\boldsymbol{D}}{\mathrm{d}t}, \tag{49}$$

$$\operatorname{div}\left(\boldsymbol{j} + \frac{1}{4\pi}\frac{\mathrm{d}\boldsymbol{D}}{\mathrm{d}t}\right) = 0 \tag{50}$$

gilt, und wenn man postuliert, daß der Term $\frac{1}{4\pi}\frac{dD}{dt}$ einen Strom darstellt, der die gleichen Eigenschaften wie irgendein anderer Strom besitzt, dann erhält man

$$\operatorname{rot} \boldsymbol{H} = \frac{1}{c}\frac{d\boldsymbol{D}}{dt} + \frac{4\pi}{c}\boldsymbol{j}. \tag{51}$$

Diese Gleichung dürfte nicht mehr nur auf einen geschlossenen Stromkreis beschränkt sein. Dieses Argument stellt keineswegs einen Beweis dar. Die Einführung des Verschiebungsstromes bleibt ein Postulat, und es ist ziemlich zweifelhaft, ob das eben genannte Argument ihn plausibler machen kann. Das erste Durchflutungsgesetz erhielt man durch die Betrachtung von Experimenten, die nur an geschlossenen Stromkreisen gemacht wurden. Es gibt keinen offensichtlichen Grund, warum es auch auf Fälle von offenen Stromkreisen anwendbar sein soll. Das Postulat kann nur durch die Untersuchung seiner Konsequenzen gerechtfertigt werden, d. h. durch das Studium der Strahlung.

MAXWELL war sich dessen bewußt. Im Artikel 607 der „Treatise" macht er folgende Bemerkung:

> Wir haben sehr wenig experimentellen Nachweis bez. der direkten elektromagnetischen Wirkung von Strömen infolge der Änderung der elektrischen Verschiebung in den Dielektrika, aber die großen Schwierigkeiten beim Anpassen der Gesetze des Elektromagnetismus an die Existenz elektrischer Ströme, die nicht geschlossen sind, ist eine Ursache unter vielen, warum wir die Existenz von verschwindenden Strömen infolge der Änderung der Verschiebung zulassen müssen.

Ein anderer Ausweg aus der Schwierigkeit würde sein, HEAVISIDES Stromelemente anstelle von AMPÈRES Linienelementen zu verwenden. Das schließt ähnlich zu MAXWELLS Hypothese von einem Verschiebungsstrom eine postulierte Vollendung des Stromkreises durch den umgebenden Raum ein und läßt sich schließlich auf dasselbe zurückführen.

Gleichungen B lauten in Vektorform

$$\mu a = \operatorname{rot} \boldsymbol{F}. \tag{52}$$

Diese Vektorgleichung stellt eine Relation zwischen der magnetischen Induktion μa und dem Vektorpotential $\boldsymbol{F}$ dar. Bildet man auf beiden Seiten die Divergenz, so ist diese Gleichung äquivalent zu der modernen Form

$$\operatorname{div} \boldsymbol{B} = 0. \tag{53}$$

MAXWELLS Gleichungen C

$$\operatorname{rot} a = 4\pi \boldsymbol{p}' \tag{54}$$

stellen das Arbeitsgesetz des Gesamtstromes dar und sind äquivalent zu

$$\operatorname{rot} \boldsymbol{H} = \frac{4\pi}{c}\boldsymbol{j} + \frac{1}{c}\frac{\mathrm{d}\boldsymbol{D}}{\mathrm{d}t}. \tag{55}$$

Die Gleichungen D liefern die elektromotorische Kraft in einem Punkt des Stromkreises, der sich mit einer Geschwindigkeit v bewegt. Sie lauten

$$\boldsymbol{P} = a \times \boldsymbol{v} - \frac{\mathrm{d}\boldsymbol{F}}{\mathrm{d}t} - \operatorname{grad} \psi. \tag{56}$$

Wenn wir annehmen, daß der Stromkreis sich im Zustand der Ruhe befindet und wir auf beiden Seiten die Rotation bilden, dann erhalten wir die moderne Form

$$\operatorname{rot} \boldsymbol{E} = -\frac{1}{c}\frac{\mathrm{d}\boldsymbol{B}}{\mathrm{d}t}. \tag{57}$$

Die Gleichungen E und F sind einfach die Gleichungen für die Verschiebung und den Strom in Termen von MAXWELLS „elektromotorischer Kraft“. Gleichung G ist

$$e + \operatorname{div} \boldsymbol{f} = 0. \tag{58}$$

Hierbei ist e die freie Elektrizität im Einheitsvolumen, und f ist die Ladung, die durch die Verschiebung pro Volumeneinheit in ein Raumelement hineingetragen wird. Wenn wir die Ladung ϱ pro Volumeneinheit in ein Raumelement bringen, dann trägt die Verschiebung die gleiche Ladung weg, so daß wir die gebräuchliche Gleichung

$$\operatorname{div} \boldsymbol{D} = 4\pi\varrho \tag{59}$$

erhalten, falls ϱ wie gewöhnlich die Ladung darstellt, die einem Körper innewohnt. MAXWELL illustrierte das folgendermaßen:[1])

Wenn eine Ladung e gleichförmig über die Oberfläche einer Kugel verteilt ist, dann ist die resultierende Feldstärke an einem beliebigen Punkt des Mediums mit dem Abstand r vom Zentrum ... proportional zu e/r^2. Die Verschiebung im Medium wird deshalb proportional zu e/r^2 sein, so daß, wenn wir eine Kugel mit dem Radius r konzentrisch zur ersten zeichnen, deren Oberfläche wie r^2 variieren wird und dadurch die Gesamtverschiebung proportional zu e und unabhängig vom Radius sein wird. Wenn V_1 und V_2 die Potentiale der inneren bzw. der äußeren Kugel sind, dann ist die bei der Vergrößerung der Verschiebung um $\mathrm{d}E$ geleistete Arbeit gleich $(V_1 - V_2)\,\mathrm{d}E$. Wenn wir nun die äußere Kugel gegen Unendlich gehen lassen, so ist V_1 das Potential der geladenen Kugel, und V_2 wird Null. Die Arbeit ist nun $V\,\mathrm{d}E$. Jedoch die Arbeit ist auch $V\,\mathrm{d}e$, wobei $\mathrm{d}e$ die Vergrößerung der Ladung der Kugel ist. Wenn wir meinen, daß das Medium elektrische Energie enthält, folgt so $\mathrm{d}E = \mathrm{d}e$. Die Verschiebung außerhalb der Kugel durch irgendeine sphärische konzentrische Oberfläche ist gleich der Ladung auf der Kugel. Daraus folgt, daß der Verschiebungsstrom einen sonst endlichen Strom kontinuierlich und damit einem Strom in einem geschlossenen Stromkreis gleichwertig macht.

Es müssen nur noch einige wenige Worte über den weiteren Geschichtsverlauf gesagt werden. Der klassische Äther war verschwunden und damit das physikalische Bild, mit dessen Hilfe FARADAY und MAXWELL ihre

[1]) Treatise, Artikel 60.

Theorie hergeleitet haben. Zur Zeit, da der Äther verschwand, entstand ein allgemeines Gefühl, das zweifellos einer Bestürzung über den Verlust des fundamentalen Verständnisses und der Erklärung der elektrischen Phänomene nahe kam. Alles, was übrigblieb, war das Grinsen ohne die Katze. Aber was hat man tatsächlich verloren? HENRI POINCARÉ schrieb in seinen „Science and Hypothesis“,[1]) als er über mechanische Erklärungen in physikalischen Theorien sprach:

Wenn das Prinzip der kleinsten Wirkung nicht erfüllt werden kann, ist keine mechanische Erklärung möglich; wenn es erfüllt werden kann, gibt es nicht nur eine Erklärung, sondern unendlich viele. ... MAXWELL erkannte, daß elektrische Erscheinungen das Prinzip der kleinsten Wirkung befriedigen. Er war sich dann einer mechanischen Erklärung sicher. Wenn er diese Theorie am Anfang seines ersten Bandes erklärt hätte, anstatt sie in einen Winkel des zweiten zu verbannen, wäre sie nicht der Aufmerksamkeit der meisten Leser entgangen. Wenn deshalb eine Erscheinung eine komplette mechanische Erklärung gestattet, so gestattet sie auch eine unendliche Anzahl anderer, die ebenso alle durch das Experiment offenbarten Einzelheiten enthält...

Wie werden wir aus all den möglichen Erklärungen eine auswählen, bei der die Hilfe des Experiments fehlen wird? Der Tag wird vielleicht kommen, wo die Physiker sich nicht länger mit Fragen beschäftigen werden, die für positive Methoden unerreichbar sind, sondern wo diese den Metaphysikern überlassen werden. Dieser Tag ist noch nicht gekommen; der Mensch resigniert nicht so leicht, um für immer ein Ignorant gegenüber dem Ursachen der Dinge zu bleiben.

Die Wissenschaft kann jedoch niemals letzte Erklärungen liefern, sie kann nur beschreiben. Kein Problem kann auf einmal um mehr als eine Stufe reduziert werden, und die Frage, wie die Erklärung selbst zu erklären ist, wird immer bleiben. MAXWELL betonte immer wieder nachdrücklich, daß die Äthertheorie eine Analogie in Begriffen lieferte, mit denen man die elektrischen Erscheinungen begreifen konnte. Es half enorm, beim Nach-

[1]) Dover-Ausgabe, S. 221.

denken über die Elektrizität die Ähnlichkeiten zu betonen, die zwischen ihr, den Flüssigkeiten und den elastischen Festkörpern bestehen, da man mit deren Verhalten schon vertraut war. Jedoch nachdem man mit den Erscheinungen der Elektrizität selbst vertraut geworden war, wurde die Notwendigkeit für die Stützen, die aus anderen Gebieten abgeleitet wurden, weniger dringlich. Sie konnten noch verwendet werden, falls es gewünscht wurde.

Auf die Frage „Was ist die MAXWELLsche Theorie?" gab HERTZ die Antwort: „MAXWELLS Theorie ist MAXWELLS Gleichungssystem. Jede Theorie, die zu demselben Gleichungssystem führt und deshalb dieselben möglichen Erscheinungen enthält, würde ich als eine Form oder als einen Spezialfall der MAXWELLschen Theorie betrachten." Er fuhr jedoch fort: „Wenn wir der Theorie mehr Farbe geben wollen, gibt es nichts, was uns hindern könnte, all das zu ergänzen und unserer Vorstellungskraft durch konkrete Darstellungen verschiedener Konzeptionen wie zur Natur der elektrischen Polarisation, des elektrischen Stromes usw. zu helfen." Elektrizität verhält sich in vielen Fällen so, *als ob* sie eine in einem elastischen Medium über den Raum verteilte Flüssigkeit wäre, aber dieser Standpunkt hat seinen Zwang verloren. Wir sind zufrieden, es mit dem elektrischen Feld direkt selbst zu tun zu haben, und tatsächlich haben wir es schon als den bekannten Teil bei anderen Analogien verwendet, um bei der Erforschung anderer weniger gut verstandener Erscheinungen zu helfen. Die Äquivalenz von einem variierenden elektrischen Feld und einem Strom an jedem Raumpunkt, was das Wesentliche der MAXWELLschen Theorie ist, kann als ein durch die Konsequenzen gerechtfertigtes Postulat behandelt werden, ohne sie mit irgendeinem physikalischen Bild zu verbinden. Es gibt jedoch wenig Zweifel, daß es für viele unbefriedigend ist, die MAXWELLsche Theorie als ein Stück reine Mathematik zu betrachten, an deren Anfang ein Satz von Axiomen steht, die alles andere als selbstverständlich sind. Diese Axiome werden am Anfang gratis geliefert, ohne ihre Grundlagen zu diskutieren. Die MAXWELLsche Theorie gibt keine Einblicke in die Gedankengänge, die den Ursprung der Theorie ausmachen.

Es ist nicht notwendig, irgendein mechanisches Bild in die logische Struktur der fertigen Theorie einzuführen. Dagegen kann ein geschichtliches Studium der Art und Weise, in der die Theorie entwickelt wurde, befriedigender sein als das reine Akzeptieren der Theorie als ein „Glaube zum Vollendeten". Wir haben nun in der Ausführung dieses Buches die Entwicklung der elektrischen Theorie von der Aufstellung des Baugerüstes durch FARADAY bis zur Vollendung der Struktur durch MAXWELL verfolgt. Und zum Schluß zitieren wir wieder einmal POINCARÉ über MAXWELL:

Er wirft in das Relief das Wesentliche — d. h. das, was allen Theorien gemein ist; alles was sich nur einer einzelnen Theorie anpaßt, wird meistens in Vergessenheit geraten. Der Leser findet deshalb in der Darstellung nahezu keinen Gehalt, so daß er zuerst versucht ist, sie als eine flüchtige und ungreifbare Illusion zu nehmen. Erst die Anstrengungen, denen er so unterworfen ist, geben ihm Kraft zu denken, und eventuell sieht er, daß es oft etwas ziemlich Künstliches in den theoretischen „Mengen" gibt, die er einmal bewunderte.

Teil 2

Auszüge

1. Michael Faraday

Experimentelle Untersuchungen über Elektrizität

Erste Reihe

§ 1. Über die Induktion elektrischer Ströme
§ 2. Über die Elektrizitätserregung durch Magnetismus
§ 3. Über einen neuen elektrischen Zustand der Materie
§ 4. Über Aragos magnetische Phänomene

(vorgetragen am 24. November 1831)

1. Das Vermögen der Spannungselektrizität, in ihrer Umgebung entgegengesetzte elektrische Zustände hervorzurufen, wird mit dem allgemeinen Begriff Induktion bezeichnet. Dieser Begriff ist in die wissenschaftliche Sprache eingegangen. Es erscheint durchaus sinnvoll, durch ihn in ebenso allgemeiner Weise die Wirkung elektrischer Ströme auf den Zustand der Materie in ihrer unmittelbaren Umgebung zu beschreiben. Mit dieser Bedeutung möchte ich den Begriff in der vorliegenden Arbeit verwenden.

2. Gewisse Induktionseffekte elektrischer Ströme waren bereits bekannt, beispielsweise die Magnetisierung oder Ampères Experimente, bei denen eine Kupferscheibe in die Nähe einer flachen Spule gebracht wird, seine Wiederholung Aragos außergewöhnlicher Versuche mit Elektromagneten und vielleicht noch einige andere mehr. Doch schien es unwahrscheinlich zu sein, daß es nicht noch weitere durch Ströme hervorgerufene Induktionseffekte geben sollte, zumal die deutlichsten Effekte meistens nur beim Eisen auftraten. Es bleibt somit eine große Zahl von Körpern, die bestimmte Induktionsphänomene der Spannungselektrizität zeigen, bezüglich der Induktion bewegter Elektrizität noch zu untersuchen.

3. Jeder elektrische Strom ist senkrecht zu seiner

Richtung von einer entsprechend starken magnetischen Wirkung begleitet, gleichgültig, ob man AMPÈRES schöne Theorie oder irgend eine andere heranzieht. In der Regel läßt sich deshalb in einem guten elektrischen Leiter ein induzierter Strom bzw. ein äquivalenter Effekt nachweisen, falls er in den Bereich dieser magnetischen Wirkung gebracht wird.

4. Diese Betrachtungen und die daraus erwachsende Hoffnung, Elektrizität durch gewöhnlichen Magnetismus anzuregen, haben mich zu verschiedenen Zeiten veranlaßt, die induktiven Wirkungen elektrischer Ströme experimentell zu untersuchen. Kürzlich erhielt ich nun positive Resultate. Dies hat nicht nur meine Hoffnungen erfüllt, sondern mir auch eine, wie mir scheint, vollständige Erklärung von ARAGOS magnetischer Phänomene ermöglicht. Darüber hinaus glaube ich, einen neuen Zustand entdeckt zu haben, der wahrscheinlich auf die wichtigsten Effekte elektrischer Ströme großen Einfluß besitzt.

5. Diese Resultate werde ich nicht in der Reihenfolge beschreiben, wie ich sie erhalten habe, sondern so, daß man den klarsten Überblick über das Ganze erhalten kann.

§ 1. Die Induktion elektrischer Ströme

6. Ein 26 Fuß langer Kupferdraht mit einem zwanzigstel Zoll Durchmesser wurde in Form einer Schraubenlinie um einen Holzzylinder gewickelt. Zwischen die verschiedenen Windungen wurde ein Bindfaden gelegt, um eine gegenseitige Berührung zu verhindern. Die Anordnung wurde dann mit Kattun überzogen und darauf ein zweiter Draht in der gleichen Weise gewickelt. So wurden insgesamt zwölf Drähte, alle mit einer Länge von etwa 27 Fuß, in gleicher Richtung übereinandergewickelt. Der erste, dritte, fünfte, siebente, neunte und elfte Draht wurden miteinander verbunden, so daß eine zusammen-

hängende Wicklung entstand. Analog wurden die anderen Drähte verknüpft. Auf diese Weise entstanden zwei Wicklungen in gleicher Richtung von jeweils 155 Fuß Länge, die dicht ineinander lagen, sich jedoch nicht berührten.

7. Eine der Wicklungen wurde mit einem Galvanometer verbunden, die andere mit einer gut geladenen VOLTAschen Batterie mit zehn Plattenpaaren von vier Zoll im Quadrat. Dennoch war an der Galvanometernadel nicht die geringste Ablenkung zu beobachten.

8. Es wurde eine ähnlich gekoppelte Wicklung aus sechs Längen Kupferdraht und sechs Längen Weicheisendraht hergestellt. Die Gesamtlänge des Eisendrahtes betrug 214 Fuß, die des Kupferdrahtes 208 Fuß. Auch hier zeigte sich kein Effekt am Galvanometer, gleichgültig, ob der Strom durch den Kupfer- oder durch den Eisendraht geleitet wurde.

9. In diesen und vielen anderen Experimenten ließ sich kein Unterschied in der Wirkung zwischen Eisen und anderen Metallen nachweisen.

10. Ein 203 Fuß langer Kupferdraht wurde um eine große Holzwalze gewickelt. Zwischen diese Windungen wurde eine weitere Spirale von 203 Fuß Länge aus gleichem Material, isoliert durch einen Bindfaden, gewickelt. Die eine Spirale wurde wieder mit dem Galvanometer verbunden, während die andere an eine gut geladene Batterie mit hundert Plattenpaaren von vier Zoll im Quadrat angeschlossen wurde. Beim Herstellen des Kontaktes mit der Batterie konnte am Galvanometer ein plötzlicher, aber sehr geringer Ausschlag beobachtet werden, ebenso beim Unterbrechen des Kontaktes. Solange jedoch der Strom durch die eine Spirale floß, zeigte sich keinerlei Effekt auf die andere Wicklung, obwohl die Batterie sehr stark war; wie sich aus der Erwärmung der Spirale oder aus dem Auftreten von glänzenden Funken bei Entladung mittels Kohlespitzen ersehen ließ.

11. Eine Wiederholung dieser Experimente mit einer

Batterie von hundertzwanzig Plattenpaaren lieferte keine anderen Resultate. Man konnte auch hier feststellen, daß beim Schließen des Kontaktes ein schwacher Ausschlag der Galvanometernadel in die eine Richtung erfolgte, während beim Öffnen des Kontaktes eine gleichstarke Ablenkung in die andere Richtung auftrat. Das gleiche war bei der Benutzung der obengenannten Spiralen zu beobachten.

12. Die Resultate, die ich bis dahin mit Magneten erhalten hatte, gaben Anlaß zu der Annahme, daß der Batteriestrom durch den einen Draht tatsächlich einen ähnlichen Strom im anderen Draht induzierte. Dieser Strom fließt jedoch nur für einen kurzen Moment und besitzt mehr den Charakter einer elektrischen Welle, wie sie beim Entladen einer Leidener Flasche entsteht, als den eines Stromes einer VOLTAschen Batterie. Er vermochte Stahlnadeln zu magnetisieren, obwohl er das Galvanometer kaum beeinflußte.

13. Diese Erwartungen bestätigten sich. Ersetzte man das Galvanometer durch eine kleine, um eine Glasröhre gewickelte Spirale und stellte wie vorher den Kontakt zwischen Batterie und induzierendem Draht her, so erwies sich eine Stahlnadel in der Glasröhre als magnetisiert bevor der Batteriekontakt wieder unterbrochen wurde.

14. Wenn der Batteriekontakt bereits vor dem Einbringen einer unmagnetisierten Nadel in die umwickelte Röhre hergestellt wurde und dann die Batterie abgetrennt wurde, ergab sich folgendes. Die Nadel war in gleichem Grade wie im vorhergehenden Versuch magnetisiert, aber die Pole waren entgegengesetzt angeordnet.

15. Die gleichen Effekte ergaben sich bei Verwendung der großen zusammengesetzten Spiralen, wie sie zuerst beschrieben wurden.

16. Brachte man die unmagnetisierte Nadel in die kleine Anzeigespirale, bevor der Batteriekontakt geschlossen wurde, und nahm sie erst nach dem Öffnen des Kontaktes wieder heraus, zeigte sie geringen oder keinen Magnetismus, d. h., der erste Effekt beim Einschalten

wurde vom zweiten nahezu aufgehoben. Die Wirkung des induzierten Stromes beim Einschalten erwies sich als größer als die entsprechende Wirkung beim Abschalten der Batterie. Der Batteriestrom wurde daraufhin mehrmals abwechselnd ein- und ausgeschaltet, während die Nadel in der Anzeigespirale verblieb. Die Nadel war danach nicht unmagnetisch, sondern magnetisiert; und zwar so, als wenn lediglich der Induktionsstrom beim Einschalten der Batterie eingewirkt hätte. Dieser Effekt könnte von einer gewissen Anhäufung der Elektrizität an den Polen der ungeschlossenen Batterie herrühren, wodurch der Strom beim Einschalten etwas stärker ist als beim späteren Öffnen des Kontaktes.

17. Wenn der Kontakt zwischen der Induktionsspirale und dem Galvanometer bzw. der Anzeigespirale erst geschlossen wurde, nachdem der Batteriestrom in der Erregerwicklung ein- oder ausgeschaltet war, zeigten sich keinerlei Veränderungen am Galvanometer. Ebenso ließen sich keine Magnetisierungseffekte nachweisen, wenn die Batterieverbindung schon vor dem Anschluß der Anzeigespirale an den Induktionsdraht hergestellt wurde. Bei Aufrechterhaltung des Kontaktes mit der Anzeigespirale und nachfolgendem Abschalten des Batteriestromes wurde die Nadel magnetisiert. Die Anordnung ihrer Pole entsprach einem Strom mit gleicher Richtung wie der Batteriestrom.

18. In den vorhergehenden Experimenten waren die Drähte in enger Nachbarschaft zueinander angeordnet. Wenn man einen Induktionseffekt beobachten wollte, mußte der Kontakt zwischen Batterie und induzierendem Draht hergestellt werden. Da mit dem Moment des Öffnens und Schließens des Batteriekontaktes möglicherweise eine spezielle Wirkung verknüpft sein konnte, wurde die Induktion nun auf andere Weise nachgewiesen. Ein mehrere Fuß langer Kupferdraht wurde auf einem breiten Brett in Zick-Zack-Form, etwa in der Art des Buchstabens W, angeordnet. Ein zweiter Draht wurde in deckungsgleicher Form auf einem anderen Brett befestigt.

Der eine Draht wurde mit dem Galvanometer verbunden, der andere mit der VOLTAschen Batterie. Bewegte man nun den ersten Draht in Richtung des anderen, so schlug die Galvanometernadel aus. Beim Wegziehen ging der Ausschlag in die andere Richtung. Die Galvanometerausschläge wurden sehr groß, wenn man die Drähte im gleichen Rhythmus mit den Bewegungen der Nadel zusammen- und auseinanderbewegte. Nach Beendigung dieser Relativbewegung kehrte die Galvanometernadel bald in ihre Ruhelage zurück.

19. Bei der gegenseitigen Annäherung der Drähte besaßen induzierter und induzierender Strom entgegengesetzte Richtungen; im Falle der Vergrößerung des Abstandes flossen induzierter und induzierender Strom in der gleichen Richtung. Ein induzierter Strom war nicht zu beobachten, wenn der Abstand der Drähte konstant blieb.

20. Es wurde eine kleine Batterie in den Galvanometerstromkreis eingefügt, so daß sich eine konstante Ablenkung der Nadel von 30° bis 40° einstellte. Dann wurde die Batterie mit hundert Plattenpaaren an den induzierenden Draht angeschlossen. Es trat die momentane Induktionswirkung wie früher ein, jedoch kehrte die Nadel sogleich wieder in die alte Lage zurück, ungeachtet des ständigen Kontaktes der Batterie mit dem Erregerdraht. Dieser Sachverhalt ergab sich immer wieder, auf welche Weise auch der Kontakt hergestellt wurde.

21. Hieraus würde folgen, daß Ströme mit gleichen oder entgegengesetzten Richtungen keine ständige induzierende Wirkung, die ihre Stärke oder die Spannung beeinflußt, aufeinander ausüben.

22. Ich konnte zunächst keinen Beweis dafür erbringen, daß Elektrizität durch einen unter Induktion stehenden Draht fließt. Dies gelang weder durch die Wirkung auf die Zunge noch durch Funken oder durch die Erwärmung eines dünnen Drahtes oder von Kohle. Auch eine chemische Wirkung ließ sich nicht beobachten, obwohl auch hier der Batteriekontakt abwechselnd geöffnet und geschlossen wurde.

23. Dieses Ausbleiben eines Effektes ist nicht darin zu suchen, daß ein induzierter Elektrizitätsstrom nicht durch eine Flüssigkeit fließen kann, sondern liegt wahrscheinlich an seiner kurzen Dauer und seiner schwachen Intensität. Schaltete man zwei große Kupferplatten, die ohne direkte gegenseitige Berührung in eine Salzlösung getaucht wurden, in den sekundären Stromkreis, so zeigte sich die gleiche Wirkung am Galvanometer oder an der Anzeigespirale wie früher. Die induzierte Elektrizität floß also auch durch eine Flüssigkeit (20.). Das Galvanometer gab keinen Ausschlag mehr, wenn die Flüssigkeitsmenge sehr stark reduziert wurde.

24. Versuche, ähnliche Resultate mit Hilfe von Drähten zu erhalten, die einen gewöhnlichen Strom leiten können, blieben zweifelhaft. Es wurde eine zusammengesetzte Spirale mit acht einzelnen Wicklungen benutzt. Dabei wurden vier Wicklungen parallel geschaltet und mit der kleinen Magnetisierungsspirale, die eine unmagnetische Nadel enthielt, verbunden. Die restlichen vier Spiralen wurden analog angeordnet, aber mit einer Leidener Flasche verbunden. Nach Entladung der Flasche erwies sich die Nadel als magnetische. Es gab jedoch eine gewisse Wahrscheinlichkeit dafür, daß ein Teil der Elektrizität der Flasche auf die kleine Anzeigespirale übergesprungen war und so die Nadel magnetisiert hatte. In der Tat bestand auch gar kein Grund dafür, daß sich die Elektrizität einer Leidener Flasche mit solch großer Spannung nicht auf alle metallischen Leiter ausbreiten sollte.

25. Daraus folgt nicht, daß die Entladung gewöhnlicher Elektrizität über einen Draht nicht analoge Phänomene wie bei der galvanischen Elektrizität hervorbringt. Es scheint jedoch unmöglich zu sein, die Effekte am Anfang und am Ende einer Entladung voneinander zu trennen, da diese Perioden praktisch zusammenfallen. Man kann daher kaum hoffen, Versuche dieser Art mit Erfolg durchzuführen.

26. Es ist folglich klar, daß Voltasche Ströme Induk-

tionsphänomene hervorrufen, die in einigermaßen guter Analogie zu denen der Spannungselektrizität stehen. Trotzdem existieren viele noch zu besprechende Unterschiede zwischen ihnen. Das Ergebnis der Induktion ist die Erzeugung anderer, allerdings nur momentaner Ströme parallel zum Erregerstrom. Aus der Betrachtung der Polanordnung der Nadel in der Anzeigespule bzw. aus den Ablenkungen der Galvanometernadel läßt sich folgendes ableiten. In allen Fällen fließt der induzierte Strom beim Einschalten des Erregerstromes in entgegengesetzter Richtung und beim Ausschalten des Erregerstromes in der gleichen Richtung wie dieser Strom. Um Mißverständnisse zu vermeiden, schlage ich vor, diese Induktionswirkungen bei Benutzung einer VOLTAschen Batterie volta-elektrische Induktion zu nennen. Die Eigenschaften des sekundären Drahtes lassen einen besonderen elektrischen Zustand erkennen, während der Batteriestrom durch die Erregerwicklung fließt. Eine Betrachtung dieses Zustandes wird später erfolgen. Alle diese Ergebnisse wurden mit einem VOLTAschen Apparat mit einem einzelnen Plattenpaar erhalten.

§ 2. Elektrizitätserregung durch Magnetismus

27. Es wurde ein Ring aus weichem Rundeisen mit $^7/_8$ Zoll Durchmesser hergestellt. Der äußere Ringdurchmesser betrug sechs Zoll. Um einen Teil des Ringes wurden drei Spiralen aus 24 Fuß langen Kupferdrahtstücken mit $^1/_{20}$ Zoll Dicke gewickelt. Die Spiralen wurden vom Eisenring auch und untereinander in der bereits beschriebenen Art isoliert. Die Wicklungslänge auf den Ring betrug etwa neun Zoll. Die Wicklungen, in Abb. 1 mit *A* bezeichnet, konnten einzeln oder kombiniert benutzt werden. Auf den anderen Teil des Ringes wurden in ähnlicher Weise zwei Kupferdrähte von insgesamt etwa sechzig Fuß Länge aufgewickelt. Diese mit *B* bezeichnete Wicklung besaß die gleiche Wicklungsrichtung

wie A und war von dieser durch etwa ein halbes Zoll breite nicht umwickelte Streifen getrennt.

28. Die Wicklung B wurde über Kupferdrähte mit dem drei Fuß vom Ring entfernten Galvanometer verbunden. Die Wicklungen von A wurden untereinander zu einer einzigen Spiralwicklung verknüpft und mit einer Batterie

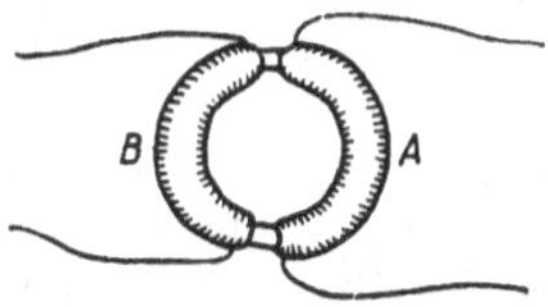

Abb. 1

von zehn Platten mit je vier Zoll im Quadrat verbunden Das Galvanometer sprach unmittelbar an, und zwar in einem viel stärkeren Maße als mit einer zehnmal so starken Batterie, jedoch mit Spulen ohne Eisen. Da der Batteriekontakt geschlossen blieb, kehrte die Galvanometernadel wieder in ihre Ruhelage zurück. Beim Öffnen des Batteriekontaktes trat ebenfalls wieder ein kräftiger Ausschlag der Nadel auf, jedoch nun in entgegengesetzter Richtung.

29. In einem abgeänderten Versuch wurde das Galvanometer mit einem der drei Drähte von A verbunden, während die Wicklung B ungenutzt gelassen wurde. Die beiden restlichen Drähte von A wurden an die Batterie angeschlossen. Es gab wieder ähnliche, aber eher noch stärkere Effekte als vorher.

30. Die Richtung des Galvanometerausschlages hing von der Polung des Batteriekontaktes ab. Beim Umpolen änderte sie sich. Ebenso war der Ausschlag beim Öffnen des Kontaktes entgegengesetzt zu dem, der beim Schließen des Kontaktes auftrat. Der Galvanometerausschlag beim Schließen des Batteriekontaktes entsprach stets einem Induktionsstrom, der entgegengesetzt zum Bat-

teriestrom floß. Dagegen besaß der Induktionsstrom beim Öffnen des Kontaktes stets die gleiche Richtung wie der Batteriestrom. Ein Unterbrechen oder Schließen des Stromkreises auf der *B*-Seite bzw. irgendwo im Galvanometerstromkreis hatte keinen Einfluß auf das Galvanometer. Ebenso bewirkte die Aufrechterhaltung des Batteriestromes keinen Ausschlag. Da solche Resultate bei all diesen Experimenten und auch bei denen mit Magneten auftraten, brauchen sie nicht noch einmal im einzelnen beschrieben zu werden.

31. Als eine Batterie mit hundert Plattenpaaren an den Ring angeschlossen wurde, entstand beim Schließen und Öffnen des Kontaktes ein so großer Impuls am Galvanometer, daß die Nadel vier- oder fünfmal um ihre Achse rotierte. Erst dann führte die Luftreibung und der Einfluß des Erdmagnetismus zu Oszillationen...

34. In einer anderen Anordnung wurden die früheren Induktionsexperimente mit VOLTAschen Strömen mit den gegenwärtigen kombiniert. Zu diesem Zwecke wurde ein hohler Pappzylinder in der bereits beschriebenen Weise mit Kupferdraht umwickelt. Es wurden acht Drähte mit insgesamt zweihundertundzwanzig Fuß Länge verwendet. Vier Wicklungen wurden untereinander und mit dem Galvanometer verknüpft; die dazwischenliegenden restlichen vier Wicklungen wurden ebenfalls miteinander verbunden und an die Batterie mit hundert Plattenpaaren angeschlossen. Der Entladungsvorgang ließ das Galvanometer fast unbeeinflußt, doch konnten mit dem induzierten Strom Stahlnadeln magnetisiert werden. Wenn jedoch ein $^7/_8$ Zoll dicker und zwölf Zoll langer Weicheisenzylinder in die umwickelte Papprohre geschoben wurde, war die Induktion mit einem außerordentlich starken Ausschlag am Galvanometer und mit allen gerade diskutierten Phänomenen begleitet. Die magnetisierende Wirkung des induzierten Stromes war wesentlich stärker als im Falle ohne Eisenzylinder.

35. Beim Austausch des Eisenzylinders durch einen gleichartigen Kupferzylinder zeigte sich keine Wirkung,

abgesehen von der Wirkung der Wicklungen allein. Die Anordnung mit dem Eisenzylinder war in ihrer Wirkung nicht so stark wie der bereits beschriebene umwickelte Ring.

36. Im weiteren wurden ähnliche Effekte mit gewöhnlichen Magneten erzielt. Dazu wurden alle Wicklungen auf der Pappröhre zu einer einzigen kombiniert und mit dem Galvanometer über zwei fünf Fuß lange Kupferdrähte verbunden. Längs der Röhrenachse wurde der Weicheisenzylinder eingeführt. Zwei Stabmagnete von je vierundzwanzig Zoll Länge wurden an einer Seite mit ihren entgegengesetzten Polen etwa in Form eines Huf-

Abb. 2

eisenmagneten aneinandergelegt. Die beiden anderen Pole der Stabmagneten wurden auf die Enden des Eisenzylinders gelegt, so daß dieser magnetisiert wurde (Abb. 2). Durch entsprechendes Bewegen der Stabmagnete konnte der Magnetisierungsgrad des Eisenzylinders nach Belieben verändert werden.

37. Beim Auflegen der Stabmagnete auf den Eisenzylinder wurde die Galvanometernadel abgelenkt und kehrte danach wieder in ihre Ausgangslage zurück. Beim Öffnen des magnetischen Kontaktes wurde sie dagegen in die andere Richtung abgelenkt und kehrte dann ebenfalls wieder zurück. Vertauschte man die Stabmagneten, so erfolgte der Ausschlag jeweils in die entgegengesetzte Richtung.

38. Die Ablenkung beim Schließen des magnetischen Kontakts entsprach einem Induktionsstrom, dessen Richtung entgegengesetzt zur Richtung eines Stromes war, der den Eisenzylinder in der gleichen Weise wie die Stabmagnete magnetisiert hätte. Betrachten wir die An-

ordnung der Pole in Abb. 3. Der Strom in der Spirale fließe in der angegebenen Richtung, dabei ist P das zum positiven Pol der Batterie bzw. das zu den Zinkplatten führende Drahtende und N der Anschluß zum negativen Pol. Ein solcher Strom würde den Eisenstab in umgekehrter Richtung magnetisieren, als es beim Kontakt

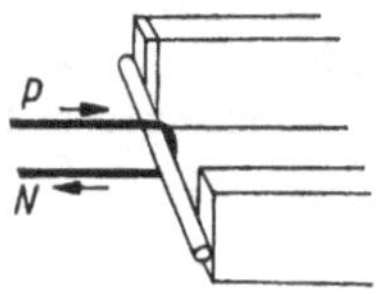

Abb. 3

mit den Polen *A* und *B* der Fall sein würde; auch fließt dieser Strom in entgegengesetzter Richtung zu dem, der nach AMPÈRES schöner Theorie einen Magneten in der gezeichneten Lage erzeugen würde.

39. Man könnte vermuten, daß der in den vorangegangenen Experimenten induzierte momentane Strom durch einen besonderen, mit der Bildung des Magneten verknüpften Effekt und nicht durch die Annäherung erzeugt worden sei. Zur Klärung des Sachverhaltes wurde ein weiteres Experiment gemacht. Es wurden alle gleichliegenden Enden der zusammengesetzten Spiralwicklung mit Kupferdraht zusammengefügt und die so entstehenden beiden Hauptenden mit dem Galvanometer verbunden. Anstelle des Weicheisenzylinders wurde ein zylindrischer Stabmagnet mit $^3/_4$ Zoll Durchmesser und 8,5 Zoll Länge verwendet. Der Magnet wurde axial neben der Spiralwicklung angeordnet (Abb. 4). Nachdem die Galvanometernadel zur Ruhe gekommen war, wurde er sehr schnell in die Wicklung hineingeschoben. Der Ausschlag erfolgte unmittelbar und zwar in der gleichen Richtung, als wenn der Magnet erst in der oben beschriebenen Weise hätte gebildet werden müssen. In der

Ruhestellung des Magneten ging die Nadel in die Ausgangslage zurück. Erst beim Herausziehen des Magneten schlug das Galvanometer in die entgegengesetzte Richtung aus. Die Ablenkungen waren nicht besonders groß, doch konnten durch wiederholtes Hineinschieben und Herausziehen im gleichen Rhythmus zu den Nadelbewegungen Schwingungen von 180° und mehr erzielt werden.

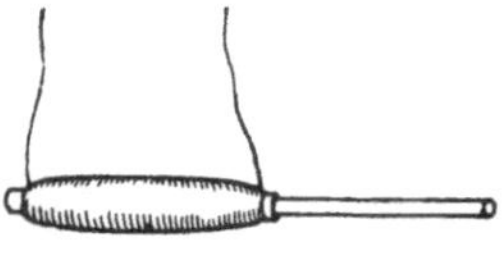

Abb. 4

40. In diesem Versuch darf man den Magneten nicht vollständig durch die Spirale schieben, weil sonst ein zweiter Effekt auftritt. Beim Einführen des Magneten wird die Galvanometernadel in eine gewisse Richtung abgelenkt. Wird der Magnet dann ganz hindurchgeschoben oder wieder herausgezogen, so erfolgt die Ablenkung der Nadel in die entgegengesetzte Richtung. Schiebt man den Magneten ohne Unterbrechung durch die Spirale hindurch, so geht der Ausschlag erst in eine Richtung, bleibt dann plötzlich stehen und kehrt sich schließlich in die entgegengesetzte Richtung um.

41. Wir orientieren eine hohle Spule, wie sie bereits beschrieben wurde, in die Ost-West-Richtung oder auch in irgendeine andere feste Richtung. Ein Magnet wird in die gleiche feste Richtung gebracht. Das Galvanometer wird stets nach der gleichen Richtung ausschlagen, welchen Pol man auch in die Spule einführt. Beim Herausziehen des Magneten geht der Ausschlag stets in die andere Richtung.

42. Diese Effekte sind einfache Folgerungen eines noch zu beschreibenden Gesetzes.

43. Die Kombination aller acht Spiralen zu einer einzigen langen Spule brachte keine so große Wirkung wie die oben beschriebene Anordnung. Ebenfalls sehr viel geringer war der Effekt bei Benutzung nur einer der acht Spiralen. Das Galvanometer wurde dann vor einer direkten Einwirkung des induzierenden Magneten geschützt. Es zeigte sich, daß eine entsprechende Bewegung des Magneten in gleicher Richtung längs der Außenseite der Spirale keinen Ausschlag am Galvanometer bewirkte.

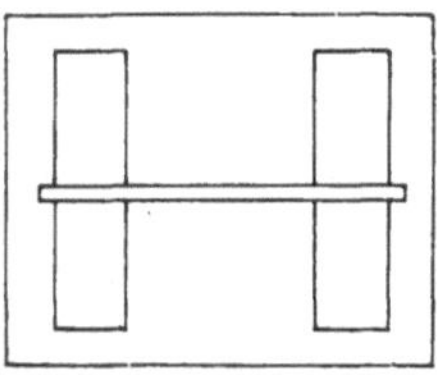

Abb. 5

44. Die Royal Society besitzt einen großen zusammengesetzten Magneten, der früher Dr. GOWIN KNIGHT gehörte. Vom Präsidenten und vom Rat wurde mir die Benutzung des Magneten zu Experimenten gestattet. Er befindet sich zur Zeit bei Herrn CHRISTIE in Woolwich. Ihm bin ich für seine Unterstützung bei allen diesen Experimenten zu Dank verpflichtet. Der Magnet besteht aus etwa 450 Stabmagneten. Die Stäbe sind 15 Zoll lang, 1 Zoll breit, einen halben Zoll dick und befinden sich in einem Kasten. Durch die Art ihrer Anordnung entstehen an der Seite des Kastens zwei äußere Pole (Abb. 5), die horizontal sechs Zoll überstehen. Ihr Querschnitt beträgt je zwölf Zoll in der Höhe mal drei Zoll in der Breite bei einem gegenseitigen Abstand von neun Zoll. Legt man einen Weicheisenzylinder mit $^3/_4$ Zoll Durchmesser und zwölf Zoll Länge quer über die Pole, so muß man etwa eine Kraft von einhundert Pfund auf-

wenden, um ihn abzureißen. Der linke Pol in der Abbildung ist der „markierte“ Pol[1]).

45. Das Galvanometer stand bei allen Experimenten mit diesem Magneten etwa acht Fuß vom Magneten entfernt und zwar nicht direkt vor den Polen, sondern etwa 16° bis 17° seitlich verschoben. Die Beobachtungen ergaben, daß das Instrument auf das Auflegen oder Abziehen einer Weicheisenbrücke zwischen den Polen nur schwach reagierte. Im weiteren wurden alle damit verbundenen Fehler sorgfältig vermieden.

46. Die elektrischen Effekte, die mit diesem Magneten erzielt wurden, waren sehr eindrucksvoll. Ein dreizehn Zoll langer Weicheisenzylinder wurde durch die zusammengesetzte hohle Spule geschoben und diese mit dem Galvanometer verbunden. Wenn man mit diesem Zylinder die beiden Pole des Magneten überbrückte, wurde ein so mächtiger Stromstoß induziert, daß die Nadel mehrmals im Kreise herumwirbelte.

47. Trotz dieser kräftigen Induktionswirkung kehrte die Nadel beim Aufrechterhalten des Kontaktes in ihre Ruhelage zurück, unabhängig von der Lage der Spule. Beim Unterbrechen des magnetischen Kontaktes wurde sie jedoch mit gleicher Kraft, aber in entgegengesetzter Richtung herumgewirbelt.

48. Eine Kupferplatte wurde mantelförmig, durch eine Papierlage isoliert, um den Eisenzylinder gelegt. Die Ränder des Kupfermantels wurden mit dem Galvanometer verbunden. Beim Herstellen des magnetischen Kontaktes zwischen dem Eisenzylinder und den Magnetpolen gab es einen kräftigen Ausschlag am Galvanometer.

49. Als nächstes wurde lediglich der Galvanometerdraht um den Eisenzylinder gelegt (Abb. 6). Auch in diesem Falle war ein starker Ausschlag der Nadel zu

[1]) Um Mißverständnisse zu vermeiden, werde ich den nach Norden weisenden Pol als den markierten bezeichnen. Ich werde gelegentlich vom Nord- und Südende der Nadel sprechen, ohne damit Nord- und Südpol zu meinen. Viele betrachten den nach Süden weisenden Pol der Nadel als den wahren Nordpol, jedoch wird er bei uns oft als Südpol bezeichnet.

beobachten, wenn der magnetische Kontakt hergestellt bzw. unterbrochen wurde.

50. Wenn die Spule mit dem Eisenzylinder lediglich in die Nähe der Magnetpole gebracht wurde, ohne die Pole selbst zu berühren, waren noch kräftige Induktionswirkungen zu beobachten. Beim Annähern der Spule ohne den Eisenstab gab es Ausschläge von 80°, 90° und mehr aus der Ruhelage. Die induktive Kraft war selbstverständlich um so größer, je näher die Spule, mit oder ohne Eisenzylinder, an die Pole herangebracht wurde. Es ergab sich stets der gleiche Sachverhalt, gleichgültig,

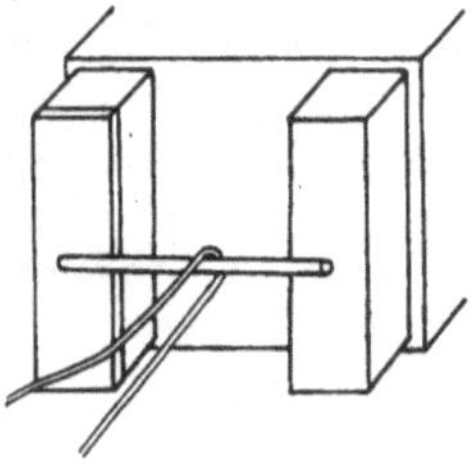

Abb. 6

wie man die Spule mit dem Magneten in Wechselwirkung brachte, d. h., es entstanden keine am Galvanometer zu beobachtenden permanenten Induktionseffekte. Die Effekte bei der Verkleinerung oder Vergrößerung des Abstandes zwischen Spule und Magnet verhielten sich stets umgekehrt zueinander.

51. Ein Kupferbolzen, der anstelle des Eisenzylinders in die Spule eingeführt wurde, erhöhte die Induktionswirkung in keiner Weise. Ersetzte man ihn jedoch durch einen dicken Eisendraht, so ließ sich eine bedeutend größere elektromagnetische Induktion beobachten.

52. Die Richtung des elektrischen Stromes bei all diesen Experimenten war die gleiche wie früher bei den schwächeren Stabmagneten.

53. Die Annäherung einer mit dem Galvanometer verbundenen Wicklung aus 14 Fuß Kupferdraht an den markierten Pol in Richtung der Längsachse ergab einen

starken Ausschlag am Instrument. Der induzierte Strom besaß die umgekehrte Richtung bezüglich des Stromes, der nach der Theorie von Ampère im Magneten fließen sollte, bzw. bezüglich des Stromes in einem Elektromagneten gleicher Polarität. Beim Entfernen der Spule kehrte sich die Richtung des induzierten Stromes um.

54. Eine ähnliche Spule wurde mit dem Strom einer Batterie von 80 Vier-Zoll-Plattenpaaren beschickt. Wurde nun eine andere mit dem Galvanometer verbundene Spule gegen diesen Elektromagneten bewegt, so zeigte das Instrument einen zum Batteriestrom entgegengesetzt gerichteten Induktionsstrom an. Beim Entfernen der Induktionsspule kehrte sich die Richtung des Induktionsstromes wieder um.

55. Auch in einfachen Drähten, die in gewissen Richtungen dem Magnetpol genähert wurden, ließen sich Induktionsströme nachweisen. Kehrte man ihre Bewegungsrichtungen um, so wechselten auch die Ströme ihr Vorzeichen. Die Drähte müssen dabei in der gleichen Linie hin und her bewegt werden, da sonst kompliziertere, nicht vergleichbare Effekte entstehen. Die Ursachen dafür werden im 4. Teil dieser Arbeit dargelegt...

57. Die verschiedenen Experimente dieses Abschnittes beweisen, wie ich glaube in vollständigster Weise, daß Elektrizität durch „gewöhnlichen" Magnetismus erregt werden kann. Daß die beobachteten Intensitäten sehr gering waren, sollte nicht verwundern, wenn man bedenkt, daß sie ähnlich wie im Falle der Thermoelektrizität innerhalb von metallischen Substanzen mit gleichbleibender Leitfähigkeit erzeugt werden...

58. Die Ähnlichkeit bzw. sogar die Identität der Wirkungen zwischen „gewöhnlichen" Magneten und Elektromagneten oder Voltaschen Strömen steht in eindrucksvoller Übereinstimmung mit der Ampèreschen Theorie und liefert einen überzeugenden Grund für die Annahme, daß die Wirkung in beiden Fällen die gleiche Natur besitzt; ...

§ 3. Ein neuer elektrischer Zustand der Materie

60. Solange ein Draht der volta-elektrischen oder elektromagnetischen Induktion unterworfen ist, scheint er sich in einem besonderen Zustand zu befinden. Er setzt der Bildung eines elektrischen Stromes einen Widerstand entgegen, der im gewöhnlichen Zustand nicht auftritt. Wenn keine anderen Störungen vorliegen, besitzt ein solcher Leiter die Fähigkeit, einen Strom hervorzubringen. Eine solche Fähigkeit existiert unter gewöhnlichen Umständen nicht. Dieser elektrische Zustand der Materie wurde bisher noch nicht diskutiert. Er scheint jedoch einen außerordentlich wichtigen Einfluß auf viele, wenn nicht auf die meisten, von elektrischen Strömen hervorgerufenen Phänomene auszuüben. Aus leicht ersichtlichen Gründen habe ich diesen Zustand nach Diskussion mit einigen wissenschaftlichen Freunden „elektrotonischen" Zustand genannt.

61. In diesem besonderen elektrischen Zustand zeigen sich keine bisher bekannten elektrischen Effekte. Ich habe nicht feststellen können, daß die Materie in diesem Zustand irgendwelche besonderen Kräfte ausübt oder spezielle Eigenschaften besitzt.

83. Nachdem ich bereits in der beschriebenen Weise (36., 46.) Elektrizität mit Hilfe von Magneten erregen konnte, hoffte ich, mit Hilfe des Experiments von ARAGO eine weitere Elektrizitätsquelle zu gewinnen. Des weiteren gedachte ich, durch elektromagnetische Induktion im Erdfeld eine neue elektrische Maschine zu konstruieren. Es wurden deshalb zahlreiche Experimente mit dem Magneten der Royal Society in Herrn CHRISTIES Haus und mit dessen Unterstützung gemacht. Da viele Versuche im Verlaufe der Untersuchungen durch verbesserte Anordnungen ersetzt wurden, will ich sie hier in einer Reihenfolge darstellen, die meiner Ansicht nach eine korrekte Behandlung der Natur dieser Phänomene gestattet.

84. Der Magnet wurde bereits beschrieben. Um die Pole näher aneinander zu bringen, wurden zwei Eisen-

oder Stahlstäbe von je sechs oder sieben Zoll Länge, einem Zoll Breite und einem halben Zoll Dicke quer über den Polen, wie in Abb. 7 dargestellt, angeordnet. Sie wurden durch Stricke befestigt und konnten in die jeweils gewünschte Entfernung zueinander gebracht werden. Gelegentlich wurden auch zwei Weicheisenstäbe benutzt. Sie waren so gebogen, daß sich die resultierenden Pole vertikal übereinander befanden.

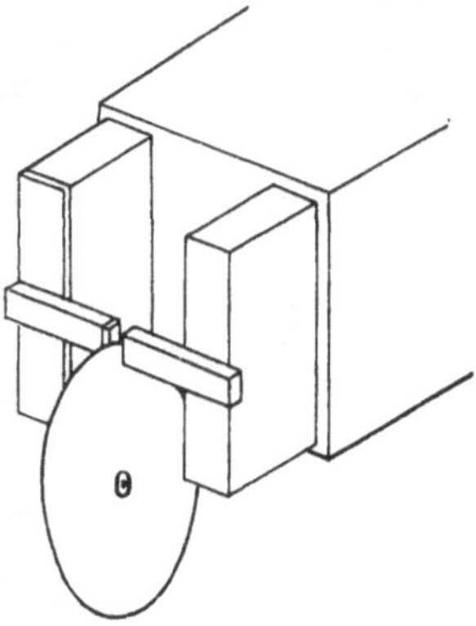

Abb. 7

85. Eine Kupferscheibe mit zwölf Zoll Durchmesser und $^1/_5$ Zoll Dicke wurde auf einer Messingachse befestigt und in eine Vorrichtung eingesetzt, die horizontale und vertikale Drehungen gestattete. Der äußere Scheibenrand konnte mehr oder weniger tief zwischen die Pole geschoben werden (Abb. 7). Er war gut amalgamiert, um einen guten und beweglichen Kontakt zu erhalten. Ein Kontaktstreifen auf der Achse wurde ebenso behandelt.

86. Der Kontakt am Scheibenrand wurde mit einem Kollektor aus Kupfer oder Blei hergestellt. Dazu wurden Leiter von etwa vier Zoll Länge, einem drittel Zoll

Breite und einem fünftel Zoll Dicke verwendet. Das eine Ende wurde etwas ausgekehlt und dann amalgamiert, um die Auflagefläche mit dem konvexen Scheibenrand exakter zu gestalten. Mit $^1/_{16}$ Zoll dicken Kupferdrähten, die um die anderen Enden der Kollektoren gewickelt wurden, wurde die Verbindung mit dem Galvanometer hergestellt. Es wurden auch noch andere Scheiben benutzt, die später beschrieben werden sollen.

87. Das benutzte Galvanometer war einfach aufgebaut, aber von hinreichender Empfindlichkeit. Es enthielt sechszehn oder achtzehn Windungen aus mit Seide umsponnenen Kupferdraht. Zwei magnetisierte Nähnadeln,

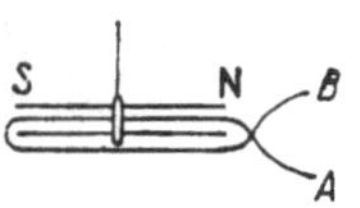

Abb. 8

in getrocknete Strohhalme geschoben, wurden parallel zueinander, aber mit entgegengesetzten Richtungen, mit einer gegenseitigen Entfernung von einem halben Zoll an einem umsponnenen Seidenfaden aufgehängt. Die untere Nadel schwebte innerhalb, die obere über den Windungen. Die obere Nadel war stärker als die untere magnetisiert und bestimmte somit die Lage der Anordnung im Erdfeld. Abb. 8 zeigt die Richtung der Drähte und der Nadeln, wenn das Instrument in Richtung des magnetischen Meridians aufgestellt wird. Die Drahtenden sind zur Erleichterung der Diskussion mit *A* und *B* bezeichnet. Die Buchstaben *S* und *N* kennzeichnen Süd- und Nordpol der Nadeln bezüglich des Erdfeldes, d. h. *N* ist der markierte Pol. Das Instrument wurde durch eine Glasglocke geschützt. Seine Lage und sein Abstand zum großen Magneten entsprach der bisherigen Anordnung.

88. Zur Durchführung des Versuches wurde die Scheibe gemäß Abb. 7 angeordnet. Der Abstand der kleinen

Pole betrug etwa einen halben Zoll, und sie ragten etwa mit ihrer halben Breite über den Scheibenrand hinaus. Der eine Galvanometerdraht wurde zwei- oder dreimal lose um die Messingachse gelegt, der andere am Schleifkontakt befestigt. Dieser Kontakt wurde mit der Hand auf den amalgamierten Rand der Scheibe, unmittelbar zwischen den Polen, geführt. Bis dahin war am Galvanometer noch kein Effekt zu beobachten. Erst als die Scheibe in Drehung versetzt wurde, zeigte sich ein Ansschlag, der bei schneller Umdrehung 90° und mehr erreichte.

89. Es erwies sich als schwierig, einen gleichbleibend guten Kontakt zwischen dem Abnehmer und der rotierenden Scheibe zu realisieren. Ebenso schwer ließ sich beim ersten Versuch eine gleichmäßige Rotationsgeschwindigkeit erreichen. Dies führte zu einem ständigen Vibrieren der Nadel, jedoch ließ sich die Seite, nach der die Nadel abgelenkt wurde, bzw. eine gewisse mittlere Auslenkung noch eindeutig identifizieren. Bei einer sorgfältigeren Ausführung des Experimentes konnte eine permanente Auslenkung der Nadel um etwa 45° erreicht werden.

90. Damit war die Induktion eines permanenten elektrischen Stromes mit Hilfe eines „gewöhnlichen“ Magneten demonstriert.

91. Kehrte man unter sonst gleichen Umständen die Bewegungsrichtung der Scheibe um, wurde die Galvanometernadel zwar mit der gleichen Stärke wie vorher abgelenkt, jedoch in die andere Richtung, d. h., der Elektrizitätsstrom entwickelte sich nun mit entgegengesetzter Richtung.

Zweite Reihe

§ 6. Allgemeine Bemerkungen und Erläuterungen über die Kraft und die Richtung der elektromagnetischen Induktion

193. Babbage, Herschel und Harris haben das Aragosche Experiment in veränderter Form erneut durchgeführt. Sie richteten dabei ihre Aufmerksamkeit

auf die unterschiedlichen Kräfte, die man bei der Wechselwirkung von Metallen und anderen Substanzen mit einem Magneten beobachten kann. Diese Differenzen waren sehr groß[1]). Ich hoffte daher, daß sich wichtige Resultate durch Kombinationen verschiedener Metalle erzielen ließen. Die folgenden Versuche wurden daher mit der Absicht angestellt, solche Differenzen in der Wirkung zweier Metalle zu beobachten.

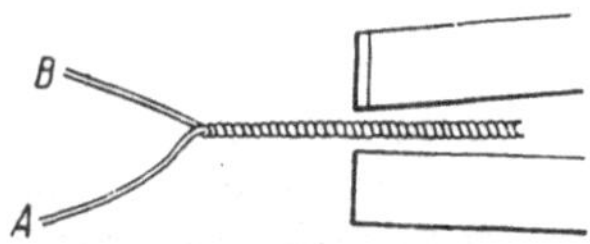

Abb. 32

194. Ein Stück Weicheisendraht wurde an einem Ende von seiner Baumwollisolierung befreit und blank gemacht. Dieses Ende wurde dann mit einem entsprechend blanken Kupferdraht auf einer Länge von achtzehn bis zwanzig Zoll verdrillt und die anderen Enden auseinandergebogen. Daran wurde das Galvanometer angeschlossen. Das etwa zwei Fuß lange Eisenende wurde bis zum Galvanometer durch Kupfer ergänzt.

195. Die verdrillten Kupfer- und Eisendrahtenden (eine Berührung war nur an der Verdrillung möglich) wurden dann zwischen die Pole eines starken Hufeisenmagneten gebracht (Abb. 32). Am Galvanometer war jedoch nicht der geringste Effekt zu beobachten, obwohl die Anordnung irgendeinen Unterschied im elektrischen Verhalten zweier Metalle bezüglich des Magnetfeldes hätte nachweisen können.

204. Es wurden daher weitere Experimente über das Verhalten verschiedener, voneinander isolierter Metalle im Feld zwischen den Polen des Magneten gemacht.

---

[1]) Philosophical Transactions, 1825, S. 472, 1831, S. 78.

Die entgegengesetzten Enden wurden an ein und denselben Galvanometeranschluß geklemmt, so daß die zum Galvanometer abfließenden Ströme ein entgegengesetztes Vorzeichen hatten. Bei Verwendung größerer Längen unterschiedlichen Drahtes konnten schwache Auslenkungen beobachtet werden.

205. Um ganz sichere Ergebnisse zu erhalten, wurde ein neues Galvanometer gebaut. Es enthielt zwei unabhängige Spulen aus je achtzehn Fuß langen, mit Seidenfäden isolierten Kupferdrähten. Diese Spulen waren in Form und Windungszahl einander genau gleich. Sie waren nebeneinander angeordnet, und in dem kleinen Zwischenraum zwischen ihnen war wie beim früheren Instrument eine Doppelnadel an einem Seidenfaden aufgehängt. Wenn durch diese mit den Buchstaben K und L unterschiedenen Spulen elektrische Ströme flossen, so wirkten sie im Falle gleichen Vorzeichens in ihrer Summe auf die Nadeln, im Falle entgegengesetzten Vorzeichens mit ihrer Differenz.

206. Nun wurde die zusammengesetzte Spirale angeschlossen, die Enden *A* und *B* des Eisendrahtes an die Anschlüsse *A* und *B* der Galvanometerspule *K* und die Enden *A* und *B* des Kupferdrahtes an die Anschlüsse *B* und *A* der Galvanometerspule *L*. Auf diese Weise mußten die in den Drähten erzeugten Ströme mit entgegengesetzten Richtungen durch die Spulen *K* und *L* laufen. Beim Einschieben eines kleinen zylindrischen Stabmagneten in die Spiralen gab es einen kräftigen Ausschlag der Galvanometernadel. Nach dem Abtrennen der Eisenspirale entstand allein mit der Kupferspirale ein noch stärkerer Ausschlag in der gleichen Richtung. Dagegen war allein mit der Eisenspirale eine mäßige Ablenkung der Nadel in die entgegengesetzte Richtung zu beobachten. Damit war nachgewiesen, daß der mit Hilfe eines Magneten induzierte elektrische Strom im Kupferdraht wesentlich stärker war als in einem gleichartigen Eisendraht.

207. Um eventuelle Fehler, die aus den Entfernungs-

verhältnissen der Spulen bezüglich der Nadeln oder anderen Umständen entspringen konnten, zu vermeiden, wurden die Eisen- und Kupferanschlüsse bezüglich der Galvanometerspulen *K* und *L* miteinander vertauscht. Jedoch auch hier zeigte sich die deutliche Überlegenheit des Kupfers. Die gleichen Vorsichtsmaßregeln wurden auch bei weiteren, noch zu beschreibenden Experimenten mit anderen Metallen getroffen.

208. Ich benutzte Drähte aus Eisen, Zink, Kupfer, Zinn und Blei mit gleichem Durchmesser von etwa $^1/_{20}$ Zoll und untersuchte Paare mit genau gleichen Längen von sechszehn Fuß in folgender Weise: Die

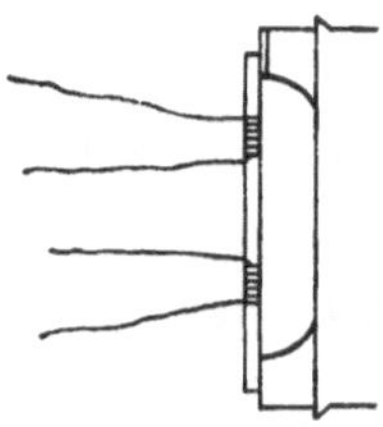

Abb. 33

Enden des Kupferdrahtes wurden mit den Anschlüssen *A* und *B* der Galvanometerspule *K* verbunden, die Zinkdrahtenden entsprechend mit *A* und *B* der Spule *L*. Der mittlere Teil der Drähte wurde je sechsmal um einen mit Papier bedeckten Weicheisenstab gewickelt. Der Stab war lang genug, um die Pole des DANIELLschen Hufeisenmagneten zu überbrücken (Abb. 33). Auf diese Weise wurden die beiden gleichartigen Drähte aus Kupfer und Zink, jeder sechsmal um den Stab gewickelt, im gleichen Abstand zu den Magnetpolen angeordnet. Die Drähte waren so angeschlossen, daß in den Galvanometerspulen *K* und *L* entgegengesetzt gerichtete Stöme fließen mußten.

209. Beim Öffnen und Schließen des magnetischen

Kontaktes zwischen dem Weicheisenstab und den Magnetpolen entstand am Galvanometer ein starker Ausschlag, der sich beim Abklemmen des Zinkdrahtes noch vergrößerte. Unter Berücksichtigung aller bereits angedeuteten Vorsichtsmaßregeln zeigte es sich überaus deutlich, daß der durch den Magneten im Kupfer induzierte Strom wesentlich stärker war als der im Zink induzierte.

210. In ähnlicher Weise wurde dann Kupfer mit Zinn, Blei und Eisen verglichen. Kupfer übertraf diese Vergleichsmetalle noch mehr als das Zink. Dies belegend zeigte sich im Experiment, daß im Zink ein stärkerer Strom als in den Metallen Zinn, Blei und Eisen induziert wurde. In gleicher Weise übertraf Eisen, Zinn und Blei. Als nächstes kam dann Zinn und zuletzt Blei.

211. Es ließ sich folgende Reihenfolge für diese Metalle aufstellen: Kupfer, Zink, Eisen, Zinn und Blei. Dies entspricht genau ihrer Reihenfolge bezüglich der elektrischen Leitfähigkeit. Mit Ausnahme von Eisen tritt diese Ordnung auch bei den Rotationsexperimenten von Babbage, Herschel, Harris et al. im Magnetfeld auf. Im Falle von Eisen entsteht bei dieser Art von Experimenten wegen seiner Magnetisierbarkeit ein zusätzlicher Beitrag, so daß seine Einordnung bezüglich der elektromagnetischen Wirkungen, wie sie hier untersucht wurden, nicht möglich ist. Die oben beschriebenen Experimente gestatten eine korrekte Einordnung.

212. Man muß festhalten, daß in den Experimenten nicht der Gesamteffekt zwischen den verschiedenen Metallen beobachtet wird. In der Drahtlänge von 34 Fuß pro Stromkreis sind je 18 Fuß Kupfer für die Galvanometerspulen enthalten. Da der gesamte Stromkreis zur resultierenden Stromstärke beiträgt, tritt eine Verringerung der Unterschiede ein, verglichen mit dem Fall, daß die Stromkreise gänzlich aus einem einheitlichen Material bestehen. Im vorliegenden Falle beträgt der Unterschied vielleicht nicht mehr als die Hälfte der Werte, die man für Stromkreise aus einheitlichem Material erhalten würde.

213. Diese Resultate scheinen zu beweisen, daß die durch elektromagnetische Induktion in Körpern erzeugten Ströme proportional zu deren Leitfähigkeit sind. Die Tatsache einer exakten Proportionalität wird meiner Meinung nach durch die vollständige Neutralität bewiesen, die in Erscheinung tritt, wenn zwei Metalle oder andere Substanzen, wie Säure, Wasser usw., mit entgegenwirkenden Eigenschaften zusammengebracht werden. Der schwache Strom, der sich in einem schlechten Leiter entwickelt, fließt leichter in einem besseren Leiter ab. Analog verringert sich die Stromintensität beim Übergang von einem guten zu einem schlechten Leiter. Die erzeugenden und hemmenden Kräfte heben sich gegeneinander auf, als würden sie sich vollständig neutralisieren. Die Hemmung verhält sich reziprok zur Leitfähigkeit. Um ein vollständiges Gleichgewicht zu erzeugen, muß sich die Tendenz zur Stromerzeugung genau wie diese hemmende Wirkung verhalten.

Royal Institution, 21. Dezember 1831

Neunte Reihe

§ 15. Über den Einfluß eines induzierten elektrischen Stromes auf sich selbst und über die induktive Wirkung elektrischer Ströme allgemein

(eingereicht am 18. Dezember 1834, vorgetragen am 29. Januar 1835)

1048. Die folgenden Untersuchungen befassen sich mit einer sehr bemerkenswerten Induktionswirkung elektrischer Ströme. Es wird der unmittelbare Zusammenhang zwischen solchen induktiven Wirkungen und dem direkten Durchgang von Elektrizität durch leitende Körper, selbst in der Gestalt von Funken, diskutiert.

1049. Die Untersuchung wurde durch einen Sachverhalt, der mir von Herrn JENKIN mitgeteilt worden ist, angeregt. Er betrifft folgendes. Verbindet man die beiden Platten eines einfachen Elementes mit einem gewöhnlichen kurzen Drahtstück, so erhält man keinen elektrischen Schlag am Draht. Benutzt man dagegen den Wicklungsdraht eines Elektromagneten, kann man jedesmal beim Unterbrechen des Kontaktes mit dem Element einen Schlag fühlen, vorausgesetzt, man hält die Drahtenden in den Händen.

1050. Gleichzeitig beobachtet man einen hellen Funken an der Stelle der Unterbrechung. Dies ist schon lange bekannt.

1051. Eine kurze Darstellung der Ergebnisse, die ich mit langen Drähten erzielt hatte, ist zusammen mit einigen Betrachtungen über deren Natur im Philosophical Magazin von 1834[1]) erschienen. Weitere Untersuchungen ließen mich die Unrichtigkeit meiner ersten Ansichten erkennen und führten zu einer Identifizierung dieser Effekte mit den Induktionsphänomenen, die ich in der Ersten Reihe dieser Experimentellen Untersuchungen dargestellt habe. Ich glaube, daß die erzielten Resultate eine Erweiterung der Kenntnisse über den elektrischen Strom darstellen und so geeignet sind, die Beachtung der Royal Society zu finden, ungeachtet der erwähnten Indentität.

1052. Das benutzte Element bestand aus einem Zinkzylinder, der zwischen den beiden Teilen eines Doppelzylinders aus Kupfer angeordnet war. Die gegenseitige Isolierung erfolgte wie gewöhnlich durch Korkstückchen. Die Höhe des Zinkzylinders betrug acht Zoll, sein Durchmesser vier Zoll. An beiden Zylindern waren kräftige Drähte befestigt, die mit kleinen mit Quecksilber gefüllten Gefäßen verbunden waren. Das Quecksilber diente dazu, den Kontakt mit Drähten, Spulen oder Elektromagneten herzustellen bzw. zu unterbrechen. Im weiteren werden diese kleinen Gefäße mit *G* und *E* bezeichnet.

---

[1]) Bd. V, S. 349, 444.

1053. Es wurden Spiralen hergestellt, von denen einige hier beschrieben werden sollen. Eine Sorte bestand aus einer Pappröhre, auf die vier Kupferdrähte mit $^1/_{24}$ Zoll Drahtstärke im gleichen Sinn aufgewickelt waren. Die einzelnen Windungen waren durch eine Schnur voneinander getrennt, übereinanderliegende Lagen durch Zwischenlegen von Kattun. Die Drahtlängen betrugen 48; 49,5; 48 und 45 Fuß. Der erste und der dritte und ebenso der zweite und der vierte Draht waren miteinander verbunden und bildeten somit Wicklungen mit 96 bzw. 94,5 Fuß Länge, die durch die Bezeichnung I und II unterschieden werden sollen. Ihre gegenseitige Isolierung wurde sorgfältig mit dem Galvanometer bei Anlegung eines kräftigen Stromes überprüft und bestätigt.

1054. Bei einer anderen Spirale waren in ähnlicher Weise zwei gleiche Kupferdrähte von je 46 Fuß auf eine Pappröhre gewickelt. Beide Wicklungen lagen in Reihe und bildeten so eine mit den vorhergehenden in der Länge vergleichbare Spirale von 92 Fuß. Sie soll mit III bezeichnet werden.

1055. Aus sehr dickem Kupferdraht von $^1/_5$ Zoll Durchmesser wurde eine vierte Spirale mit 79 Fuß Windungslänge gewickelt.

1056. Der hauptsächlich benutzte Elektromagnet bestand aus einem Weicheisenstab von 25 Zoll Länge und 1,75 Zoll Durchmesser, der so zu einem Ring gebogen war, daß sich seine beiden Enden fast berührten. Dieser Ring war mit drei parallel verknüpften Kupferdrahtlagen umwickelt. An die beiden Anschlüsse wurden Kupferstäbe als Stromzuführungen angelötet. Der durch die Kupferstäbe laufende Strom mußte sich also in drei Teile mit gleicher Richtung teilen. Man konnte daher die drei Drähte als einen einzigen Draht betrachten, jedoch mit der dreifachen Dicke.

1057. Durch Einschieben eines Weicheisenstabes in eine der beschriebenen Spulen konnten nach Belieben andere Elektromagneten hergestellt werden.

1058. Das Galvanometer war einfach aufgebaut und

besaß nur eine Magnetnadel. Seine Empfindlichkeit war nicht sehr groß.

1059. Die zu untersuchenden Effekte waren von der Art des Leiters, der zur Überbrückung der Zink- und Kupferplatten des Elementes benutzt wurde, abhängig. Dabei kamen vier verschiedene Varianten eines solchen Leiters in Frage: die Spule eines Elektromagneten, eine gewöhnliche Spule, ein langer ausgestreckter Draht und ein kurzer Draht. Das Material war in allen Fällen Kupfer.

1060. Die deutlichsten Effekte konnten mit dem Elektromagneten erzielt werden. Wenn er zur Vervollständigung des Stromkreises benutzt wurde, entstand beim Schließen des Kontaktes kaum ein merklicher Funken. Dagegen war beim Öffnen des Kontaktes ein sehr großer heller Funken, verbunden mit einer beträchtlichen Verdampfung des Quecksilbers zu beobachten. In Übereinstimmung damit konnte man beim Öffnen des Kontaktes am Element einen kräftigen elektrischen Schlag verspüren, während beim Schließen des Kontaktes nichts zu bemerken war. Die Hände wurden dabei vorher mit Salzwasser befeuchtet und mußten guten Kontakt zu den Drähten haben.

1061. Verwendete man die Wicklungen I oder III als Verbindungsleiter, so gab es ebenfalls beim Unterbrechen des Kontaktes einen kräftigen Funken, während beim Herstellen der Verbindung nichts dergleichen in Erscheinung trat. Der Versuch, unter Verwendung dieser Spulen einen elektrischen Schlag zu erhalten, verlief zunächst negativ. Als jedoch die Spulen I und II parallel zueinander genommen wurden, so daß sie als eine Spule mit doppelter Drahtstärke angesehen werden konnten, blieb ein Schlag nicht aus. Auch mit der Spirale aus dickem Draht war ein elektrischer Schlag zu erhalten. Legte man die Zunge zwischen zwei Silberplättchen, die mit den Punkten, die vorher mit den Händen berührt worden waren, leitend verbunden waren, so verspürte man wieder einen kräftigen Schlag beim Unterbrechen, jedoch nichts beim Schließen des Kontaktes.

1062. Die Fähigkeit, solche Phänomene hervorzubringen, besitzen demzufolge sowohl einfache Spulen als auch Elektromagneten, dies jedoch in unterschiedlichem Grade.

1063. Durch Einführung eines Weicheisenstabes wurde aus einer Spule ein Elektromagnet. Dies bewirkte eine bedeutende Verstärkung dieser Fähigkeit. Dagegen lieferte das Einschieben eines Kupferstabes keine feststellbaren Veränderungen. Koppelte man die beiden Wicklungen I und II zu einer Spule mit doppelter Drahtlänge, war der Effekt größer als mit I oder II allein.

1064. Weitere Versuche wurden mit einem langen Draht als Verbindungsleiter durchgeführt. Dazu wurde ein 0,18 Zoll starker und 132 Fuß langer Kupferdraht auf dem Fußboden des Laboratoriums ausgelegt. Beim Schließen gab es keinen sichtbaren Funken. Erst beim Öffnen des Stromkreises war ein heller Funken zu beobachten, dessen Intensität aber nicht die der Spule erreichte. Das Bemühen, im Moment des Öffnens einen elektrischen Schlag durch Berühren mit den Händen nachzuweisen, gelang nicht. Als ich jedoch zwei Silberplatten an die Enden des Hauptdrahtes anschloß und die Zunge zwischen die Platten legte, konnte ich einen kräftigen elektrischen Schock fühlen. Auch gelang es mir leicht, eine Flunder, einen Aal oder einen Frosch in Zuckungen zu versetzen. Keine dieser Erscheinungen ließ sich direkt am Element nachweisen, d. h., wenn im wesentlichen nur die Zunge, der Frosch oder der Fisch im Stromkreis zwischen den Zink- und Kupferplatten des Elementes lagen. Der Funken und der elektrische Schock, die nur im Moment des Unterbrechens auftraten, entsprachen genau den Erscheinungen, wie sie in stärkerem Maße bei der Spule und in noch stärkerem Maße mit dem Elektromagneten zu beobachten waren.

1077. Kehren wir zur Diskussion der Phänomene zurück. Man könnte zunächst annehmen, daß die im Drahte bewegte Elektrizität mit einer gewissen Trägheit behaftet ist. So könnte beim Unterbrechen des Stromes in einem langen Draht ein Effekt auftreten, der bei einem kurzen Draht ausbliebe. Diese Erklärung wird jedoch bereits durch die Tatsache widerlegt, daß man mit gleicher Drahtlänge sehr unterschiedliche Ergebnisse erzielen kann, je nachdem, ob der Draht ausgestreckt ist, als Spule oder als Wicklung eines Elektromagneten ausgebildet ist. Die im weiteren angeführten Experimente werden noch klarer zeigen, daß die Vorstellung einer Trägheit nicht haltbar ist.

1078. Der helle Funken am Element und der elektrische Schlag in den Armen schienen eindeutig zu ein und demselben Strom durch den langen Draht zu gehören. Dieser Strom zerfiel auf Grund der beiden Kanäle durch das Element und durch den Körper in zwei Teile. Ohne große Zweifel konnte man annehmen, daß der Funken an der Unterbrechungsstelle keine Wirkung des Elementes war, sondern durch eine unmittelbar im Verbindungsdraht ausgeübte Kraft hervorgerufen wurde. Es sollte deshalb möglich sein, durch Verwendung eines besseren Leiters als des menschlichen Körpers diesen Strom von der unmittelbaren Wirkung des Elementes abzutrennen und unabhängig zu untersuchen. Dies erwies sich als richtig. Als die Enden des Hauptdrahtes mit einem drei Fuß langen Draht gerade dort, wo vorher die Hände zufaßten, überbrückt wurden, floß praktisch der gesamte Extrastrom durch diesen neuen Kanal. An der Unterbrechungsstelle entstand nun kein besserer Funken als sonst im Falle eines kurzen Drahtes.

1079. Der so abgetrennte Strom wurde mit Hilfe eines Galvanometers und eines Zersetzungsapparates untersucht. Um Mißverständnisse hinsichtlich der Entstehung dieses Stromes zu vermeiden, soll im weiteren stets vom Strom durch den Querdraht gesprochen werden. In der Abbildung stellen *Z* und *C* die Zink- und Kupferplatten des Elementes, *G* und *E* die Quecksilbergefäße, in denen der Kontakt hergestellt oder unterbrochen wird, und *A*, *B* die Anschlüsse von *D* dar. Dabei ist *D* der zur Vervollständigung des Stromkreises benutzte lange Draht, die

Spule oder der Elektromagnet. N und P sind die Querdrähte. Bei x kann entweder ein unmittelbarer Kontakt hergestellt werden oder das Galvanometer bzw. der Elektrolyseapparat zwischengeschaltet werden. Die Erzeugung eines elektrischen Schockes mit dem Querstrom wurde bereits beschrieben.

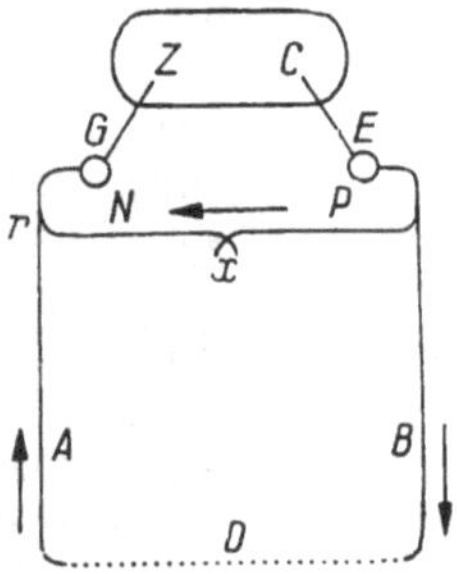

1084. Zunächst wurde die chemische Zersetzung durch den Strom im Querdraht studiert. Der Verbindungsleiter D war in diesem Falle ein Elektromagnet. An der Stelle x war ein Elektrolyseapparat mit einer Kaliumjodidlösung in Papier zwischengeschaltet. Die Leitfähigkeit des Verbindungssystems ABD war so gewählt, daß der gesamte primäre Strom hindurchfloß und beim Aufrechterhalten der Kontakte G und E bei x keine chemische Zersetzung stattfinden konnte. Die chemische Reaktion setzte erst beim Unterbrechen des Kontaktes ein. Das Jod schied sich bei N und nicht bei P ab. Daraus folgte, daß der Strom im Querdraht beim Unterbrechen des Kontaktes umgekehrt zur angegebenen Pfeilrichtung bzw. umgekehrt bezüglich des primären Stromes des Elementes floß.

1087. Die aufschlußreichsten Ergebnisse wurden jedoch mit einem bei x eingefügten Galvanometer gewonnen. D repräsentierte wiederum einen Elektromagneten. Nach dem Einschalten zeigte das Galvanometer einen Strom von P nach N an, d. h. einen Strom in Pfeilrichtung. Durch den Querdraht floß also ein Teil der vom Element gelieferten Elektrizität. Der andere, weitaus größere Teil ging durch die Anordnung ABD, wie es die Pfeile anzeigen. Die Magnetnadel wurde dann mit Hilfe zweier Stifte in ihre natürliche Ruhelage im stromlosen Zustand zurückgedreht. Als der Kontakt bei G oder E unterbrochen wurde, erfolgte der Ausschlag in die entgegengesetzte Richtung. Dies zeigt in Übereinstimmung mit der chemischen Reaktion, daß der Extrastrom im Querdraht entgegengesetzt zur Pfeilrichtung, d. h. entgegengesetzt zum Strom des Elementes fließt.

1089. Diese Experimente, die einen Unterschied in Stärke und Richtung zwischen dem primären und dem Extrastrom nachwiesen, führten mich zu dem Schluß, daß der Extrastrom mit dem induzierten Strom, wie er in der Ersten Reihe dieser Untersuchungen diskutiert wurde, identisch ist. Dies konnte bald bewiesen werden. Zugleich gelang es mir, beide Ströme vollständig voneinander zu trennen.

1090. Als Verbindungsdraht zwischen den Platten des Elementes wurde nun die Doppelspule verwendet, wobei zunächst nur I im Stromkreis lag, während II stromlos blieb. Dies lieferte einen guten Funken an der Unterbrechungsstelle. Als zusätzlich beide Anschlüsse von II kurzgeschlossen wurden, ergab sich kein bzw. ein kaum beobachteter Funken. Dann wurden die Anschlüsse von II so nahe aneinandergebracht, daß ein eventuell fließender Strom in Form eines Funkens überspringen mußte. Auf diese Weise wurde durch Unterbrechung der Verbindung von I mit dem Element an der Wicklung II ein Funken erzeugt, im Gegensatz zum vorangehenden Fall, bei dem der Funken am Anschluß von I erschienen war.

1091. Durch die Einbeziehung eines Galvanometers oder eines Elektrolyseapparates in den Stromkreis der Spule II konnte der bei Abschaltung von Spule I induzierte Strom leicht nachgewiesen werden. Selbst beim entsprechenden Einschaltvorgang gelang dies. Die Vorzeichen der beiden jeweils induzierten Ströme verhielten sich entgegengesetzt zueinander.

1100. Alle diese Phänomene beweisen, daß die Effekte auf einer induktiven Wirkung beim Abschalten des Hauptstromes basieren. Eine zeitlang dachte ich, solche Wirkungen würden auch während des Stromflusses auftreten. Ich erwartete, daß ein Stahlmagnet in Abhängigkeit von seiner Lage innerhalb der Spule einen verstärkenden Einfluß, ähnlich wie ein Weicheisenstab, ausüben würde. Dies war jedoch nicht der Fall. Harter Stahl oder ein Magnet ist keineswegs so wirksam wie weiches Eisen; auch ist die spezielle Lage des Magneten in der Spule ohne Belang. Eine einfache Begründung dafür besteht darin, daß der Induktionseffekt nicht vom Zustand des Spulenkerns, sondern von dessen möglicher Zustandsänderung abhängt. Ein Magnet oder harter Stahl vermag seinen Zustand im Moment der Kontaktunterbrechung nicht so rasch wie weiches Eisen zu verändern. Folglich kann auch kein elektrischer Strom von vergleichbarer Größe induziert werden.

1101. Die Induktionswirkung eines elektrischen Stromes im Moment seines Einschaltens ist von gleicher Stärke wie beim Ausschalten, lediglich die Richtungen sind entgegengesetzt. Der enge Zusammenhang der untersuchten Effekte mit einer induktiven Wirkung läßt den Schluß zu, daß entsprechende Effekte entgegengesetzter Natur in einem langen Draht, einer Spule oder einem Elektromagneten auftreten werden, wenn der Kontakt mit dem Element geschlossen wird. In einem langen Draht entsteht dabei im ersten Moment ein Widerstand, d. h. das Entgegengesetzte zu einem elektrischen Schlag oder einem Funken. Es ist sehr schwierig, solch ein negatives Resultat nachzuweisen. Andererseits ist es wahrscheinlich, daß gleichzeitig auch positive Effekte erzeugt werden. Einige neue diesbezügliche Fakten halte ich für wert, erwähnt zu werden.

1102. Die Anordnung bestand aus einem Elektromagneten und einem bei x liegenden Elektrolyseapparat. Das Element wurde so lange verstärkt, bis bei geschlossenen Kontakten G und E der Strom gerade ausreichte, eine schwache elektrolytische Zersetzung in Gang zu bringen (Jod schied sich am Ende des Querdrahtes P ab). Bei r war es zusätzlich möglich, den Kontakt zwischen N und A nach Wunsch zu öffnen oder zu schließen. Folgender Ablauf des Versuches wurde mehrmals wiederholt: Unterbrechen des Kontaktes bei r und dann bei G, danach wieder Schließen des Kontaktes, zuerst bei r und dann bei G. Dadurch wurde der Induktionsstrom von N nach P auf Grund der Kontaktunterbrechung unterdrückt, während der mit dem Einschaltprozeß verknüpfte Strom von P nach N beobachtet werden konnte. Auf diese Weise wurde durch mehrere aufeinanderfolgende Einschaltvorgänge ein viel größerer Zersetzungseffekt erzielt (angezeigt durch das bei P abgeschiedene Jod) als mit einem eine wesentlich längere Zeit bei geschlossenen Kontakten fließenden Strom. Ich schreibe dies der Induktionswirkung im Draht ABD zu. Im Moment des Einschaltens wird dieser Draht zu einem schlechten Leiter, bzw. der Durchfluß der Elektrizität wird für einen Augenblick gehemmt. Dadurch fließt eine größere Elektrizitätsmenge des Elementes durch den Querdraht NP. Nach dem Abklingen der Induktionswirkung erhält die Verbindung ABD wieder ihr volles, konstant bleibendes Leitungsvermögen. Wie aus früheren Experimenten bekannt ist, kann dieses Vermögen durch eine entgegengesetzte induktive Wirkung im Moment der Kontaktunterbrechung bei Z oder C wesentlich verstärkt werden.

1103. In einem weiteren Versuch wurde ein Galvanometer bei x angeschlossen. Der Ausschlag der Nadel, der sich nach dem Herstellen der Kontakte G und E einstellte, wurde dann wie früher am Zurückgehen gehindert. Das Öffnen des Kontaktes bei G oder E hatte somit keine Veränderung am Galvanometer zur Folge. Dagegen schlug die an den Hemmstiften anliegende

Nadel beim erneuten Einschalten des Stromes noch weiter aus. Damit war durch die kurzzeitige Stromerhöhung im Querleiter eine kurzzeitige Stromhemmung im Stromkreis *ABD* nachgewiesen.

1104. Ein geeigneter Platindraht, der durch den bei geschlossenen Kontakten *G* und *E* fließenden Strom gerade noch nicht ins Glühen geriet, wurde als Überbrückung bei *x* benutzt. Ein Aufglühen des Drahtes war nun leicht durch Öffnen und Schließen des Kontaktes zu erreichen. Auf diese Weise war eine momentane Stromhemmung in *ABD* beim Einschalten ebenso wie die entgegengesetzte Erscheinung beim Ausschalten des Stromes wiederum nachgewiesen. Selbstverständlich wurde das zweimalige Aufglühen des Drahtes jeweils durch Ströme verschiedenen Vorzeichens hervorgerufen.

1107. Der Vorgang, der den Beobachtungen zugrundeliegt, ist folgender. Die Induktion bewirkt eine Verringerung der im Strom bewegten Elektrizitätsmenge beim Einschalten bzw. bei einer Erhöhung des Stromes und eine entsprechende Vergrößerung beim Ausschalten bzw. einer Verringerung des Stromes im Vergleich zu einer gedachten Stromänderung ohne induktive Wirkungen.

1117. Die Induktionseffekte, die beim Ein- und Ausschalten eines Stromes auftreten (die beiden Vorgänge sind bei Stromentnahme aus einer Batterie durch ein gewisses Zeitintervall voneinander getrennt), müssen beim Durchgang einer gewöhnlichen elektrischen Entladung durch einen langen Draht im gleichen Moment wirksam werden. Ob sie sich im Falle einer exakten Gleichzeitigkeit gegenseitig aufheben oder ob sich andere Besonderheiten ergeben, bleibt noch zu untersuchen. Es ist jedoch sehr wahrscheinlich, daß der spezielle Charakter der Funken, die aus einem langen Draht gezogen werden können, teilweise von der erhöhten Intensität abhängt, die an den Rändern der Entladung durch induktive Effekte verursacht wird.

Achtundzwanzigste Reihe

§ 34. Über magnetische Kraftlinien, ihren definiten Charakter und ihre Verteilung innerhalb eines Magneten und im Raum

(Eingereicht am 22. Oktober, vorgetragen am 27. November und 11. Dezember 1851)

3070. Angeregt durch meine ersten Experimente über die Beziehungen zwischen Elektrizität und Magnetismus hatte ich die magnetischen Kraftlinien als Repräsentation der magnetischen Kraftwirkung eingeführt. Diese Linien charakterisieren nicht nur Qualität und Richtung, sondern geben auch ein quantitatives Maß an. Der häufigere Gebrauch des Begriffes der Linien in einigen Untersuchungen der letzten Zeit hat mich veranlaßt, die zugrundeliegenden Ideen noch einmal herauszuarbeiten und sorgfältig zu prüfen. Dabei wird untersucht, bis zu welchem Grade diese Vorstellungen tatsächlich zur Beschreibung magnetischer Zustände und Phänomene herangezogen werden können und nutzbringende Aussagen gestatten. Des weiteren ist zu prüfen, inwieweit sie weitergehende Konzeptionen über die physikalische Natur der Kräfte fördern und die Erklärung neuer oder alter Effekte ermöglichen.

3071. Eine magnetische Kraftlinie kann als diejenige Linie definiert werden, die von einer sehr kleinen Magnetnadel beschrieben wird, wenn die Nadel so in Längsrichtung bewegt wird, daß sie jederzeit tangential an der Bahnkurve anliegt. Eine andere Definition beschreibt sie als eine Linie, entlang derer bei Bewegung eines quergeführten Drahtes kein Strom im Draht induziert wird, während die Bewegung in eine beliebige andere Richtung einen Strom liefert; oder auch als eine Linie, die mit der

*) Philosophical Transactions, 1852, S. 1.

Richtung der magnetokristallinen Achse eines Wismutkristalls zusammenfällt. Die Richtung dieser Kraftlinien in der Nähe von Magneten und elektrischen Strömen kann leicht durch Eisenfeilspäne sichtbar gemacht werden.

3072. Die Kraftlinien besitzen nicht nur eine bestimmte Richtung, sondern auf Grund des polaren Charakters der zugrundeliegenden Kräfte werden je nach Durchlaufsinn entgegengesetzte Qualitäten beschrieben. Diese Qualitäten, die man zu unterscheiden und zu idendifizieren hat, manifestieren sich entweder in der Lage der Pole der Magnetnadel oder in der Richtung des Stromes, der in einem bewegten Draht induziert wird.

3073. Ein für die Definition der Kraftlinien wichtiger Gesichtspunkt ist die Tatsache, daß sie einen bestimmten und unveränderlichen Kraftbetrag repräsentieren. Obwohl ihre Gestalt zwischen zwei oder mehreren magnetischen Zentren oder Quellen stark variieren kann und ebenso der Raum, durch den sie laufen, verändert werden kann, bleibt doch die Summe des in einem gewissen Abschnitt mit gegebener Linienzahl enthaltenen magnetischen Flusses konstant, auch wenn man zu einem anderen Abschnitt der gleichen Linienschar übergeht. Der experimentelle Beweis dieses Charakters der Linien wird weiter unten diskutiert.

3074. Mir scheint, daß die Kraftlinien mit großem Erfolg zur Darstellung von Natur, Zustand, Richtung und Betrag der magnetischen Kräfte benutzt werden können. In vielen Fällen dürften sie, zumindest aus physikalischen Gründen, den Vorstellungen überlegen sein, welche die Kräfte als in Wirkungszentren konzentriert, etwa in den Polen von Magneten oder Magnetnadeln, annehmen oder die beispielsweise eine Art Flüssigkeit aus Nord- oder Südmagnetismus betrachten, die über die Enden oder zwischen den Teilchen eines Stabmagneten verteilt ist. Ohne Zweifel werden alle diese Methoden, wenn sie nicht zu viel aussagen wollen und sauber angewandt werden, richtige und übereinstimmende Ergebnisse liefern, jedoch ihr Anwendungsbereich bleibt unterschiedlich. Man kann für die korrekte Lösung eines speziellen Problems die Geometrie oder die Analysis heranziehen, obwohl in den meisten Fällen die eine Methode leistungsfähiger und tauglicher als die andere sein wird. Gerade wie man die Vorstellung einer Reflexion von Abbildungen oder die eines Zurückwerfens von Schallwellen für die Darstellung gewisser physikalischer Erscheinungen und Bedingungen benutzen kann, so kann auch die Vorstellung von der Anziehung und Abstoßung von Zentren oder das Konzept von magnetischen Flüssigkeiten oder auch die Idee der Kraftlinien in der Diskussion der magnetischen Phänomene angewandt werden. Ich möchte durch diese Arbeit zu einer häufigeren Benutzung der letzteren Idee beitragen.

3075. Der Begriff der Kraftlinie soll in seiner Bedeutung auf die Angabe von Stärke und Richtung der Kraft in einem gegebenen Raumpunkt beschränkt werden. Er soll zunächst nicht irgendwelche Vorstellungen über die Natur dieser physikalischen Phänomene enthalten oder davon in irgendeiner Weise abhängen. Trotzdem ist es stets vorteilhaft, wenn man sich bemüht, Methoden auszuarbeiten, bei denen die physikalischen Kräfte existieren und übertragen werden und die durch Experimente und Vergleiche in einem gewissen Grade geprüft werden können. Der größte Fortschritt in unserem Wissen entsteht, wenn das Naturgeschehen und seine Beschreibung außerordentlich gut miteinander übereinstimmen. Bezüglich des Lichtes stellen Strahlung und Äthertheorien einen solchen Fall dar. Auf dem Gebiet der Elektrizität muß man die Vorstellung einer oder zweier Flüssigkeiten anführen. Darauf baut wiederum die Idee eines Stromes auf, die in der Tat einen starken Einfluß besitzt. Sie hat zwar hin und wieder zu Verwirrungen in der Wissenschaft geführt, berücksichtigt aber den wahren Charakter der physikalischen Erscheinungen. Auch gegenwärtig schenkt man dieser Vorstellung in hohem Maße Vertrauen. Ein ähnlicher Fall ist die Idee magnetischer Flüssigkeiten oder die Annahme magnetischer Wirkungszentren, aus denen die Pole resultieren. Wie sich die magnetische Kraft durch Körper oder durch den Raum ausbreitet, wissen wir nicht. Es könnte eine reine Fernwirkung wie im Falle der Gravitation vorliegen, die Vermittlung könnte aber auch über ein gewisses Zwischenmedium wie im Falle des Lichtes, der Wärme, des elektrischen Stromes und, wie ich glaube, im Falle der statischen Elektrizität erfolgen. Die Idee der magnetischen Flüssigkeiten oder die der magnetischen Wirkungszentren beinhaltet eine solche Vorstellung der Übertragung nicht, im Gegensatz zur Idee der Kraftlinien. Trotzdem ist eine spezielle Methode zur Darstellung der Kräfte, die eine solche Übertragungsmöglichkeit nicht enthält, damit noch nicht widerlegt. Sie könnte durchaus die der Natur am besten angepaßte Methode sein. Unter den Forschern scheint der allgemeine Eindruck vorzuherrschen, daß solche Fälle bei weitem in der Überzahl vorliegen. Wenn ich mir die Beziehungen zwischen dem Vakuum und den magnetischen Kräften sowie den allgemeinen Charakter der magnetischen Phänomene außerhalb eines Magneten vor Augen halte, so neige ich selbst doch mehr zu der Ansicht, daß auf Grund der Übertragung der Kräfte außerhalb des Magneten eine Wirkung existiert und die Effekte nicht bloß eine Anziehung und Abstoßung über die Entfernung hinweg darstellen. Eine solche Wirkung könnte eine Funktion des Äthers sein. Es ist nicht gänzlich unwahrscheinlich, daß der Äther, falls er existiert, noch andere Eigenschaften besitzt als nur die Übermittlung der Strahlung. Wenn wir auf diesem Gebiete mehr Kenntnisse hätten, könnten wir vielleicht die Quelle der Widersprüche, die bei der Interpretation der Ergebnisse von COULOMB, HARRIS und anderen Forschern auftreten, lokalisieren. Es könnte sich dann herausstellen, daß solche Widersprüche in Wirklichkeit gar nicht existieren, sondern nur durch unsere teilweise oder mangelhafte Einsicht in die Phänomene und deren Ursachen bedingt sind.

3076. Die magnetischen Kraftlinien lassen sich entweder durch ihre Wirkung auf die Magnetnadel oder durch ihren Einfluß auf einen bewegten leitenden Körper nachweisen. Je nachdem, ob man die Richtung der Linien oder die an einem beliebigen Raumpunkt ausgeübte Kraft bestimmen möchte, wird man die eine oder die andere Methode mit Vorteil benutzen. Ihrer Natur nach sind jedoch die beiden Wirkungen sehr verschieden. Während die Lage der Nadel durch Abstoßungs- und Anziehungskräfte bestimmt ist, erhält man das Ergebnis im Falle des bewegten Leiters durch die Erzeugung eines elektrischen Stromes. Dieser Induktionseffekt hat nichts mit der Kraftwirkung auf die Nadel zu tun und vermittelt einen Einblick in Eigenschaften der Kraftlinien, wie sie mittels Anziehung und Abstoßung der Nadel nicht erhalten werden können. Deshalb möchte ich hier die Methode mit dem bewegten Leiter entwickeln und ihre Anwendung diskutieren.

3078. Den größten Effekt mit dem bewegten Draht erhält man nicht durch die Bewegung des Drahtes von Punkten stärkerer zu Punkten schwächerer Wirkung bzw. in umgekehrter Richtung, sondern wenn man den Draht entlang von Punkten gleicher Wirkung, d. h. senkrecht zu den Kraftlinien bewegt.

3079. Durch die Richtung des bei der Bewegung im Draht induzierten Stromes bestimmt man den Richtungssinn der Polarität ohne jegliche Diskussion der Anziehungs- oder Abstoßungseffekte.

3080. Das Prinzip kann zur Untersuchung der Kräfte in zahlreichen metallischen Körpern, aber auch in deren Umgebung benutzt werden. Störungen durch Differenzeffekte der umgebenden Medien treten selten auf, so daß man die Methode mit gleichem Nutzen in Flüssigkeiten, Gasen oder im Vakuum anwenden kann. Man wird das Prinzip dort benutzen, wo ein Arbeiten mit der Magnetnadel nicht möglich ist. Aber auch in Fällen, in denen die Anzeige der Nadel durch umgebende Medien gestört ist, liefert der bewegte Draht unmittelbare Resultate.

3081. Die Methode kann zur Bestimmung der Linien

selbst im Inneren eines Magneten herangezogen werden. Dafür ist die Magnetnadel völlig ungeeignet.

3082. Mit dem bewegten Draht erhält man sofort experimentelle Aussagen über die resultierende magnetische Wirkung vieler verschiedener Raumpunkte, sei es von den Punkten einer Fläche oder von einem anderen Kraftlinienbündel. Solche Daten lassen sich mit der Magnetnadel kaum oder nur mit größter Mühe gewinnen. Darüber hinaus sind sie dann nicht einmal zuverlässig. Es ist gleichgültig, ob der Draht direkt oder indirekt, in

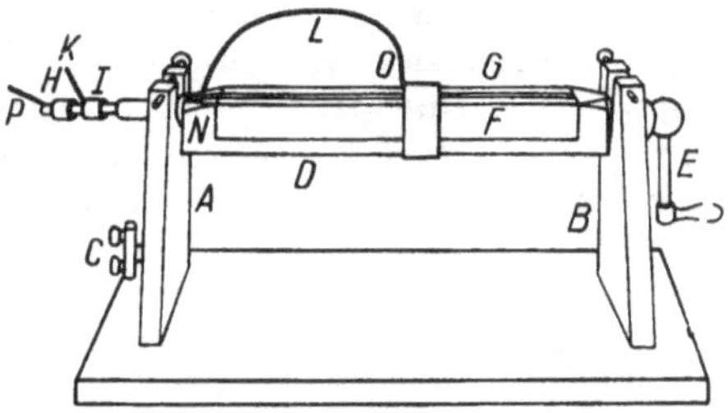

Abb. 1

der einen oder in der anderen Richtung durch die Kraftlinien bewegt wird. In jedem Falle ergibt sich im Prinzip mit der gleichen Genauigkeit ein resultierender Wert für die Kräfte, die durch die dabei geschnittenen Linien repräsentiert werden.

3084. Betrachten wir den Fall eines einfachen Stabmagneten. An seinem Beispiel soll das bereits über die Kraftlinien und den bewegten Leiter Gesagte veranschaulicht und die Linienverteilung außerhalb und innerhalb des Magneten und deren Beeinflußbarkeit und Zuordnung überprüft werden. Zu diesem Zwecke wurde folgender Apparat benutzt. Abb. 1 zeigt ein hölzernes Gestell auf einer Platte von 17,5 Zoll Länge, 6 Zoll Breite und 0,8 Zoll Dicke. Damit ist auch die Größenordnung der anderen Teile gegeben. *A*, *B* sind zwei hölzerne Ständer und *D* eine Holzachse mit zwei langen Aussparungen zur Aufnahme der beiden Stabmagneten *F* und *G*. Der gegenseitige Abstand der Magneten beträgt etwa $^1/_{15}$ Zoll. Von *O* aus in Richtung des Ständers *A* wurde das Holz zwischen den Magneten entfernt, so daß ein Einschnitt entstand, der sich bis zum Ende der Achse *P* erstreckt. Dieser Einschnitt dient zur Aufnahme eines Drahtes, der entlang der Drehachse und dann zwischen den beiden Magneten hindurch bis zu einem beliebigen Punkt zwischen *O* und *N* läuft. Von da aus kann er außerhalb der Achse bis zum Anfang *P* zurückgeführt werden. Die beiden Magneten sind symmetrisch zur Drehachse angeordnet. Mit der Kurbel *E* werden die Drehungen ausgeführt. *H* und *I* sind zwei straff auf der Achse sitzende Kupferringe. Sie vermitteln den Kontakt zwischen dem Draht, der zusammen mit den Magneten rotiert, und den festen Drahtenden, die zum Galvanometer führen. *PL* stellt einen isolierten Draht dar, der auf der Sohle des Einschnitts entlang der Achse bis zum mittleren Teil der Magneten verläuft, rückwärts wieder bei *N* in den Einschnitt eintritt und schließlich bei *K* endet. Wenn die Form der Drahtschleife fixiert ist, wird ein geeignetes Hölzchen bei *K* zwischen die beiden Drähte in die Nut geschoben. Es preßt den oberen Draht gegen den Ring *I* und den unteren in die Nut, so daß beide Drähte fixiert und voneinander getrennt sind. Danach wird der zweite Ring *H* auf die Achse geschoben. Ein kleiner Holzkeil am Ende der Achse dient dazu, das Drahtende *P* in festen Kontakt zum Ring *H* zu bringen. Auf diese Weise können die Drähte zusammen mit den Magneten gedreht werden. Zwei Klammern bei *C* dienen zur Befestigung der Galvanometerdrähte (Kupfer), zwei weitere drücken auf Grund ihrer Elastizität gegen die Ringe und stellen den Kontakt her. Am Kontakt entsteht kein zusätzlicher Strom, weder durch unterschiedliches Material noch durch Reibung.

3085. Die beiden Magnete sind Stäbe von je 12 Zoll Länge, 1 Zoll Breite und 0,4 Zoll Dicke. Ein Magnet wiegt 19 Unzen. Die Stärke des Magneten ist so groß, daß sie sich gerade selbst in der Schwebe halten können. Mit den gleichnamigen Polen aneinanderliegend auf der Achse befestigt wirken sie wie ein einziger, in der Mitte geteilter Magnet. Ihre Befestigung erfolgt durch eine Verschnürung oder durch einen Kupferring, der Achse und Magneten fest umschließt.

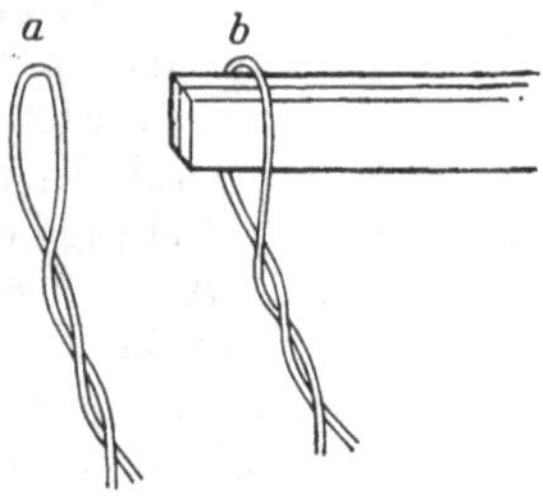

Abb. 2

3086. Zur Messung wurde ein sehr empfindliches Galvanometer von RHUMKORFF benutzt. Seine Entfernung von der Magnetanordnung betrug etwa 6 Fuß, so daß es durch eine Drehung der Anordnung nicht beeinflußt werden konnte. Die Verbindungsdrähte zu den Magneten bestanden aus Kupfer von 0,04 Zoll Durchmesser und einer Gesamtlänge von etwa 25 Fuß. Die Drahtlänge im Galvanometer ist mir nicht bekannt; die Drahtstärke war $^1/_{135}$ Zoll. Die Verhältnisse zwischen dem Galvanometer, den Drähten und den Magneten waren so ausgelegt, daß die Galvanometernadel zwei Grad und mehr abgelenkt wurde, wenn der zu einer Schleife gebogene Draht einmal über die Pole der zusammengelegten Magnete, d. h. von *a* und *b* gemäß Abb. 2, bewegt wurde. Die Schwingungen der Nadel waren langsam, so daß der Vorgang leicht fünf- oder sechsmal wiederholt werden konnte. Durch mehrmaliges Öffnen und Schließen des Kontaktes mit dem Galvanometer in geeigneten

Abständen, so daß sich die Induktionseffekte überlagerten, ließ sich eine einseitige Ablenkung der Nadel von 10° bis 15° leicht erreichen. Die Anordnung besaß folglich eine für erste Experimente ausreichende Genauigkeit. Allerdings war der Widerstand des dünnen und langen Galvanometerdrahtes angesichts der schwachen Ströme beträchtlich. Wegen seiner konstanten Größe störte er jedoch die Ergebnisse in den Fällen nicht, bei denen der Gesamteffekt 0° betrug oder bei denen es sich nicht um Absolut-, sondern um Vergleichsmessungen handelte.

3087. Das erste praktische Ergebnis, das bezüglich der elektromagnetischen Induktion mit dem beschriebenen Apparat erzielt wurde, bestand darin, daß in einem quer zu den magnetischen Kraftlinien bewegten Stück Metall oder leitender Materie ein elektrischer Strom erzeugt wurde. Eine etwas einschränkendere und genauere Interpretation des Effektes besteht in folgendem. Stellen wir uns einen geschlossenen Stromkreis aus leitender Materie in einem Festkörper oder einer Flüssigkeit oder auch in Gestalt von Metalldrähten in einem nichtleitenden Material oder im Raum vor. Dieser Stromkreis werde bewegt und schneide dabei magnetische Kraftlinien, bzw. er bleibe selbst in Ruhe und schneide Kraftlinien infolge der Bewegung des Magneten. Wenn durch die Art der Winkelbewegung oder durch entgegengesetzte Bewegungen verschiedener Abschnitte des Stromkreises oder auch durch Ungleichheit der Bewegung in einer Richtung ein Teil des Stromkreises mehr bzw. weniger Linien als der andere Teil schneidet, dann wird im Stromkreis ein Strom entstehen, eben auf Grund der sich unterscheidenden Verhältnisse der verschiedenen Abschnitte des Stromkreises während der Bewegung. Die Richtung des Stromes bestimmt sich bei gegebener magnetischer Polarität aus der Richtung der Bewegung im Linienfeld und aus den relativen Anteilen geschnittener Kraftlinien, welche die einzelnen Abschnitte des Stromkreises beitragen.

3091. Im ersten Versuch wurde der Draht entlang der Achse des Magneten bis zur Mitte geführt, dort aus dem Bereich des Magneten herausgebogen und außen zurückgeführt. Abb. 4 zeigt diese Anordnung. Der von *a* nach *b* und von *b* nach *c* außerhalb des Magneten zurückgeführte Draht umschließt also in einer einzigen Windung alle Kraftlinien, die vom Ende *N* des Magneten ausgehen.

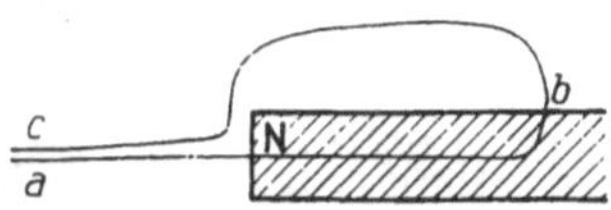

Abb. 4

Mit anderen Worten, der so gebildete Stromkreis durchschneidet bei variabler Drahtführung *b c* das Liniensystem des Magneten gerade einmal. Um einen eindeutigen Bezugspunkt zu haben, stellen wir uns einen Beobachter an der Kurbel *E* von Abb. 1 mit dem Blick auf die Magneten vor. Die Magneten seien so fixiert, daß sich die Drahtschleife *b c* nach links in eine horizontale Ebene erstreckt. Bewegt man die Schleife bei stationärem Magneten auf die rechte Seite, so entspricht dies einer direkten Drehung um 180° im Uhrzeigersinn, und das Galvanometer wird einen schwachen Strom mit gegebener Richtung anzeigen. Geht man in umgekehrter Richtung wieder in die Ausgangslage zurück, wird das Galvanometer einen entsprechenden Strom mit anderem Vorzeichen anzeigen. Wird der Draht in der vertikalen oder irgendeiner anderen Ebene festgehalten, während der Magnet eine halbe Drehung ausführt, hat das ebenfalls die Induktion eines Stromes zur Folge. Bei Drehung in die andere Richtung entsteht wiederum ein Strom mit entgegengesetztem Vorzeichen. Die Richtung des Stromes bei der direkten Drehung des Drahtes entspricht der bei der umgekehrten Drehung des Magneten. Analog stimmt die Stromrichtung bei der umgekehrten Drehung des

Drahtes mit der Stromrichtung bei der direkten Drehung des Magneten überein. Präzisere Angaben über die Richtungsbeziehungen zwischen Strom, magnetischer Polung und Drehung des Drahtes oder des Magneten sind im Moment nicht erforderlich, sie können jederzeit im Zusammenhang mit dem allgemeinen Gesetz gemacht werden.

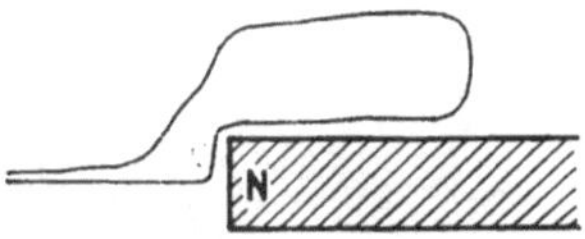

Abb. 5

3092. Wenn Magnet und Drahtschleife zusammen in gleichem Sinne gedreht wurden, zeigte sich keinerlei Stromerzeugungseffekt. In diesem Falle hätte der Effekt ohne Schwierigkeit bedeutend verstärkt werden können, da 10, 20 oder beliebig mehr Umdrehungen möglich waren. Insbesondere war es leicht möglich, innerhalb der Zeit, die die Galvanometernadel für eine Schwingung in einer Richtung brauchte, 30 Umdrehungen und mehr zu machen. Es wäre ebenfalls nicht schwierig gewesen, einen eventuellen Effekt am Galvanometer durch rechtzeitige Umkehrung der Rotation zu speichern. Jedoch gelang es nicht, irgendeinen Induktionseffekt durch gleichzeitiges starres Drehen von Magnet und Draht nachzuweisen.

3093. Die Drahtschleife wurde dann etwas von der Achse des Magneten weggebogen, jedoch durch ein Stück Pappe so befestigt, daß Magnet und Schleife mit der gleichen Winkelgeschwindigkeit rotierten (s. Abb. 5). Wie auch die Form oder die Lage der Schleife gewählt wurde, ob groß oder klein, entfernt oder nahe am Magneten, offen oder geschlossen, in einer Ebene liegend oder gekrümmt, bei einer starren Bewegung mit dem Magneten gab es keinen Induktionsstrom.

3094. Auch als die Schleife außerhalb der Magneten unbeweglich angebracht wurde, während sich die Achse mit den Magneten drehte, ergab sich unabhängig von der Rotationsgeschwindigkeit keinerlei Strom in der Schleife.

3095. Die Drahtschleife wurde dann aus zwei Teilen zusammengesetzt. Teil *c* außerhalb des Magneten (Abb. 6) wurde bei *b* befestigt, während das davon getrennte

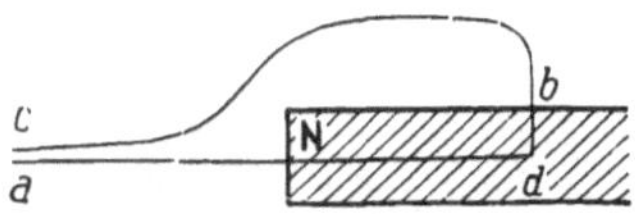

Abb. 6

Drahtstück *a* entlang der Achse geführt und bei *d* mit dem anderen Stück in Kontakt gebracht wurde. Der eine Teil der Schleife konnte so mit oder ohne den anderen Teil gedreht werden, ohne dabei den metallischen Kontakt bzw. den Stromkreis für den Induktionsstrom zu unterbrechen. Bei Fixierung des äußeren Drahtes und des Magneten ließ sich allein durch Drehungen des Drahtes *a*

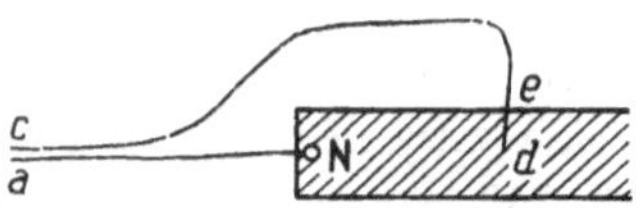

Abb. 7

um seine Achse kein Strom induzieren. Auch bei gemeinsamer Drehung des Magneten mit dem Drahtstück *c d* war unabhängig davon, ob der Draht *a* mitgedreht wurde oder nicht, kein Strom zu beobachten. Ein Strom wurde wie früher induziert, als der Magnet ohne das äußere Drahtstück *c d* oder dieses ohne den Magneten gedreht wurde.

3096. Der Magnet wurde nun in folgender Weise in den Stromkreis eingefügt. Gemäß Abb. 7 wurde der Draht *a* bei *N* (d. h. an den Polen) beidseitig mit den Magneten metallisch verbunden, während das Teilstück *c* bei *d* mit dem Zentrum in Kontakt gebracht wurde. Das Beobachtungsergebnis entsprach genau dem vorhergehenden Fall, als der Draht *a* bis *d* lief, d. h., eine beliebige gemeinsame Drehung des Magneten mit dem Drahtstück *c* vermochte keinen elektrischen Strom zu erzeugen. Dieses Ergebnis änderte sich nicht, als *c* bereits bei *e* mit den Magneten verbunden wurde, auch nicht, als das Draht-

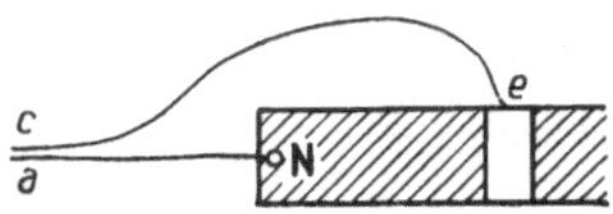

Abb. 8

stück *a* bis zum Zentrum *d* verlängert wurde, während die Verbindung *c e* verblieb. Damit zeigte sich, daß die Komplettierung des Induktionsstromkreises zwischen *N* und *d* bzw. *d* und *e* durch den Magneten anstelle eines isolierten Kupferdrahtes keine Veränderungen erbrachte. Drehungen des Drahtstückes *a* allein lieferten keinen Effekt, unabhängig vom gewählten Kontaktpunkt mit dem Magneten.

3097. Um den Einfluß von Rotationen des Magneten bei festem äußeren Draht zu untersuchen, wurde ein Kupferring am Mittelteil des Magneten angebracht. Gemäß Abb. 8 wurde der äußere Draht *c* an diesem Ring, aber auch am Ring *H* auf der Achse (Abb. 1) angeklemmt. Dieser Stromkreis erwies sich als geschlossen. Bei festgehaltenem Draht *c e* und rotierendem Magneten ergab sich nun ein Strom, dessen Stärke nur von der Drehzahl, nicht aber davon abhing, ob der Draht *a* bereits bei *N*, im Zentrum des Magneten oder am Kupferring *e* endete. In Übereinstimmung mit den vorher beschriebenen Beobachtungen entstand ein Strom mit entgegengesetztem Vorzeichen, als der äußere Draht bei ruhendem Magneten um die Achse gedreht wurde. Auch das Resultat bei gemeinsamer Drehung von Draht und Magneten entsprach genau dem früheren. Ein Strom in erwarteter Größe wurde induziert, als lediglich der Magnet gedreht wurde, innerer und äußerer Draht jedoch fest blieben. Dabei spielte es keine Rolle, ob der axiale Draht *a* am Pol oder im Mittelteil des Magneten angeklemmt war.

3098. Es wurde eine andere Anordnung von Magnet und Drähten getestet. Wie in Abb. 9 skizziert, wurde im

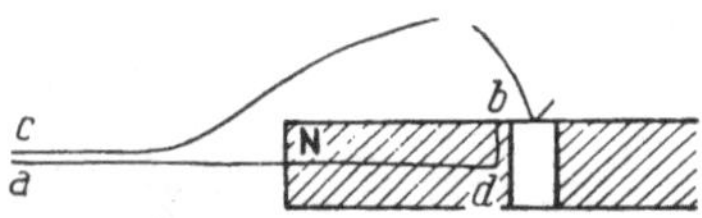

Abb. 9

Mittelteil der Magneten ein kleiner radialer isolierter Draht zwischen *d* und dem äußeren Rand *b* befestigt. Im Zentrum *d* bestand Kontakt mit dem durch die Pole hindurchlaufenden Axialdraht. Der äußere Teil des Stromkreises war wie üblich über den Pol hinweggeführt und am Kupferring angeklemmt. Bei einer Drehung des Magneten allein, d. h. ohne axialen und äußeren Draht, ergab sich nun wieder der erwartete Induktionsstrom. Der kleine Verbindungsdraht *d b* war dabei der wesentliche Teil, in dem der Strom induziert wurde. Er ersetzte gleichzeitig den Magneten bei der Vervollständigung des Stromkreises.

3099. Der äußere Draht wurde nun nicht sofort über dem Pol, bei dem der Axialdraht eintrat, zurückgeführt, sondern noch weiter über den anderen Pol hinweggezogen. Trotzdem erbrachte die Rotation des Magneten genau die gleichen Resultate wie früher. Aus Abb. 10 läßt sich entnehmen, daß sich das allgemeine Ergebnis auf Grund des angenommenen Wirkungsprinzips nicht verändert, wie man die Drähte auch führt. Der axiale Draht sei wieder mit *a* bezeichnet, *b′*, *b″*, *b‴* seien äquatoriale Drähte in verschiedenen Lagen. Die Anzahl der geschnittenen magnetischen Kraftlinien hängt nun nicht von der speziellen Lage dieses letzteren Drahtes ab. Die Drahtlänge zwischen den Schnittpunkten mit den Kraftlinien erwies sich experimentell als unwesentlich.

3100. Solange man die Kräfte des Magneten betrachtet, kann vorausgesetzt werden, daß die beiden in den Experimenten benutzten Magneten wie ein einziger zentraler

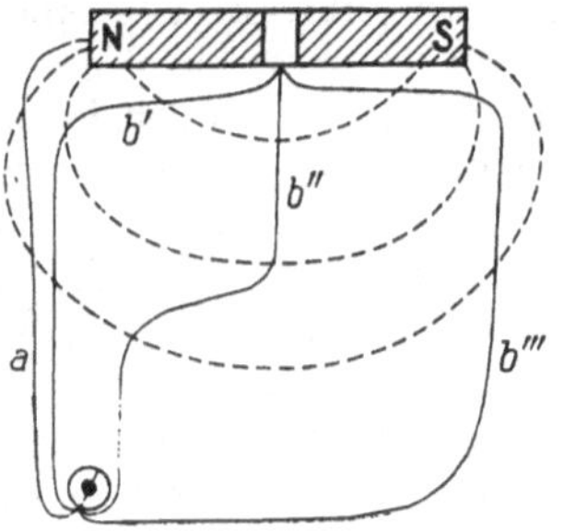

Abb. 10

Magnet wirken. Wir brauchen uns nur vorzustellen, daß der schmale, nicht von dem Draht ausgefüllte Zwischenraum mit ähnlichen kleineren Magneten ausgefüllt wird und so ein vollständiger Magnet entsteht. Wir können ihn auch als einen perfekten Magneten ansehen, von dem gewisse Teile entfernt worden sind, ohne daß dadurch die allgemeine Kräfteverteilung gestört wird. Innerhalb und in der Umgebung des Stabmagneten sind die Kräfte in sehr einfacher und regelmäßiger Weise verteilt. Nehmen wir an, daß der Magnet keinen anderen magnetischen Einflüssen unterliegt, dann muß sich gemäß der bekannten Gesetzmäßigkeiten sein Wirkungsbereich bis zu einem beliebigen Abstand erstrecken. Machen wir uns die Vorstellung der Kraftlinien zu eigen, so muß ein Draht oder eine Linie, die sich von einem Punkt des magnetischen Äquators des Stabmagneten zum Pol und von dort weiter zu einem entsprechenden Punkt auf der entgegengesetzten Seite des magnetischen Äquators erstreckt, alle in dieser Ebene liegenden Kraftlinien schneiden. Im Falle des anderen Poles gilt das gleiche. Ein Draht, der sich von dem Punkt auf der magnetischen Achse am Ende des Magneten bis zu einem Punkt auf dem magnetischen Äquator erstreckt, muß die Hälfte der Linien in der entsprechenden Ebene schneiden. Dies hängt nicht von seiner Länge ab. Es ist auch möglich, daß der Draht dabei eine Bahn beschreibt, die von einer Ebene in eine andere übergeht.

3101. Wenn ein Draht, wie er gerade beschrieben wurde, einmal um das jeweilige Ende des Magneten gedreht wird, wobei man sich einen Schleifkontakt am Äquator vorstellen kann, so muß er dabei alle Kraftlinien schneiden. Der Kontakt am Pol braucht in diesem Falle nicht direkt auf der magnetischen Achse zu liegen, er kann sich an irgendeinem, aber festgehaltenen Punkt am Ende des Stabes befinden. Dies gilt auch, wenn der Magnet der Induktionswirkung anderer, entfernter magnetischer Körper unterworfen ist und dadurch seine Linienverteilung, verglichen mit dem Fall eines unabhängigen Stabes, eine unregelmäßige, vielleicht sogar bis zur Hufeisenform verzerrte Gestalt annehmen kann. Wir betrachten einen Draht, dessen Ende an irgendeinem Punkt der Oberfläche des Magneten anliegt, während das andere Ende einmal auf dem magnetischen Äquator umläuft. Die Drahtschleife soll dabei über einen Pol hinweglaufen, ehe sie die Ausgangslage erreicht. Es ist leicht einzusehen, daß der Draht bei dieser Bewegung jede zum Magneten gehörende Kraftlinie einmal schneidet.

3107. In einem weiteren Experiment wurde der Einfluß des Abstandes zwischen dem Draht *c* und dem Magneten untersucht (s. Abb. 11). Die Drahtlänge (Kupferdraht von 0,04 Zoll Stärke) schwankte von 8 Zoll bis zu 6 oder 8 Fuß. Im ersten Fall betrug der Abstand vom Magneten nur ein halbes Zoll, im letzteren war er sehr groß. Für jeweils zehn Umdrehungen des Magneten wurden die Galvanometerausschläge beobachtet und die Mittelwerte aus mehreren Messungen für jede Lage des Drahtes gebildet. Die Mittelwerte für die verschiedenen Drahtanordnungen stimmten genau überein. Sie betrugen 9,5°. Ich hatte mich bemüht, diese Versuche mit bewegtem Draht und stationärem Magneten zu wiederholen. Dies fiel nicht so eindrucksvoll aus, da das Tempo nur kleinere Ausschläge gestattete. Die gleiche Anzahl von Bewegungsschritten im Winkelbereich von 180 Grad ergab jedoch für alle Anordnungen des Drahtes einen übereinstimmenden Galvanometerausschlag. Der Ausschlag entsprach dem, der mit rotierendem Magneten und festem Draht erzielt worden war.

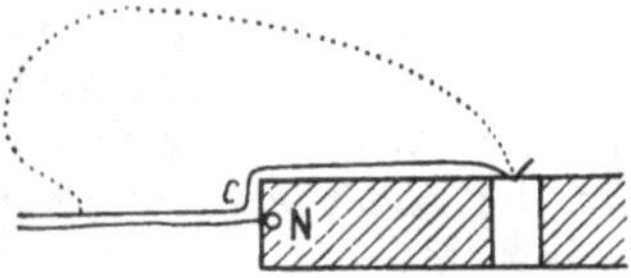

Abb. 11

3109. Aus diesen Ergebnissen können wir folgende Schlüsse ziehen. Der Wert der magnetischen Kraft, wie sie sich in ihrem Vermögen, einen elektrischen Strom zu erzeugen, zeigt, liegt für eine gewisse herausgegriffene Kraftlinie fest, sei der betrachtete Punkt weit oder weniger weit vom Magneten entfernt, d. h., der Wert verändert sich auf dem Wege längs einer bestimmten Kraftlinie nicht, unabhängig von deren Form und Entfernung. Dies kann man den Experimenten, bei denen Magnet und Draht den Stromkreis bildeten, entnehmen. Ebenso zeigt sich dies, wenn Drahtschleife und Magnet zusammen rotieren, d. h., wenn sich die Bestrebungen, Ströme zu erzeugen, genau kompensieren.

3110. In diesen Experimenten kann man sehr unterschiedliche Linienabschnitte außerhalb des Magneten miteinander vergleichen. Beispielsweise kann der Draht so geführt werden, daß er die Kraftlinien in der Nähe des

Poles schneidet, dann entlang einer Kraftlinie bis über den Äquator weiterläuft, dort die gleichen Kraftlinien in entgegengesetzter Richtung schneidet und dann auf einer anderen Kraftlinie zum Ausgangspunkt zurückkehrt. Auf diese Weise werden zwei Oberflächenabschnitte verglichen. Es ist leicht einzusehen, daß in jede geschlossene Drahtschleife, die sich in einer Ebene durch die Achse des Magneten erstreckt, genau die gleichen Kraftlinien hinein und aus ihr auch wieder herauslaufen, obwohl die Linien in einem Teil dichter als in einem anderen liegen können bzw. nach der Ausdrucksweise der Strahlungstheorie die Intensität von Punkt zu Punkt variieren kann. Es ist ebenso klar, daß eine Schleife, die nicht in einer einzigen Ebene liegt und eine vollständige Drehung mit oder ohne Magneten ausführt, mit ihren gegenüberliegenden Abschnitten genau die gleiche Kraftlinienzahl schneidet. Damit kann ein experimenteller Vergleich verschiedener Abschnitte bezüglich der Kraftlinienmenge in größerem Umfang durchgeführt werden.

3111. Die Ergebnisse beweisen, daß es weder einen Verlust oder eine Vernichtung noch einen latenten Zustand der magnetischen Wirkung im Raum gibt.

3112. Ebenso verursacht eine Konvergenz oder eine Divergenz der Kraftlinien keine Unterschiede in ihrem Beitrag.

3113. Der Winkel, mit dem die Kraftlinien an den einzelnen Punkten geschnitten werden, braucht keine Rolle zu spielen. Man kann sich leicht Schleifen vorstellen, bei denen die Kraftlinien entweder überall senkrecht bzw. teilweise senkrecht, teilweise schräg oder überall mit einem gewissen Winkel geschnitten werden, und doch wird in allen Fällen das gleiche Resultat beobachtet.

3114. Des weiteren ist aus den Ergebnissen, die durch Rotationen von Draht und Magnet erzielt wurden, klar ersichtlich, daß der bei einer gleichförmigen Bewegung in einem Magnetfeld konstanter Stärke induzierte elektrische Strom in einem festen Verhältnis zur Zeit und auch zur Geschwindigkeit der Bewegung steht.

3115. Die Experimente beweisen ganz allgemein, daß die Elektrizitätsmenge, die in einem Strom fließt, der Anzahl der geschnittenen Linien proportional ist.

3122. Andererseits macht es die von mir empfohlene Darstellung der realen magnetischen Kräfte durch Kraftlinien wünschenswert, eine Einheit, die experimentell reproduzierbar ist, für diese Wirkung zu finden, ebenso wie man dies für Licht- oder Wärmestrahlen zu besitzen wünscht. Es scheint mir durchaus wahrscheinlich zu sein, daß die weitere Forschung einen solchen Standard bringen wird. In der Zwischenzeit können die Linien auf Grund ihrer Vorteile und der Möglichkeit einer grafischen Darstellung der Verhältnisse zur Repräsentierung dieser Einheit benutzt werden. In einer solchen Weise habe ich die Linien bereits in vorhergehenden Reihen dieser Untersuchungen benutzt. Dabei läßt sich die Richtung der Kraftlinien sofort ersehen, während der relative Wert oder Betrag der Kraft bzw. der Kraftlinien in einem gegebenen Raumgebiet durch ihre Konzentration, d. h. durch ihre Zahl pro Raumeinheit angezeigt wird. Eine solche Einführung von Einheitslinien enthält, wie ich glaube, keine Fehler, weder in der Angabe der Richtung der Polarität noch bezüglich des Betrages der Kraftwirkung.

3171. Betrachten wir das Verhältnis von Induktionsstrom und elektrischer Leitfähigkeit der jeweiligen Substanz, so kommen wir zu der Annahme, daß in Stoffen wie Wasser, Wachs, Glas usw. nur deshalb kein Induktionsstrom auftritt, weil deren Leitfähigkeit verschwindend gering ist. Ich nahm an, daß in solchen Nichtleitern wie Schellack, Schwefel usw. einige Effekte statischer Elektrizität erzielt werden könnten, wenn man analog vorginge wie bei Metallen, jedoch, die zahlreichen diesbezüglichen Experimente in starken Magnetfeldern brachten keine brauchbaren Ergebnisse.

3172. Alle beschriebenen Resultate wurden mit bewegten Metallen erhalten. Die reine Bewegung sollte jedoch keine Erscheinung erzeugen, die nicht irgendwie auf der

Existenz eines gewissen Ausgangszustandes basiert. Deshalb sollten ruhende Metalle in einer gewissen Beziehung zu den Kraftzentren stehen. Eine solche Beziehung dürfte nicht von den para- oder diamagnetischen Eigenschaften abhängen, da in einem in dieser Hinsicht unmagnetischen Metall ebenso ein elektrischer Strom induziert wird. Sie ist auch nicht mit der Anziehung oder Abstoßung der Metalle zu vergleichen und daher nicht von magnetischer Art im gewöhnlichen Sinne. Eisen, Kupfer und Wismut verhalten sich im magnetischen Sinne sehr unterschiedlich, doch bei einer Bewegung im Kraftlinienfeld erhält man ein übereinstimmendes allgemeines Resultat, das nur durch die elektrische Leitfähigkeit modifiziert wird.

3173. Wenn es gelingt, solche Bedingungen oder Beziehungen experimentell zu verifizieren und damit die Vorstellung eines elektronischen Zustandes neu zu beleben und zu begründen, dann werden wahrscheinlich Stoffe wie Wasser, Öl, Harz usw. durch einen einheitlichen Zustand charakterisiert werden können. Die verschwindende Leitfähigkeit, welche die Ausbildung eines Stromes verhindert, steht nicht im Widerspruch zu einem solchen Zustand, der dem Bewegungseffekt vorausgeht. Ein Kupferstück, in dem kein Strom fließt, weil es sich nicht in einem Stromkreis befindet, und ein Stück Lack, in dem wegen der mangelnden Leitfähigkeit kein Strom fließt, könnten sich in einem besonderen, aber analogen Zustand befinden, wenn sie in einem Magnetfeld bewegt werden.

3174. Am Schluß dieser Arbeit möchte ich noch einmal meine Überzeugung ausdrücken, daß die Vorstellung der Kraftlinien eine richtige, der Natur entsprechende Darstellung der magnetischen Wirkung ermöglicht. Alle experimentell faßbaren Gesichtspunkte scheinen durch diese Vorstellung gut und richtig beschrieben zu werden. Eine allgemeine Darstellung von Kraftwirkungen sollte auch elektrische Kräfte einschließen. In dieser Hinsicht scheint mir die Idee der Kraftlinien gegenüber der

Methode, magnetische Kräfte durch Wirkungszentren darzustellen, überlegen zu sein. Beispielsweise ist es offenbar unmöglich, die magnetischen Kräfte eines stromdurchflossenen geraden Drahtes durch Wirkungszentren darzustellen, während eine Darstellung durch Kraftlinien leicht möglich ist. Bei der Untersuchung der Kraftlinien habe ich in einem längeren Zeitraum zahlreiche Fakten zusammengetragen, die, wie ich glaube, ihren Nutzen und ihre Fruchtbarkeit beweisen. Die Benutzung der Linien ist mir in der Tat so vertraut geworden, insbesondere während meiner letzten Untersuchungen, daß ich für sie unbewußt voreingenommen sein könnte und so aufgehört hätte, ein kritischer Betrachter zu sein. Doch habe ich mich stets bemüht, das Experiment als Test und Kontrolle der Theorie heranzuziehen, ohne im Falle der Kraftlinien auf einen Fehler oder Widerspruch gestoßen zu sein.

Neunundzwanzigste Reihe*

§ 35. *Über die Anwendung von Induktionsströmen als Test und Maß für magnetische Kräfte*

(Eingereicht am 31. Dezember 1851, vorgetragen am 25. März und 1. April 1852)

3177. Mein Vorschlag, die induzierten Ströme als experimentellen Nachweis von Anwesenheit, Richtung und Betrag magnetischer Kräfte zu benutzen, macht es erforderlich, daß ich die Prinzipien herausarbeite und ein praktisches Meßverfahren entwickle. Insbesondere muß bestätigt werden, daß die Stärke des in einem bewegten Draht induzierten Stromes genau durch die Menge der vom Draht geschnittenen magnetischen Kraftlinien gegeben wird. Der Beweis wurde bereits geführt und sollte

*) Philosophical Transactions, 1852, S. 137.

für denjenigen, der die Experimente wiederholen kann, ausreichend sein. Doch um die Beweisführung noch weiter auszubauen, wie es vielleicht in der ersten Behandlung eines solchen Vorschlages angebracht ist, habe ich weitere Experimente im Magnetfeld der Erde angestellt. Das Erdfeld hat den Vorzug, im Gegensatz zum Feld kleiner Magneten nur schwach mit der Entfernung veränderlich zu sein, so daß es an einem gegebenen Punkt als homogen in Stärke und Richtung angesehen werden kann. In einem von anderen Magneten freien Raum besitzen die Kraftlinien des Erdmagnetismus sowohl eine definierte Richtung, wie sie durch eine freie Nadel oder mit anderen Mitteln angezeigt wird, als auch eine konstante Verteilungsdichte. An jedem Punkt wird folglich die gleiche Kraft ausgeübt. Ihre Relation zu dem in einem bewegten Draht induzierten Strom ist somit einfacher und direkter als im Falle eines kleinen Magneten, bei dem sich die Kräfte stark mit dem Abstand ändern...

Rotierende Rechtecke und Ringe

3192. In den Experimenten mit den magnetischen Kräften der Erde habe ich als Form des bewegten Drahtes entweder ein Rechteck oder einen Ring gewählt. Betrachten wir das in Abb. 3 dargestellte Drahtrechteck, das sich in einer Ebene senkrecht zu den Linien befinden soll. Bei einer vollen Drehung um die Achse *ab* werden die Abschnitte *cd* und *ef* die durch die Fläche *cedf* laufenden magnetischen Kraftlinien zweimal schneiden. Innerhalb der ersten 180° liefern die beiden Abschnitte *cd* und *ef*, welche die Linien jeweils in entgegengesetzten Richtungen schneiden, einen Strom, der sich in einer gegebenen Richtung durch das Rechteck bewegt. Während der nachfolgenden 180° entsteht ein Strom in umgekehrter Richtung, d. h., wenn der erste Strom von *d* über *ce* und *f* nach *d* zurückfließt, so fließt der zweite Strom in der Richtung *dfcd*. Öffnet man das Rechteck bei *b* und verbindet die Enden mit einem Kollektor, der die Umpolung gerade vornimmt, wenn sich das Rechteck in der Ebene senkrecht zu den Linien befindet, d. h. nach jeder Halbdrehung, dann werden die Strombeiträge gleichgerichtet und können dem Galvanometer zur Messung zugeleitet werden. Die Abschnitte *ce* und *df* des Rechteckes sind als einfache Leiter zu betrachten. Sei schneiden bei ihrer Bewegung keine Kraftlinien und tragen somit zur Induktion nicht bei.

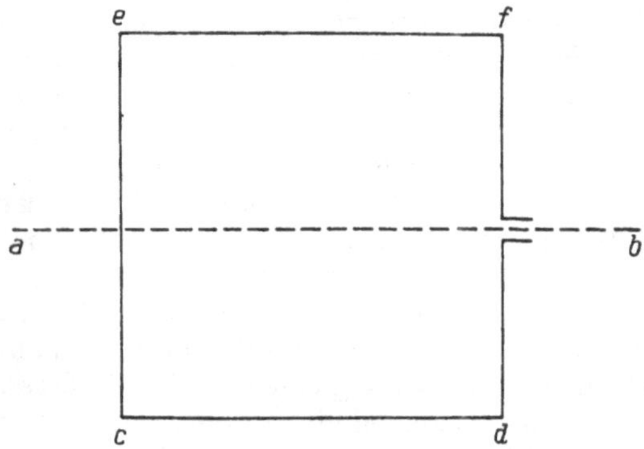

Abb. 3

3193. Die in Abb. 4 dargestellte Vorrichtung dient zur Führung der rechteckigen Drahtschleife und enthält gleichzeitig den Kollektor zur Umpolung der Induktions-

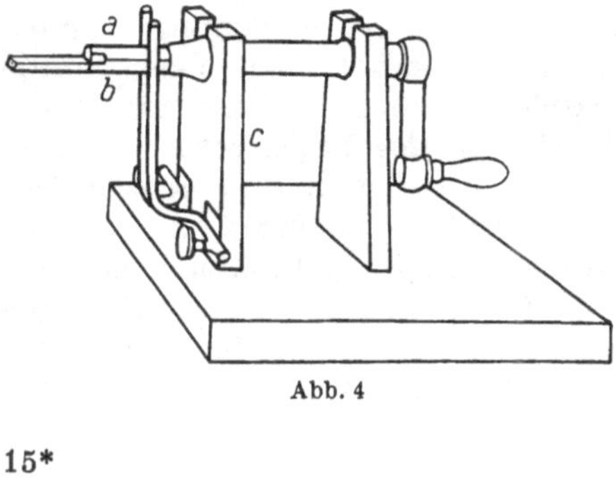

Abb. 4

ströme. Sie besteht aus zwei auf einer Holzplatte befestigten Ständern, über denen eine horizontale Holzachse liegt. Das eine Ende der Achse ist mit einer Kurbel versehen, während das andere übersteht. Seine Form ist aus der Abbildung zu entnehmen. Auf diesem Ende der Achse sind zwei halbzylindrische Kupferplatten *ab* so befestigt, daß sie einen Zylinder bilden, sich jedoch nicht gegenseitig berühren, d. h., es bleiben zwei gegenüberliegende Trennungslinien auf der Achse. Am unteren Teil des Ständers *c* sind zwei starke Kupferstäbe von je 0,2 Zoll Durchmesser befestigt. Sie werden von verstellbaren Muffen geführt, die gleichzeitig die Galvanometerdrähte aufnehmen. Die beiden Stäbe laufen dann parallel nach oben und drücken an gegenüberliegenden Punkten auf die gekrümmten Platten des Kollektors. Bei einer Drehung der Achse tritt dann eine Umpolung der Kontakte mit den Kupferstäben ein, wenn sich die Trennungslinien des Kollektors in der horizontalen Ebene befinden. Auf diese Weise wird die Richtung des Stromes, der zum Galvanometer fließt, periodisch geändert. Die äußeren Ränder der Kollektorplatten sind verzinnt, damit die Anschlüsse des Drahtrechteckes oder eines Drahtringes angelötet werden können.

3194. Das Drahtrechteck selbst ist auf einem dünnen Holzkreuz (s. Abb. 5) befestigt, das an einem Arm eine Buchse trägt, mit der es über einen am Kollektor überstehenden Bolzen geschoben werden kann. Auf diese Weise kann es zusammen mit der Achse gedreht werden. Auf der anderen Seite befindet sich in Verlängerung der Drehachse ein kleiner Kupferstab, der von einem zusätzlichen Lagerbock geführt wird. Dies dient zur Unterstützung und Stabilisierung des Drahtrechteckes bzw. seines Tragegerüstes. Es lassen sich drei verschiedene Größen dieser Haltevorrichtung benutzen, d. h., es ist möglich, mit Rechtecken von 12 Zoll Seitenlänge, aber auch mit solchen von 36 Zoll zu arbeiten. Das Rechteck wird so justiert, daß es gleichzeitig mit der Teilung des Kollektors die horizontale Ebene durchläuft; dann werden seine Anschlüsse an die Kollektorplatten angelötet. Möchte man nun die Kraftlinien des Erdfeldes oder irgendwelche anderen Linien untersuchen, so hat man einfach die Achse so lange zu drehen, bis die beiden Kupferstäbe gerade die Teilungslinien des Kollektors berühren. Dann muß das Gerät in eine Lage gebracht werden, in der die zu untersuchenden Kraftlinien senkrecht durch die Fläche des Ringes oder des Rechteckes

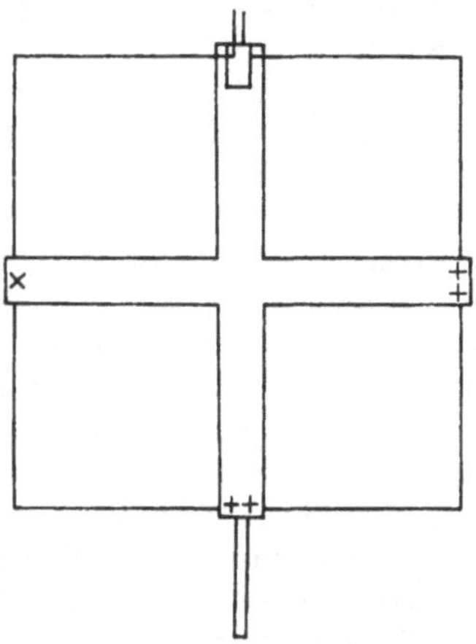

Abb. 5

laufen. Bei einer Drehung von Drahtschleife und Kollektor erhält man so den maximalen Induktionsstrom. Die Kraftlinien des Erdmagnetismus fallen mit einem Winkel von 69° zur horizontalen Ebene ein. Da nur Vergleichsmessungen interessierten, wurde das Gerät in allen Experimenten horizontal, mit der Rotationsachse senkrecht zur Ebene des magnetischen Meridians aufgestellt. Dadurch wurden Fehler bzw. Variationen in den Ergebnissen ausgeschlossen. Die Entfernung des Gerätes vom Galvanometer betrug maximal drei Fuß, so daß zur Vervollständigung der Kommunikation zwei Kupferdrähte von drei Fuß Länge und 0,2 Zoll Stärke ausreichten. Auf der Galvanometerseite wurden die Drahtenden in kleine Quecksilbergefäße getaucht. Die anderen Enden wurden verzinnt und amalgamiert und dann in den Buchsen der Kollektorstäbe durch Klemmschrauben befestigt (Abb. 4).

3195. Bei der Anwendung einer rechteckigen oder anders geformten Drahtschleife mit gegebener Drahtlänge muß man berücksichtigen, ob man mit einem kleinen Magneten oder im magnetischen Feld der Erde arbeitet, da einige gegensätzliche Aspekte auftreten. Im Falle eines kleinen Magneten werden alle Kraftlinien von der Schleife umschlossen. Wenn der Draht in zwei oder mehrere Windungen gelegt werden kann, läßt sich damit eine entsprechend größere Elektrizitätsmenge in Bewegung setzen als mit einer einfachen Schleife. Im Falle des Erdfeldes entsteht ein gegensätzliches Resultat. Die Menge der geschnittenen Kraftlinien verhält sich wie die von der kreisförmigen, quadratischen oder rechteckigen Schleife umschlossene Fläche. Deshalb ist es vorteilhafter, eine gegebene Drahtlänge in Gestalt einer einfachen Schleife anzuordnen, als sie in mehrere Windungen zu legen. Ein zwölf Fuß langer Draht in Gestalt eines Quadrates schneidet bei einer Umdrehung eine Kraftlinienmenge, die von einer Fläche von neun Fuß im Quadrat umschlossen wird, während er in Form dreier quadratischer Windungen mit je einem Fuß im Quadrat nur eine dieser Fläche entsprechende Menge schneidet, allerdings mit dreifachem Gewicht. Die erste Anordnung ist also um den Faktor drei günstiger als die zweite.

3196. Aus Kupferdraht von vier Fuß Länge und 0,05 Zoll Stärke wurde eine quadratische Schleife mit einer Fläche von einem Fuß im Quadrat hergestellt und am Kollektor in der beschriebenen Weise montiert. Sechs Umdrehungen ergaben einen Schwingungsausschlag von 14° bis 15°. In der gleichen Zeitspanne ließen sich auch zwölf schnelle Umdrehungen ausführen. Es wurden zuerst die Ergebnisse mit schnellen und langsamen Umdrehungen verglichen. Bei sechs langsamen Umdrehungen ergab sich ein mittlerer Ausschlag von 15,5°, sechs Umdrehungen mit mittlerer Geschwindigkeit lieferten den gleichen Mittelwert, und sechs schnelle Umdrehungen ergaben einen Mittelwert von 15,66°. In einem anderen Versuch lieferten zwölf mittlere Umdrehungen einen Mittelwert von 28,75° und zwölf schnelle Umdrehungen einen solchen von 31,33°. Eine wahrscheinliche Ursache, warum schnelle Umdrehungen einen größeren Wert ergeben als mittlere oder langsame, liegt darin, daß bei langsamer Umdrehung der Gleichlauf zwischen Galvanometerspule und Nadel für die letzten Umdrehungen gerade so gestört ist, daß diese Impulse weniger kräftig registriert werden. Folglich ist eine kleine oder mittlere Zahl von Umdrehungen mit hoher Geschwindigkeit am günstigsten. Der Unterschied in den extremen Fällen ist geringer als zu erwarten war. Das zeigt, daß es diesbezüglich keinen praktischen Einwand gegen diese experimentelle Methode gibt.

3197. Um einen vorläufigen Wert für die Stärke des magnetischen Erdfeldes zu erhalten, wurden in der beschriebenen Weise weitere Beobachtungen mit der Rechteckschleife gemacht. Neun Umdrehungen mit mäßiger Geschwindigkeit ergaben als Mittelwert über viele Einzelversuche einen Ausschlag von 23,87° und bei umgekehrter Drehrichtung 23,37°. Das Mittel davon beträgt 23,62°, d. h. 2,624° pro Umdrehung. Sechs schnelle Drehungen lieferten 15,66°, also 2,61° pro Umdrehung, und zwölf schnelle Umdrehungen 31,33°, d. h. 2,61° pro Umdrehung. Die Werte 2,624°, 2,61° und 2,61° bedeuten eine sehr gute Übereinstimmung, so daß man dieser Methode zur Untersuchung der magnetischen Kräfte großes Vertrauen entgegenbringen kann.[1])

[1]) $\sin\frac{15{,}66°}{2} = \sin 7{,}83° = \sin 7°49{,}8' = 0{,}1362343;\quad \frac{0{,}1362343}{2} = 0{,}0227057;$

$$\sin\frac{23{,}62°}{2} = \sin 11{,}81° = \sin 11°48{,}6' = 0{,}2047069;\quad \frac{0{,}2047069}{9} = 0{,}0227474;$$

$$\sin\frac{31{,}33°}{2} = \sin 15{,}665° = \sin 15°40' = 0{,}2700403;\quad \frac{0{,}2700403}{12} = 0{,}0225034.$$

3198. Aus gleichem Draht mit der gleichen Länge von 4 Fuß wurde nun ein Rechteck mit einem Seitenverhältnis von 8 zu 16 Zoll (Abb. 6) hergestellt. Die Drehachse wurde so gelegt, daß der die Linien schneidende Teil 8 Zoll breit war, anstatt der früheren 12 Zoll. Die Fläche des Rechteckes betrug folglich 128 Zoll im Quadrat, anstelle der 144 Zoll im Quadrat. Mit diesem Rechteck

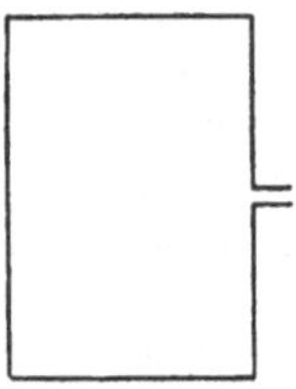

Abb. 6

Abb. 7

wurden die gleichen Unterschiede zwischen schnellen und langsamen Rotationen wie früher beobachtet. Bei 9 Umdrehungen ergab sich ein Ausschlag von 20,87°, bei der gleichen Zahl in umgekehrter Richtung betrug der Mittelwert 20,25°. Das Mittel davon sind 20,56° bzw. 2,284° pro Umdrehung. Es wurde noch ein drittes Drahtrechteck aus gleichem Material, ebenfalls mit einem Seitenverhältnis von 8 zu 16 Zoll gebaut (Abb. 7), aber die Drehachse lag nun so, daß der die Linien schneidende Teil 16 Zoll breit war, also doppelt so breit wie vorher. Die vom Rechteck aufgespannte Fläche blieb dabei unverändert. Der Einfluß der Drehgeschwindigkeit zeigte sich analog wie in den vorhergehenden Fällen. Bei 9 Umdrehungen betrug der mittlere Ausschlag 20,75°, 9 Drehungen in entgegengesetzter Richtung ergaben 21,375°. Das Mittel davon sind 21,06°, d. h. 2,34° pro Umdrehung.

3199. Die Differenz zwischen 2,34° und 2,284° ist nicht sehr groß, so daß man im gegenwärtigen Stand der Untersuchung beide Ergebnisse als gleich betrachten kann. Vermutlich wurde der geringe Unterschied durch Zentrifugalkräfte verursacht, die zu einer geringen Ausbuchtung der breiteren Schleife während der Drehung geführt haben. Die Übereinstimmung der Zahlenwerte zeigt, daß eine Veränderung der Rechteckanordnung uns insbesondere eine Veränderung der die magnetischen Kraftlinien schneidenden Drahtlänge keinen Einfluß auf das Ergebnis hat. Das Ergebnis hängt allein von der Zahl der geschnittenen Kraftlinien ab, und diese bleibt konstant, wenn sich die Fläche der Rechtecke nicht ändert. Diese Aussage wird bekräftigt, wenn man die Resultate von der quadratischen und der rechteckigen Schleife miteinander vergleicht. In jenem Fall war die Fläche 144 Zoll im Quadrat und der Ausschlag pro Umdrehung 2,61°. Das Rechteck hatte eine Fläche von 128 Zoll im Quadrat und der Mittelwert zweier Ergebnisse war 2,312° pro Umdrehung. 144 Zoll im Quadrat verhält sich zu 128 Zoll im Quadrat wie 2,61° zu 2,32°. Die Differenz zu 2,312° ist so gering, daß sie hier vernachlässigt werden kann. Damit ist gezeigt, daß der induzierte elektrische Strom proportional zur Zahl der magnetischen Kraftlinien ist, die vom bewegten Draht geschnitten werden.

3208. Aus 0,2 Zoll starkem Kupferdraht wurde ein großes Quadrat mit 36 Zoll Seitenlänge gespannt. Die Gesamtlänge des Drahtes betrug somit 12 Fuß und umspannte eine Fläche von 9 Fuß im Quadrat. Das Quadrat wurde dann mit einer Hilfsvorrichtung am Kollektor befestigt, die zwar einstweilen genügte, aber keine exakte Führung gestattete. Die Schleife rief bei Drehbewegung einen empfindlichen Effekt an einem Galvanometer mit dickem Draht hervor. Bei einer Umdrehung ergab sich ein Schwingungsausschlag von 80° und mehr, bei fortgesetzter Rotation bleiben die Nadeln ständig 40° bis 50° ausgelenkt. Es war sehr interessant zu beobachten, wie die Stromstärke anwuchs, als die Drehbewegung der Drahtschleife in der horizontalen Ebene begann und dann wieder abfiel. Während der ersten 10° bis 20° der Umdrehung blieb die Auslenkung der Nadeln gering; sie wuchs jedoch stark an, als der Drehwinkel etwa 90°

erreichte und überschritt. Das war gerade der Bereich, in dem die Kraftlinien etwa im rechten Winkel durch den Draht geschnitten wurden bzw. in dem bei fester Geschwindigkeit in einem gegebenen Zeitintervall gerade die größte Zahl der Linien überstrichen wurde. Ebenso interessant war es, die beiden Hauptimpulse während einer Umdrehung der Drahtschleife zu beobachten. Da der hier benutzte Draht größer und schwerer als die früheren war, wurde für eine Umdrehung auch mehr Zeit benötigt, und die Frage der Rotationsgeschwindigkeit spielte eine wichtigere Rolle. Eine Umdrehung pro Sekunde konnte gerade noch gut realisiert werden. Eine geringere Geschwindigkeit war leicht herzustellen und reichte auch aus. Der Galvanometerausschlag betrug dann etwa 80° für eine einzelne Umdrehung, während eine Reduzierung der Geschwindigkeit auf die Hälfte oder ein Drittel nur 60° oder 50° ergab.

3209. Es wurden Beobachtungen bei jeweils einer Umdrehung mit mäßiger Geschwindigkeit angestellt. Der Mittelwert von 15 Einzelumdrehungen nach rechts, deren Werte sehr dicht beieinanderlagen, war 78,846°; der Mittelwert analoger 17 Umdrehungen nach links betrug 78,382°. Das Mittel davon, 78,614°, stellte einen brauchbaren ersten Wert für dieses Rechteck dar. Eine Überprüfung der Abmessungen der Schleife ergab längs der beiden die Linien schneidenden Drahtstücke einen etwas kleineren Wert als 36 Zoll. Der Fehler wurde beseitigt, und eine Wiederholung der Beobachtungen lieferte 81,44°. Der Unterschied von 2,83° dürfte vernünftig sein und der Vergrößerung der Fläche, die damit exakter mit 9 Fuß im Quadrat übereinstimmte, entsprechen. Diese Korrektur betrachte ich als einen Beweis für die Empfindlichkeit und Sicherheit des Gerätes.

3210. Wenn die bei einer Umdrehung auftretenden beiden Impulse in der Zeit merklich voneinander getrennt sind, so daß die Nadel bereits wieder zurückschwingt, bevor der zweite Impuls kommt, so wird dieser Impuls weniger stark angezeigt als der erste. Ich habe deshalb die Beobachtungen bei einer halben Umdrehung ausgeführt und dabei einen Mittelwert von 41,37° erhalten. Dieser Wert gehört selbstverständlich zum ersten Impuls einer vollen Umdrehung. Die Differenz zu 81,44° ergibt 40,07° als Wert für den zweiten Impuls, der im allgemeinen nicht von der Nullage aus erfolgt. Der erhaltene Unterschied zwischen den beiden Impulsen einer Umdrehung entspricht genau dem erwarteten Ergebnis.

3211. Das vorher benutzte Quadrat aus dem gleichen, 0,2 Zoll starkem Kupferdraht, aber mit einer Fläche von nur einem Fuß im Quadrat, sollte auf Grund des Flächenverhältnisses nur den neunten Teil des mit dem jetzigen Quadrat erzielten Ausschlages hervorbringen. Vergleicht man die früheren 8,94° pro Umdrehung mit dem neunten Teil von 81,44°, d. h. mit 9,04°, ergibt sich eine so gute Übereinstimmung, daß man von einer Reproduzierung des Ergebnisses sprechen kann. Dadurch wird gleichzeitig die Richtigkeit der Behauptung bewiesen, daß der durch elektromagnetische Induktion erzeugte Strom der Zahl der geschnittenen Kraftlinien proportional ist. Der neunte Teil des Ergebnisses mit dem großen Quadrat vor der Flächenkorrektur (78,614°) beträgt 8,734°. Folglich liegt der eine Wert oberhalb und der andere unterhalb des mit der 12-Zoll-Schleife erzielten Wertes. Die bisherigen Anordnungen wurden noch nicht mit extremer Genauigkeit betrieben. Ich bin aber sicher, daß sich bei exakterer Arbeitsweise eine strenge Proportionalität zu den aufgespannten Flächen zeigen würde.

Über die physikalische Existenz der magnetischen Kraftlinien

(Royal Institution Proceedings, 11. Juni 1852)

An früherer Stelle wurden bestimmte Linien in der Nähe eines Stabmagneten beschrieben und definiert (und zwar sind es jene Linien, die dem Auge durch Eisenfeilspäne, die in der Umgebung des Magneten ausgestreut werden, sichtbar gemacht werden können). Es wurde angenommen, daß diese Linien genau die Natur, den Zustand, die Richtung und den Betrag der Kräfte in einem beliebigen Gebiet sowohl innerhalb als auch außerhalb des Stabes ausdrücken. Damals wurden die Linien mehr im abstrakten Sinne betrachtet. Nun muß die Frage nach der möglichen und wahrscheinlichen physikalischen Existenz solcher Linien diskutiert werden, ohne dabei von dem früher Gesagten abzurücken. Diejenigen, die sich für die verschiedenen Gesichtspunkte, die zu diesem Teil des Magnetismus gehören, interessieren, seien auf die beiden Arbeiten im ersten Teil von Phil. Trans. von 1852 bezüglich der Darstellung der Kraftlinien und auf eine Arbeit in Phil. Mag., 4. Reihe, 1852, Bd. III, S. 401 bezüglich ihrer physikalischen Eigenschaften verwiesen.

Viele Kräfte wirken offenkundig über die Distanz hinweg. Ihre physikalische Natur ist uns unverständlich; dennoch können wir viele reale und gesicherte Fakten zusammentragen, unter anderem über den Zustand des Raumes zwischen wechselwirkenden Körpern. Beispiele solcher Kraftwirkungen sind die Gravitation, das Licht, die Elektrizität, der Magnetismus und andere mehr. Die Untersuchungen zeigen, daß bezüglich der Kraftlinien deutliche Unterschiede bestehen. Jedoch tragen die verschiedenen Phänomene entscheidend zur Begründung der Existenz solcher realer physikalischer Linien bei und erleichtern eine Diskussion des Problems speziell im Falle des Magnetismus.

Die Gravitation zwischen zwei Körpern *a*, *b* wirkt entlang einer geraden Linie. Überläßt man einen der beiden Körper sich selbst, so wird er sich entlang dieser Linie bewegen. Ihre Anziehungskraft wird nicht geändert, weder in der Richtung noch im Betrag, wenn ein dritter gravitierender Körper hinzugenommen wird. Das Gewicht eines Messingzylinders, das er auf Grund der Gravitation mit der Erde besitzt, wird sich nicht verändern, gleichgültig, ob er wie ein Pendel frei aufgehängt wird oder durch andere Kräfte beliebiger Größe zur Seite gezogen wird. Eine zusätzliche Gravitationskraft, die auf den Körper *a* ausgeübt wird, beeinflußt in keiner Weise den Kraftbetrag, den dieser auf *b* ausübt. Bisher gibt es keinen Beweis dafür, daß die Zeit in irgendeiner Weise bei der Ausübung der Gravitationswirkungen eine Rolle spielt, wie groß auch der Abstand zwischen den wechselwirkenden Körpern sei, beispielsweise zwischen Sonne und Erde oder zwischen verschiedenen Sternen. Im Falle eines einzelnen Teilchens gelingt es uns schwerlich, eine Vorstellung von dieser Kraft zu gewinnen. Dies gelingt erst bei Anwesenheit zweier oder mehrerer Teilchen. Der Charakter der Kräfte hängt nicht vom speziellen Teilchen ab, d. h., die Kräfte sind stets gleichartig und wechselseitig. Bezüglich der Gravitation kennen wir bis jetzt keinen Effekt, der die Vorstellung von real existierenden bzw. physikalischen Kraftlinien stützen würde. Die Gravitationslinie ist gegenwärtig nicht mehr als eine gedanklich geschaffene Linie, welche die Richtung, in der die Kraft ausgeübt wird, repräsentiert.

Betrachten wir die Sonne bezüglich ihrer Licht- und Wärmewirkung. Ihre Strahlung (die ein Kraftlinienfeld darstellt) breitet sich durch den dazwischenliegenden Raum hindurch aus. Es ist möglich, diese Linien auf ihrem Weg zu beeinflussen, indem man sie durch verschiedene Medien laufen läßt. Wir können ihre Richtung entweder durch Reflexion oder durch Brechung ändern, so daß sie dann einen geknickten bzw. gekrümmten Weg durchlaufen. Wir können sie aufspalten und untersuchen, bevor sie ihr Ziel erreicht haben. Das Zeitverhalten der Lichtstrahlen wird durch die Zeitspanne von 8 Minuten charakterisiert, die sie für ihren Weg von der Sonne zur Erde benötigen. Sie besitzen folglich eine klar abgegrenzte physikalische Existenz, unabhängig von ihrer Quelle und ihrem Ziel. In dieser Hinsicht zeigen sie ein deutlich anderes Verhalten als die Gravitationslinien.

Die beiden Körper, die eine Gravitationslinie begrenzen, verhalten sich in jeder Beziehung gleichwertig zueinander. Folglich besitzt eine solche sie verbindende Linie in beiden Richtungen gleiche Eigenschaften. Dagegen zeigen zwei Körper, die Lichtstrahlung begrenzen, gänzlich andere Wirkungen. Der eine Körper bildet die Quelle, der andere zerstört die Linien. Die Linien selbst fließen wie ein Strom in eine Richtung. Am Beispiel der Gravitation und der Lichtstrahlung zeigt sich unmittelbar der Unterschied zwischen einer abstrakten und einer physikalischen Kraftlinie.

Im Falle der statischen Elektrizität beobachten wir ebenfalls anziehende Wirkungen über die Entfernung hinweg. Ein Vergleich mit der Gravitation läßt jedoch auffallende Unterschiede deutlich werden, die unmittelbar die Frage nach der physikalischen Existenz der Kraftlinien berühren. Untersuchen wir die Körper, von denen die Anziehungslinien ausgehen, so stellen wir zunächst fest, daß sie ebenfalls gegenseitig und in gleichberechtigter Weise wechselwirken. Sie sind jedoch nicht gleichartig beschaffen. Obwohl beide Körper mit einer Kraft gleichartiger Natur verknüpft sind, so ist doch ihre Wirkung auf einen dritten Körper, der sich in einem der beiden Zustände befinden kann, genau gegensätzlicher Art. Wenn ihn der eine Körper anzieht, so muß der andere abstoßend wirken. Eine solche Kraftwirkung ist mit der Existenz dualer und gegensätzlicher Zustände verknüpft. Eine gegenseitige Anziehung kann nicht stattfinden, wenn die beiden Zustände nicht in einer gewissen Entfernung voneinander auftreten und folglich durch Kraftlinien miteinander verbunden sind. Eine andere wichtige Einschränkung besteht darin, daß beide Zustände stets mit dem gleichen Gewicht auftreten. Es wird sich also im allgemeinen nicht mehr Elektrizität von der einen Sorte als von der anderen ansammeln. Des weiteren haben wir zu beachten, daß die beiden Ladungszustände in einer physikalischen Beziehung zueinander stehen. Wenn wir eine positiv und eine negativ geladene Oberfläche miteinander verbinden, beseitigen wir diese Relation nicht, sondern wir können lediglich die Kräfte dieser Flächen im gleichen Sinne verändern. Die elektrische Kraft besitzt einen genau definierten Wert. Eine mit 10 positiven Elektrizitätseinheiten geladene Kugel *a* werde mit einer anderen Kugel *b*, die mit 10 negativen Einheiten geladen wurde, in Wechselwirkung gebracht. Werden von *a* 5 Einheiten mit Hilfe einer dritten negativ geladenen Kugel *c* abgenommen, so erfolgt die Anziehung nur noch mit der halben Stärke, bis die Kugel *a* wieder 5 positive Ladungseinheiten erhalten hat. Ein solches Verhalten unterscheidet sich sehr stark von den Eigenschaften der Gravitation, bei der ein dualer Charakter nicht existiert. Schließlich bleibt noch festzuhalten, daß die elektrischen Kräfte gekrümmte Linien besitzen. Stellen wir eine positiv geladene Kugel isoliert auf und bringen eine runde nichtisolierte Metallplatte in eine Entfernung von 12 bis 15 Zoll, so wird sich die Platte nach dem oben Gesagten in einem negativen Zustand befinden; und zwar nicht nur auf der der Kugel zugewandten Seite, sondern auch auf der Außenseite. Man kann dies durch einen kleinen Ladungsträger oder durch ein schmales Gold- oder Silberblatt an der Außenfläche nachweisen. Die Influenzwirkung geht nun nicht durch die Platte hindurch, sondern um die Kanten der Platte herum, d. h., es existieren gekrümmte Linien. Alle diese Gesichtspunkte sprechen für die physikalische Existenz elektrischer Kraftlinien. Ebenso lassen die gegenseitige Abhängigkeit zwischen positiv und negativ geladenen Oberflächen und die bekannte Verschiebbarkeit der Kräfte keinen anderen Schluß zu. Die Wirkung erfolgt entlang gekrümmter Linien, die eine physikalische Bedeutung besitzen. Es gibt noch ein weiteres wichtiges Charakteristikum der Kräfte, das zu den gleichen Schlußfolgerungen führt, und zwar ihre Beeinflußbarkeit durch Medien mit unterschiedlichen spezifischen induktiven Kapazitäten.

Betrachten wir den Fall der dynamischen Elektrizität, so wird die Existenz physikalischer Kraftlinien noch offenkundiger. Eine VOLTAsche Batterie, die an ein leitendes Medium angeschlossen wird, liefert einen Strom oder, wie man sagen kann, einen Kräftestrom, der durch den Stromkreis hindurchfließt. Dieser Strom definiert bezüglich der Kräfte eine ausgezeichnete Richtung. Er besteht aus Kraftlinien, die je nach Beschaffenheit des Leiters zusammengedrückt oder auseinandergezogen werden und sich in ihrer Richtung dem Verlaufe des Leiters anpassen. Sie durchziehen jeden Teil des Leiters und können mittels geeigneter Kanäle an beliebige Stellen geführt werden. Es wird niemand daran zweifeln, daß wir es hier mit physikalischen Kraftlinien zu tun haben.

Betrachten wir schließlich einen Magneten. Er besitzt ein in sich geschlossenes Kräftesystem, das gemäß der innewohnenden Relationen aufgebaut ist. Es zeigt einen dualen und antithetischen Charakter, wie wir ihn auch bei der statischen und dynamischen Elektrizität beobachten. Dieser Charakter manifestiert sich in der Polarität, d. h. in der Existenz zweier gegensätzlicher, jedoch analoger Kräftewirkungen, die sich in der Nähe der Enden des Magneten konzentrieren. Die beiden Beträge der Kräfte sind einander völlig gleich. Man kann den einen Betrag nicht in irgendeinem Grade verändern, ohne den anderen im gleichen Grade ebenfalls zu ändern. Dies gilt nicht nur bezüglich der entgegengesetzten Polaritäten eines Magneten, sondern auch bezüglich der Polaritäten noch vorhandener anderer Magneten. Die Polaritäten eines Magneten beeinflussen sich zwar wechselseitig, sie stehen jedoch ebenfalls mit anderen, sich in der Umgebung befindlichen entgegengesetzten Polaritäten in Wechselwirkung (analog zur Influenz statischer Elektrizität). Diese äußere Wechselwirkung hat entsprechend neue entgegengesetzte Polaritäten gleichen Betrages zur Folge, analog wie das bei einem einzelnen Magneten der Fall ist. Wenn ein Magnet *a* mit einem anderen Magneten *b* wechselwirkt, so wird bei Anwesenheit eines dritten Magneten *c* ein Teil des magnetischen Flusses von *b* auf *c* überführt. Wie die Experimente mit dem bewegten Draht zeigen, existieren die magnetischen

Kraftlinien sowohl innerhalb als auch außerhalb des Magneten. Sie sind geschlossene Linien, die auf einem Teil ihres Weges durch den Magneten hindurchlaufen. Die Linienmenge, die innerhalb des Magneten den Äquator passiert, entspricht genau der gesamten Linienmenge, die sich außerhalb des Magneten ausbreitet. Die Richtung der außerhalb verlaufenden Kraftlinien kann durch verschiedene Medien, die in das Liniengebiet gebracht werden, beeinflußt werden. Es läßt sich nicht erreichen, daß ein Magnet nur eine Polarität besitzt; selbst der kleinste Unterschied in den Polaritäten wird nicht beobachtet. Wenn ein Magnet nicht mit anderen Magneten in Wechselwirkung treten kann, dann sind seine beiden Polaritäten nur durch die Eigenschaften des Magneten selbst bestimmt.

Alle diese Tatsachen weisen neben vielen anderen auf die Existenz physikalischer Kraftlinien außerhalb und innerhalb des Magneten hin. Die Kraftlinien können in Form gekrümmter, aber auch als gerade Linien auftreten. Betrachten wir einen einzelnen geraden Stabmagneten oder noch besser eine magnetisierte Stahlscheibe, bei der die magnetische Achse in der Scheibenebene liegt. Es ist leicht einzusehen, daß im Außengebiet beide Pole durch gekrümmte Kraftlinien miteinander verbunden sind. Gerade Linien als Verbindungslinien sind nicht möglich. Physikalisch relevante Kraftlinien können meiner Meinung nach nur gekrümmte Linien sein.

Die mit dem bewegten Draht erzielten Aussagen bekräftigen den gleichen Schluß. Sobald der Draht quer zu den Kraftlinien bewegt wird, beginnt ein elektrischer Strom in ihm zu fließen, der vorher nicht vorhanden war. Es ist nicht notwendig, den Draht in Richtung steigender oder fallender Feldstärke zu bewegen. Er kann auch auf einer Bahnkurve bewegt werden, entlang deren eine Magnetnadel nicht beeinflußt wird, d. h., die Nadel behielte auf einer solchen Kurve stets ihre Richtung bei, gleichgültig, ob sie ruht oder bewegt wird. Es lassen sich Anordnungen konstruieren, bei denen der ruhende Draht die gleiche diamagnetische Stärke wie das den Magneten umgebende Medium besitzt. Auf diese Weise entsteht durch den Draht keine Störung der Kraftlinien. Trotzdem wird im Draht bei Bewegung ein elektrischer Strom erzeugt. Die bloße Tatsache der Bewegung allein sollte nicht zur Erzeugung dieses Stromes führen. Es muß in der Umgebung des Magneten, in der sich der Draht befindet, einen bestimmten Zustand geben, der durch das magnetische Feld hervorgerufen wird. Dieser Zustand charakterisiert die physikalische Natur der magnetischen Kraftlinien. Bis jetzt kann nicht gesagt werden, was dieser Zustand darstellt oder wovon er im einzelnen abhängt. Er könnte vom Äther abhängen, wie das bei den Lichtstrahlen der Fall ist, zumal eine Verbindung zwischen Licht und Magnetismus ja bereits gefunden wurde. Er könnte auch von einem Spannungszustand oder einem Schwingungszustand abhängen, vielleicht auch von einem Zustand, der eine gewisse Analogie zum elektrischen Strom besitzt. Bekanntlich besteht eine enge Verknüpfung zwischen elektrischem Strom und magnetischen Kräften. Ob zur Aufrechterhaltung des Zustandes Materie erforderlich ist, hängt davon ab, was wir unter dem Begriff Materie verstehen. Beschränkt man sich dabei auf ponderable oder gravitierende Substanzen, dann ist Materie für die physikalischen Kraftlinien nicht wesentlicher als für Licht- oder Wärmestrahlen. Betrachten wir jedoch den angenommenen Äther als eine spezielle Form der Materie, dann könnten die Kraftlinien von einigen seiner Eigenschaften abhängen. Experimentell erweist sich der bloße Raum als magnetisch; jedoch müßte man dann die Existenz des Äthers in die Vorstellung des bloßen Raumes mit einschließen. Sollte sich später eine andere Konzeption des Raumes durchsetzen, so muß sie das, was wir im Zusammenhang mit dem Experiment als bloßen Raum bezeichnen, ebenfalls enthalten und erklären. Andererseits ist es, wie ich glaube, eine gesicherte Tatsache, daß ponderable Materie für die physikalische Existenz magnetischer Kraftlinien nicht wesentlich ist.

2. James Clerk Maxwell

Abhandlungen über Elektrizität und Magnetismus (Kapitel VI–VII)

Dynamische Theorie des Elektromagnetismus

568. Ein elektrischer Strom, der in einem Leiter fließt, besitzt, wie wir in Art. 552 gesehen haben, die Fähigkeit, mechanische Arbeit zu leisten. Diese Fähigkeit besteht unabhängig von der äußeren elektromotorischen Kraft, die den Strom aufrechterhält. Die Fähigkeit, Arbeit zu leisten, ist nun nichts weiter als Energie, in welcher Weise sie auch entsteht. Die Energie ist stets eine Größe derselben Art, wenn sie auch in verschiedenen Formen auftreten kann. Die Energie eines elektrischen Stromes stellt eine Form der Energie dar, die sich entweder in der aktuellen Bewegung der Materie oder auf Grund der Kräfte, die zwischen den Körpern wirken, in der Fähigkeit, sich in Bewegung zu setzen, äußert.

Bei der zuerst genannten Form sprechen wir von kinetischer Energie, die, wenn man sich ihre Bedeutung einmal klargemacht hat, eine so fundamentale physikalische Tatsache zu sein scheint, daß man sich die Möglichkeit, sie in irgendetwas anderes aufzulösen, kaum vorstellen kann. Die zweite Form der Energie, die von der Lage der Körper abhängt, stellt die potentielle Energie dar. Sie entsteht durch die Wirkung der Kräfte oder, wie man sagen kann, auf Grund der Tendenz zur Änderung der relativen Lage. Obwohl wir die Existenz dieser Kräfte als eine bewiesene Tatsache ansehen können, empfinden wir doch jede Erklärung des Bewegungsmechanismus als eine echte Bereicherung unseres Wissens.

569. Der elektrische Strom kann nur als ein kinetisches Phänomen aufgefaßt werden. Selbst Faraday, der sich stets bemüht hat, von Vorurteilen, wie sie mit den Begriffen „elektrischer Strom“ oder „elektrische Flüssig-

keit“ verbunden sein können, frei zu bleiben, bezeichnet den elektrischen Strom als etwas Fortschreitendes, nicht als etwas Angeordnetes.[1]) Stromeffekte wie die Elektrolyse oder der Transport von Aufladungserscheinungen von einem Körper zum anderen sind stets fortschreitende Wirkungen. Sie beanspruchen eine gewisse Zeit und sind folglich Bewegungsphänomene.

Über die Geschwindigkeit eines elektrischen Stromes weiß man, wie ich bereits bemerkt habe, bis jetzt noch nichts; sie mag Bruchteile eines Zolls pro Stunde oder Hunderttausende von Meilen in der Sekunde betragen.[2]) Wir sind so weit von einer genauen Kenntnis entfernt, daß wir nicht einmal entscheiden können, ob die sogenannte positive Stromrichtung die tatsächliche Bewegungsrichtung darstellt oder nicht. Für unsere Zwecke genügt zunächst die Annahme, daß der elektrische Strom mit gewissen Bewegungsvorgängen verknüpft ist. Die Kraft, die einen elektrischen Strom verursacht und aufrechterhält, wird als elektromotorische Kraft bezeichnet. Man benutzt diese Bezeichnung schon seit langem mit großem Vorteil, ohne daß bisher irgendwelche Widersprüche aufgetreten wären. Man hat jedoch unter der elektromotorischen Kraft stets eine solche Kraft zu verstehen, die nur auf die Elektrizität, nicht auf die Körper wirkt. Sie darf nicht mit der gewöhnlichen mechanischen Kraft, die auf die Körper und nicht auf die in ihnen enthaltene Elektrizität wirkt, verwechselt werden. Die Beziehungen zwischen der elektromotorischen Kraft und den gewöhnlichen Kräften werden wir wahrscheinlich erst verstehen, wenn wir über die Beziehung zwischen Elektrizität und Materie Klarheit gewonnen haben.

570. Die Arbeit, die eine mechanische Kraft an einem Körper, der sich unter ihrer Einwirkung bewegt, leistet, wird durch das Produkt der Kraft und der zurückgelegten Wegstrecke in Kraftrichtung gegeben. Betrach-

---

[1]) Experimental Researches, 283.

[2]) Experimental Researches, 1648.

ten wir den Fall, daß Wasser durch eine Röhre gedrückt wird, so ist die an einem Volumenelement verrichtete Arbeit durch das Produkt des dort herrschenden Flüssigkeitsdruckes mit dem bewegten Volumenelement bestimmt. In analoger Weise berechnet sich die Arbeit, die von der elektromotorischen Kraft geleistet wird, aus dem Produkt zwischen der elektromotorischen Kraft und der Elektrizitätsmenge, die sich auf Grund dieser Kraft durch einen Querschnitt des Leiters bewegt hat. Die von der elektromotorischen Kraft geleistete Arbeit ist genau von der gleichen Art wie die Arbeit, die von gewöhnlichen Kräften verrichtet wird. Beide werden in denselben Einheiten gemessen. Ein Teil der Arbeit, die von der elektromotorischen Kraft an einen Leiter geleistet wird, dient zur Überwindung des Widerstandes und erscheint als Wärme wieder. Ein zweiter Teil hängt mit der Erzeugung der elektromagnetischen Kräfte zusammen und führt, wie AMPÈRE beobachtet hat, zu einer Bewegung stromdurchflossener Leiter unter der Wirkung dieser Kräfte. Der verbleibende Teil der Arbeit dient zur Erhöhung der kinetischen Energie des Stromes und zeigt sich in der von FARADAY entdeckten Induktion elektrischer Ströme. Diese Aussagen über die Eigenschaften elektrischer Ströme berechtigen zur Annahme, daß wir es bei einem System materieller stromdurchflossener Leiter mit einem dynamischen System zu tun haben, das sowohl kinetische als auch potentielle Energie enthält. Wie die einzelnen Teile dieses Systems miteinander zusammenhängen, ist zunächst noch unbekannt. Man kann jedoch dynamische Untersuchungsmethoden anwenden, die eine genaue Kenntnis des inneren Mechanismus des Systems nicht erfordern. Wir beginnen damit, indem wir die kinetische Energie des Systems in ihrer allgemeinsten Form aufschreiben.

571. Das System bestehe aus einer Anzahl elektrischer Leiter, deren Form und Lage durch die Werte der Variablen x_1, x_2, ... gegeben wird. Die Zahl der Variablen stimmt mit der Zahl der Freiheitsgrade des Systems über-

ein. Die gesamte kinetische Energie des Systems bezüglich einer Bewegung der Leiter beträgt

$$T = \frac{1}{2}(x_1 x_1)\,\dot{x}_1^2 + \cdots + (x_1 x_2)\,\dot{x}_1 \dot{x}_2 + \cdots. \tag{1}$$

Die Symbole $(x_1 x_1)$ etc. bezeichnen dabei die Trägheitsmomente und die Ausdrücke $(x_1 x_2)$ etc. entsprechende Produktgrößen. Bei Anwesenheit von Kräften X', die zu einer zeitlichen Änderung der Koordinaten x führen, schreiben sich die LAGRANGEschen Gleichungen in der Gestalt

$$\frac{\mathrm{d}}{\mathrm{d}t}\frac{\mathrm{d}T}{\mathrm{d}\dot{x}} - \frac{\mathrm{d}T}{\mathrm{d}x} = X'. \tag{2}$$

Betrachten wir lediglich die sichtbare Bewegung der Leiter, so soll T den Index m erhalten. In einem System stromdurchflossener Leiter ist ein Teil der kinetischen Energie mit der Existenz dieser Ströme verknüpft. Charakterisieren wir die Bewegung der Elektrizität durch Angabe der Koordinaten $y_1, y_2, \ldots$, so wird die kinetische Energie T durch eine homogene Funktion der Quadrate und Produkte aller Geschwindigkeiten beider Koordinatensysteme beschrieben. T läßt sich dabei in drei Anteile aufspalten. Der erste Teil, T_m, enthält nur die Geschwindigkeiten im System x, der zweite, T_e, hängt lediglich von den Geschwindigkeiten im System y ab, während der dritte Anteil, T_{me}, durch die Produkte der Geschwindigkeiten in beiden Koordinatensystemen x und y gegeben wird. Es gilt deshalb

$$T = T_m + T_e + T_{me}, \tag{3}$$

wobei

$$T_m = \frac{1}{2}(x_1 x_1)\,\dot{x}_1^2 + \cdots + (x_1 x_2)\,\dot{x}_1 \dot{x}_2 + \cdots,$$

$$T_e \frac{1}{2}(y_1 y_1)\,\dot{y}_1^2 + \cdots + (y_1 y_2)\,\dot{y}_1 \dot{y}_2 + \cdots, \tag{4}$$

$$T_{me} = (x_1 y_1)\,\dot{x}_1 \dot{y}_1 + \cdots$$

572. Nach der allgemeinen dynamischen Theorie sind die Koeffizienten Funktionen aller Koordinaten x und y. Im Falle elektrischer Ströme kann man jedoch leicht einsehen, daß die Koordinaten y nicht in diese Koeffizienten eingehen. Bleiben nämlich die Leiter in Ruhe und hält man darüber hinaus alle Ströme konstant, so kann sich auch am Zustand des Feldes nichts ändern. Die Koordinaten y bleiben trotzdem variable Größen, obwohl die Geschwindigkeiten $\dot{y}$ konstant sind. Hieraus folgt nun, daß der Ausdruck für T die Koordinaten y nicht enthalten darf. Wegen der Gültigkeit der Kontinuitätsgleichung genügt in einem linearen Stromkreis nur eine Variable, um die Stärke des Stromes zu charakterisieren. Solche Größen sind die Geschwindigkeiten $\dot{y}_1, \dot{y}_2, \ldots$, die zu den verschiedenen Leitern gehören. Die bisherigen Überlegungen bleiben noch richtig, wenn man sich die elektrischen Ströme durch eine inkompressible Flüssigkeit, die durch flexible Röhren fließt, ersetzt denkt. Auch in diesem Falle gehen die Geschwindigkeiten der Flüssigkeitsströme in den allgemeinen Ausdruck für T ein, und die Koeffizienten hängen nur von den Koordinaten x ab, die Form und Lage der Röhren beschreiben. Die Flüssigkeitsbewegung in der einen Röhre wird die entsprechende Bewegung in einer anderen Röhre nicht direkt beeinflussen. Folglich erscheinen im Ausdruck für T_e nur die Quadrate der Geschwindigkeiten $\dot{y}$, und nicht deren gemischte Produkte; und in T_{me} sind die Geschwindigkeiten $\dot{y}$ lediglich mit den zur gleichen Röhre gehörenden $\dot{x}$ verknüpft. Im Gegensatz dazu wechselwirken die Ströme in verschiedenen Leitern direkt miteinander. Wir müssen deshalb zulassen, daß T_e auch Glieder der Gestalt $\dot{y}_1\dot{y}_2$ enthält, d. h., die Bewegung wird von den Stromstärken beider Ströme abhängen. Die sich bewegende Materie ist, was sie auch darstellen mag, nicht auf das Innere der stromdurchflossenen Leiter beschränkt, sondern erstreckt sich wahrscheinlich über den ganzen umgebenden Raum.

573. Wir werden nun die LAGRANGEschen Gleichungen

auf unser System anwenden. X' sei die mit der Koordinate x verknüpfte Kraft. Dabei beschreibt x zusammen mit den restlichen Koordinaten Form und Lage der Leiter. X' stelle eine Kraft im gewöhnlichen Sinne dar, die sich in einer Verschiebung der Leiteranordnung äußert. Sie ist gegeben durch die Gleichung

$$X' = \frac{\mathrm{d}}{\mathrm{d}t}\frac{\mathrm{d}T}{\mathrm{d}\dot{x}} - \frac{\mathrm{d}T}{\mathrm{d}x}. \tag{5}$$

Wir können diese Kraft in drei Beiträge aufspalten, die jeweils den drei Anteilen zur kinetischen Energie des Systems entsprechen und durch die gleichen Indizes charakterisiert werden, d. h.

$$X' = X_m' + X_e' + X_{me}'. \tag{6}$$

Die Größe X_m' bedarf keiner weiteren Erläuterung, da sie im gewöhnlichen mechanischen Sinne definiert ist. Da T_e von den $\dot{x}$ unabhängig ist, verschwindet der erste Term im Ausdruck für X_e', und wir erhalten

$$X_e' = -\frac{\mathrm{d}T_e}{\mathrm{d}x}. \tag{7}$$

Eine mechanische Kraft dieser Größe muß man auf einen Leiter wirken lassen, um die elektromagnetischen Kräfte zu kompensieren. Sie wird durch die negative Ableitung der elektrokinetischen Energie bezüglich der Ortskoordinate x festgelegt. Die elektromagnetische Kraft X_e ist entgegengesetzt gleich zu X_e' und berechnet sich deshalb aus der positiven Ableitung der elektrokinetischen Energie nach x. Da der Wert von X_e von den Quadraten und Produkten aller Stromstärken abhängt, ändert er sich nicht bei einer Richtungsumkehr aller Ströme. Der dritte Beitrag zu X' ist gegeben durch

$$X_{me}' = \frac{\mathrm{d}}{\mathrm{d}t}\frac{\mathrm{d}T_{me}}{\mathrm{d}\dot{x}} - \frac{\mathrm{d}T_{me}}{\mathrm{d}x}. \tag{8}$$

Die Größe T_{me} enthält lediglich Produkte der Form $\dot{x}\dot{y}$, so daß $\mathrm{d}T_{me}/\mathrm{d}\dot{x}$ eine lineare Funktion der Stromstärken $\dot{y}$ ist. Das erste Glied im Ausdruck für X'_{me} hängt deshalb von der zeitlichen Änderung der Stromstärken ab. Es beschreibt eine mechanische Kraft auf den Leiter, die für konstante Ströme verschwindet und im Falle zeitlich anwachsender Stromstärken positiv oder negativ ist. Der zweite Term wird nicht von der Stromänderung, sondern von dessen aktueller Stärke bestimmt. Er wechselt in Abhängigkeit von der Stromrichtung sein Vorzeichen, da er linear von den Strömen abhängt. Wegen seiner Abhängigkeit von den Geschwindigkeiten $\dot{x}$ liefert er keinen Beitrag, wenn die Leiter in Ruhe bleiben. Diese Feststellung gilt auch für Ausdrücke im ersten Glied $\mathrm{d}T_{me}/\mathrm{d}\dot{x}$, die zeitabhängige Koeffizienten neben den $\dot{y}$ enthalten. Die einzelnen Anteile lassen sich deshalb getrennt untersuchen. Wenn die Leiter in Ruhe bleiben, trägt nur der erste Term bei, wenn die Ströme konstant gehalten werden, nur der zweite.

574. Es ist außerordentlich wichtig herauszufinden, ob in der gesamten kinetischen Energie ein Beitrag der Form T_{me}, der aus Produkten gewöhnlicher Geschwindigkeiten mit elektrischen Stromstärken besteht, auftritt. Diesbezügliche Experimente sollten deshalb mit großer Sorgfalt ausgeführt werden. Eine Bestimmung der Kräfte, die an schnell bewegten Körpern angreifen, ist schwierig. Wir wollen aus diesem Grunde zuerst den ersten Term, der von der Variation der Stromstärken abhängt, diskutieren. Existieren Beiträge zur kinetischen Energie, die durch Produkte gewöhnlicher Geschwindigkeiten mit Stromstärken gegeben sind, so lassen sich diese wahrscheinlich am leichtesten beobachten, wenn die Geschwindigkeiten und die Ströme jeweils gleiche oder entgegengesetzte Richtungen haben. Die experimentelle Anordnung besteht aus einer Spule mit vielen Windungen, die so an einem feinen vertikalen Draht befestigt wird, daß sie bei horizontal liegenden Windungen um ihre vertikale Achse rotieren kann, entweder in der gleichen

Richtung wie der Spulenstrom oder in umgekehrter Richtung (Abb. 33). Der eine Anschluß der Spule wird mit dem Aufhängedraht verbunden, der andere mit einem herabhängenden Draht, der in ein Quecksilbergefäß taucht. Die Wirkung der Horizontalkomponente des erdmagnetischen Feldes sucht die stromdurchflossene Spule

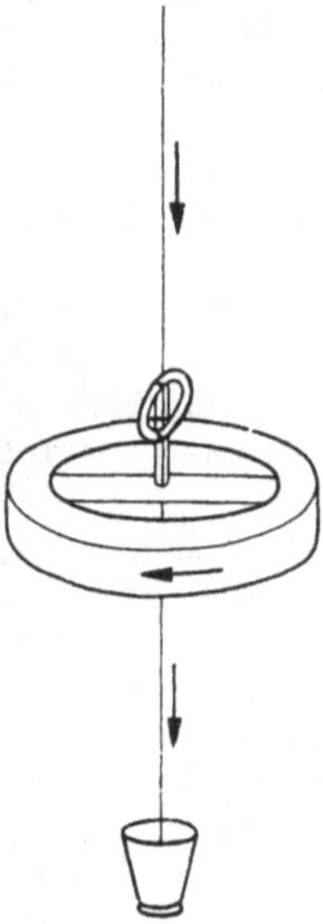

Abb. 33

um eine horizontale Achse zu drehen. Wir werden voraussetzen, daß diese Feldkomponente durch feste Magneten kompensiert wird. Die Bewegung der Anordnung wird durch einen an der Spule befestigten vertikal stehenden Spiegel angezeigt. Wir denken uns nun die Spule von einem Strom in Richtung Nord-Ost-Süd-West durchflossen. Würde sich die Elektrizität wie eine Flüssigkeit, etwa wie Wasser, verhalten, so müßte im Moment des Beginns des Stromes und so lange, wie sich seine Geschwindigkeit erhöht, eine Kraft aufgebracht werden, um den benötigten Drehimpuls der rotierenden Flüssigkeit zu erzeugen. Diese Kraft müßte von der Elastizität des Aufhängedrahtes geliefert werden, und die Spule würde sich zuerst in der entgegengesetzten Richtung, also von Westen nach Süden, Osten, Norden drehen. Beim Stoppen des Stromes müßte dann die Spule in die gleiche Richtung wie der Strom rotieren. Ein solches Verhalten wurde bis jetzt nicht beobachtet. Falls es tatsächlich existierte, würde es sich von den bereits bekannten Eigenschaften eines Stromes leicht durch folgende Besonderheiten unterscheiden lassen:

a) Die beschriebenen Erscheinungen würden nur beim Variieren der Stromstärke auftreten, insbesondere beim Ein- und Ausschalten, und nicht bei konstantem Strom. Alle bekannten mechanischen Wirkungen des Stromes hängen von der Stromstärke und nicht von deren zeitlicher Änderung ab. Die Induktion elektrischer Ströme darf hiermit nicht verwechselt werden.

b) Die Richtung dieser Erscheinungen müßte sich bei Umkehr der Stromrichtung ebenfalls umkehren. Die bekannten mechanischen Stromwirkungen ändern sich jedoch bei einer Umkehrung aller Ströme nicht, da sie von den Quadraten und Produkten dieser Ströme abhängen.

Ließe sich irgendeine der diskutierten Erscheinungen tatsächlich beobachten, so wären wir berechtigt, eine der sogenannten Elektrizitätsformen, sei es die positive oder die negative, als reale Substanz zu betrachten. Der elektrische Strom wäre dann eine echte Bewegung dieser Substanz in einer bestimmten Richtung. Wenn die elektrischen Bewegungen jederzeit mit den Bewegungen gewöhnlicher Materie vergleichbar wären, so würden in der Tat Terme der Gestalt T_{me} in der Energie auftreten und sich in der mechanischen Kraft X_{me} manifestieren. Folgte man der Fechnerschen Hypothese, nach der ein elektrischer Strom aus zwei gleichartigen Strömen positiver und negativer Elektrizität besteht, die in entgegengesetzten Richtungen durch den Leiter fließen, so müßten sich allerdings die Effekte gegenseitig kompensieren. Mir scheint, daß man zwar von den Vorteilen, welche die Analogien zwischen dem elektrischen Strom und dem Strom einer materiellen Flüssigkeit bieten, Gebrauch machen sollte, sich jedoch vor Annahmen, die nichtexperimentell geprüft wurden, hüten sollte. Bis jetzt gibt es keinen experimentellen Beweis dafür, ob der elektrische Strom tatsächlich ein Strom materieller Substanz ist und eventuell aus zwei gleichberechtigten Komponenten besteht. Ebenso unbekannt ist seine Geschwindigkeit. Eine genauere Kenntnis in dieser Richtung würde den Aufbau einer vollständigen dynamischen Theorie der Elektrizität gestatten. Man brauchte nicht wie hier von einem unbekannten Phänomen auszugehen, das lediglich den allgemeinen Gesetzen der Dynamik unterworfen ist und somit auch nur allgemeine Schlüsse über Gesamteffekte ermöglicht. Man könnte bei Kenntnis der Bewegung und ihrer Natur auch Aussagen über den ganzen inneren Mechanismus und Details der Bewegung machen.

575. Die experimentelle Untersuchung des zweiten Terms von X_{me}, d. h. von $\mathrm{d}T_{me}/\mathrm{d}x$ ist schwieriger, weil man dazu die Wirkung von Kräften auf schnell bewegte Körper beobachten muß. Um die Existenz solcher Kräfte zu testen, hatte ich 1861 den in Abb. 34 dargestellten Apparat konstruiert. Der Elektromagnet A ist um die horizontale Achse BB' drehbar angeordnet. Er befindet sich in einem Ring, der selbst Drehungen um eine vertikale Achse ausführen kann. A, B, C seien die Trägheitsmomente des Elektromagneten bezüglich seiner eigenen Achse, der horizontalen Achse BB' und einer dritten Achse CC'. Mit θ bezeichne ich den Winkel zwischen der Achse CC' und der Vertikalen, φ sei der Azimutwinkel der Achse BB', und ψ beschreibe die Bewegung der Elektrizität in der Spule. Die kinetische

Energie T des Elektromagneten beträgt dann

$$2T = A\dot{\varphi}^2 \sin^2\theta + B\dot{\theta}^2 + C\dot{\varphi}^2 \cos^2\theta + E(\dot{\varphi}\sin\theta + \dot{\psi})^2. \tag{9}$$

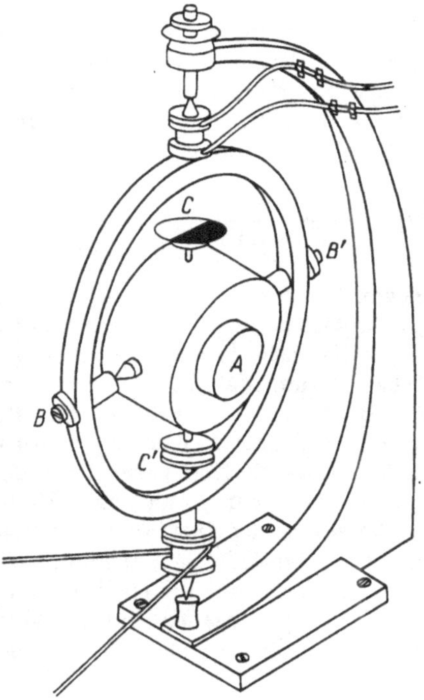

Abb. 34

Dabei ist E eine Größe, die man als Trägheitsmoment der Elektrizität in der Spule bezeichnen kann. Für das Moment Θ, das eine Vergrößerung des Winkels θ bewirkt, erhalten wir aus den LAGRANGEschen Gleichungen

$$\Theta = B\frac{d^2\theta}{dt^2} - \{(A - C)\,\dot{\varphi}^2 \sin\theta\cos\theta + E\dot{\varphi}\cos\theta \times(\dot{\varphi}\sin\theta + \dot{\psi}). \tag{10}$$

Setzen wir die analoge Größe Ψ' gleich Null, d. h., halten wir den Strom konstant, folgt

$$\dot{\varphi} \sin\theta + \dot{\psi} = \gamma. \tag{11}$$

Die Konstante γ repräsentiert die Stromstärke in der Spule. Wählt man das Trägheitsmoment C etwas größer als A, so wird schließlich das Moment Θ verschwinden, und die Gleichgewichtsbedingung für eine stationäre Drehung um die Achse BB' erhält die Gestalt

$$\sin\theta = \frac{E\gamma}{(C - A)\,\dot{\varphi}}. \tag{12}$$

Der Wert von θ hängt von γ, d. h. von der Stromstärke ab. Je nach Richtung des Stromes ist er positiv oder negativ. Der Strom wird von der Batterie durch Schleifkontakte an der vertikalen Achse in den Metallring und von da über die Lager B und B' in die Spule geleitet. Zur Bestimmung des Winkels θ wird eine Papierscheibe bei C befestigt. Diese Scheibe ist durch eine parallel zu BB' verlaufende Trennlinie in eine rote und eine grüne Hälfte geteilt. Im Falle der Bewegung des Instrumentes dreht sich die Scheibe um die Achse CC'. Je nachdem ob θ positiv oder negativ ist, erscheint auf ihr ein roter oder grüner Kreis, dessen Radius ein grobes Maß für den Wert von θ liefert. Mit Hilfe verstellbarer Schraubenmuttern am Elektromagneten läßt sich die Achse CC' zu einer Hauptträgheitsachse machen, deren zugehöriges Trägheitsmoment gerade dasjenige um die Achse A übersteigt. Auf diese Weise kann die Empfindlichkeit des Gerätes für den Nachweis der Kräfte beträchtlich erhöht werden. Die Hauptschwierigkeiten bei den Experimenten entstehen durch den störenden Einfluß des Erdmagnetismus, so daß die erhaltenen Zahlenwerte recht ungenau sind. Es zeigte sich trotzdem keinerlei Anzeichen für Veränderungen des Winkels θ, selbst wenn ein Eisenkern in die Spule eingeführt wurde. Der Drehimpuls des die

Spulenwindungen durchfließenden Stromes muß demnach kleiner als jede meßbare Größe sein. Damit gibt es bis jetzt keinen Hinweis für die Existenz des Energiebeitrages T_{me}.

576. Betrachten wir im weiteren die elektromotorischen Kräfte, die auf die elektrischen Ströme selbst wirken. Y sei eine durch Induktion hervorgerufene effektive elektromotorische Kraft. Um diesen Wert zu kompensieren, muß auf den Leiter eine elektromotorische Kraft der Größe $Y' = -Y$ wirken. Aus den LAGRANGEschen Gleichungen folgt

$$Y = -Y' = -\frac{\mathrm{d}}{\mathrm{d}t}\frac{\mathrm{d}T}{\mathrm{d}\dot{y}} + \frac{\mathrm{d}T}{\mathrm{d}y}. \qquad (13)$$

Der zweite Term verschwindet, da T von der Koordinate y nicht abhängt. Hieraus folgt, daß elektromotorische Kräfte in einem ruhenden System mit konstanten Strömen nicht entstehen können. Spalten wir wieder die Größe Y in die drei Beiträge Y_m, Y_e und Y_{me} auf, entsprechend den drei Anteile von T, so gilt zunächst $Y_m = 0$, da T_m die $\dot{y}$ nicht enthält. Wir finden weiter

$$Y_e = -\frac{\mathrm{d}}{\mathrm{d}t}\frac{\mathrm{d}T_e}{\mathrm{d}\dot{y}}. \qquad (14)$$

Dieser Teil der elektromotorischen Kraft ist demzufolge durch die zeitliche Änderung der Funktion $\mathrm{d}T_e/\mathrm{d}\dot{y}$ gegeben, die linear von den Strömen abhängt. Wir wollen diesen von FARADAY entdeckten Induktionsbeitrag an anderer Stelle ausführlich diskutieren.

577. Der dritte Beitrag zur elektromotorischen Kraft berechnet sich gemäß

$$Y_{me} = -\frac{\mathrm{d}}{\mathrm{d}t}\frac{\mathrm{d}T_{me}}{\mathrm{d}\dot{y}}. \qquad (15)$$

Die Größe $\mathrm{d}T_{me}/\mathrm{d}\dot{y}$ ist eine lineare Funktion der Geschwindigkeit der einzelnen Leiter. Existierten tatsächlich Energieterme der Form T_{me}, wäre es möglich, einfach durch Variation der Geschwindigkeiten der Leiter eine elektromotorische Kraft zu erzeugen und dies unabhängig von allen etwa vorhandenen Strömen. Betrachten wir beispielsweise die in Art. 574 beschriebene Spule. Sobald man die Spule in Drehungen um die vertikale Achse versetzt, müßte in ihr ein elektrischer Strom proportional zur Beschleunigung induziert werden. Dieser Strom müßte bei gleichförmiger Bewegung verschwinden und bei Abbremsen der Bewegung sein Vorzeichen umkehren. Es gibt kaum experimentelle Beobachtungsmethoden mit größerer Präzision als der Nachweis eines Stromes mit Hilfe eines Galvanometers. Die Empfindlichkeit dieser Methode übersteigt bei weitem die der meisten Anordnungen zur Messung mechanischer Kräfte. Man darf daher annehmen, daß ein durch Geschwindigkeitsänderung erzeugter Strom hätte nachgewiesen werden können, selbst wenn er sehr schwach gewesen wäre. Solche Ströme würden sich von gewöhnlichen Induktionsströmen durch folgende Besonderheiten unterscheiden:

a) Sie würden lediglich von den Bewegungen der Leiter abhängen, nicht von den Stromstärken oder vorhandenen magnetischen Kräften.

b) Sie würden nicht durch die absoluten Geschwindigkeiten der Leiter, sondern von deren Beschleunigung oder durch Quadrate und Produkte von Geschwindigkeiten bestimmt werden. Wenn die Beschleunigung in eine Verzögerung übergeht, müßten solche Ströme ihr Vorzeichen wechseln.

In allen bisher untersuchten Fällen hingen die Induktionsströme stets von der Stärke und der Variation der Ströme ab. Die Induktion eines Stromes ohne die Anwesenheit magnetischer Felder oder Ströme ist nicht möglich. Soweit durch die Bewegung von Leitern Ströme induziert werden, so hängen sie von den Geschwindigkeiten und nicht von Geschwindigkeitsänderungen ab. Es gibt somit drei Methoden, um die Existenz von Energiebeiträgen der Gestalt T_{me} nachzuweisen. Bisher hat keine von ihnen ein positives Resultat geliefert. Ich habe mich mit diesen Problemen sehr ausführlich beschäftigt, weil ich es für wichtig halte, größtmögliche Klarheit in einem für die Elektrodynamik so wesentlichen Punkt zu gewinnen. Da bis jetzt kein Nachweis für die Existenz eines solchen Energieterms gelungen ist, werde ich ihn in den weiteren Überlegungen vernachlässigen. Dies wird unsere dynamische Theorie beträchtlich vereinfachen. Wir werden jedoch bei der Diskussion der Beziehungen zwischen Magnetismus und Licht sehen, daß die mit der Ausbreitung des Lichtes zusammenhängende Bewegungsgröße auch in Terme eingehen kann, welche die Ausbreitung der magnetischen Wirkung beschreiben.

Theorie der elektrischen Stromkreise

578. Wir wenden unsere Aufmerksamkeit nun dem Teil der kinetischen Energie des Systems zu, der von Quadraten und Produkten der Stromstärken abhängt. Wir werden ihn als elektrokinetische Energie des Systems bezeichnen. Der Energiebeitrag, der lediglich von der Bewegung der Leiter bestimmt ist, wird in der gewöhnlichen Dynamik behandelt, während Beiträge, die von Produkten aus Geschwindigkeiten und Strömen abhängen, nicht existieren oder vernachlässigbar sind, wie wir gesehen haben. Wir wollen die verschiedenen Stromkreise mit A_1, A_2, ... bezeichnen. Ihre Form und ihre relative Lage wird durch die geometrischen Variablen x_1, x_2, ... beschrieben, deren Zahl mit der Anzahl der mechanischen Freiheitsgrade übereinstimmt. Mit y_1 bezeichnen wir die Elektrizitätsmenge, die in der Zeit t durch einen Querschnitt des Leiters A_1 geflossen ist. Die Ableitung $\dot{y}_1$ gibt die entsprechende Stromstärke an. Wir werden auch $\dot{y}_1$ als aktuellen Strom und y_1 als integralen Strom bezeichnen. Für jeden Stromkreis in unserem System gibt

es ein solches Paar von Variablen. Die elektrokinetische Energie T des Systems ist eine homogene Funktion zweiten Grades bezüglich der Stromstärken. Sie besitzt die Form

$$T = \frac{1}{2} L_1 \dot{y}_1^2 + \frac{1}{2} L_2 \dot{y}_2^2 + \cdots + M_{12} \dot{y}_1 \dot{y}_2 + \cdots, \qquad (16)$$

wobei die Koeffizienten L, M Funktionen der geometrischen Variablen $x_1, x_2, \ldots$ sind. Die elektrischen Variablen $y_1, y_2, \ldots$ gehen in diese Größen nicht ein. Wir können die Koeffizienten $L_1, L_2, \ldots$ als elektrische Trägheitsmomente der Leiter $A_1, A_2, \ldots$ und M_{12} als elektrisches Trägheitsprodukt der beiden Leiter A_1 und A_2 bezeichnen. Wollen wir jedoch die Ausdrucksweise der gewöhnlichen Dynamik vermeiden, sprechen wir besser von L_1 als dem Koeffizienten der Selbstinduktion des Leiters A_1 und von M_{12} als dem Koeffizienten der gegenseitigen Induktion der Leiter A_1 und A_2. M_{12} heißt auch Potential des Leiters A_1 bezüglich des Leiters A_2. Die Größen hängen nur von der Form und der relativen Lage der Stromkreise ab. Im elektromagnetischen Maßsystem besitzen sie die Dimension einer Länge (s. Art. 627). Differenzieren wir T bezüglich $\dot{y}_1$, erhalten wir eine Größe p_1, die in der Dynamik gewöhnlich als Impuls bezeichnet wird. Hier in einer elektrischen Theorie werden wir p_1 als elektrokinetischen Impuls des Leiters A_1 bezeichnen. Sein Wert ist gegeben durch

$$p_1 = L_1 \dot{y}_1 + M_{12} \dot{y}_2 + \cdots \qquad (17)$$

Der elektrokinetische Impuls des Leiters A_1 bestimmt sich folglich aus dem Produkt seines Stromes mit dem Selbstinduktionskoeffizienten und aus der Summe der Produkte der anderen Ströme mit den entsprechenden Koeffizienten der gegenseitigen Induktion.

Die elektromotorische Kraft

579. E sei die elektromotorische Kraft, beispielsweise einer Batterie, die am Stromkreis A anliegt. Sie ruft einen Strom, unabhängig von Induktionseffekten, her-

vor. Ist R der Widerstand des Leiters, so muß nach dem OHMschen Gesetz eine elektromotorische Kraft $R\dot{y}$ zur Überwindung dieses Widerstandes aufgebracht werden, so daß für die Veränderung des elektrokinetischen Impulses eine elektromotorische Kraft der Größe $E-R\dot{y}$ übrigbleibt. Bezeichnen wir diese Kraft mit Y', so gilt allgemein

$$Y' = \frac{\mathrm{d}p}{\mathrm{d}t} - \frac{\mathrm{d}T}{\mathrm{d}y}. \tag{18}$$

Da T die Größe y nicht enthält, verschwindet der letzte Term, und die Gleichung für die elektromotorische Kraft reduziert sich auf

$$E - R\dot{y} = Y' = \frac{\mathrm{d}p}{\mathrm{d}t} \tag{19}$$

oder

$$E = R\dot{y} + \frac{\mathrm{d}p}{\mathrm{d}t}. \tag{20}$$

Die aufgeprägte elektromotorische Kraft E zerfällt demzufolge in zwei Teile. Der erste, $R\dot{y}$, dient zur Aufrechterhaltung des Stromes $\dot{y}$ bei gegebenem Widerstand R, der zweite bewirkt eine Vergrößerung des elektrokinetischen Impulses p. Die elektromotorische Kraft, die infolge der elektromagnetischen Induktion entsteht, beträgt $-\mathrm{d}p/\mathrm{d}t$, d. h., sie ist durch die zeitliche Änderung des elektrokinetischen Impulses des Stromkreises bestimmt.

Die elektromagnetische Kraft

580. X' sei die x-Komponente einer äußeren mechanischen Kraft. Nach LAGRANGE haben wir

$$X' = \frac{\mathrm{d}}{\mathrm{d}t}\frac{\mathrm{d}T}{\mathrm{d}\dot{x}} - \frac{\mathrm{d}T}{\mathrm{d}x}. \tag{21}$$

Die elektrokinetische Energie hängt nicht von den Geschwindigkeiten $\dot{x}$ ab, so daß sich dieser Ausdruck reduziert zu

$$X' = -\frac{\mathrm{d}T}{\mathrm{d}x}. \tag{22}$$

Eine äußere Kraft dieser Größe ist nötig, um die elektromagnetische Kraft X zu kompensieren. X ist entgegengesetzt gleich zu X':

$$X = \frac{\mathrm{d}T}{\mathrm{d}x}, \tag{23}$$

d. h., die Komponenten der elektromagnetischen Kraft berechnen sich aus der Ableitung der elektrokinetischen Energie nach den entsprechenden Ortsvariablen. Die Ströme werden dabei konstant gehalten. Werden bei einer räumlichen Verschiebung des Leiters, bei der die elektromagnetischen Kräfte eine Arbeit W leisten, die Ströme durch eine Batterie konstant gehalten, so muß die Batterie neben der Energie, die im Stromkreis in Wärme umgesetzt wird, den doppelten Energiebeitrag $2W$ aufbringen. Das hat seinen Grund darin, daß zusätzlich die elektrokinetische Energie des Systems um den Betrag W zunimmt. Darauf hat zuerst W. Thomson[1]) hingewiesen. Man vergleiche dieses Resultat mit den in Art. 93 diskutierten elektrostatischen Eigenschaften.

Der Fall zweier Stromkreise

581. Der Primärstromkreis sei mit A_1, der Sekundärstromkreis mit A_2 bezeichnet. Die elektrokinetische Energie des Systems ist

$$T = \frac{1}{2} L\dot{y}_1^2 + M\dot{y}_1\dot{y}_2 + \frac{1}{2} N\dot{y}_2^2. \tag{24}$$

[1]) Nichols Cyclopaedia of the Physical Sciences, ed. 1860, „Magnetism, Dynamical Relations of.“

L und N sind die Selbstinduktionskoeffizienten des Primär- und des Sekundärkreises, M ist der Koeffizient der gegenseitigen Induktion. Wir setzen voraus, daß auf den Sekundärstromkreis außer der Induktionswirkung des Primärkreises keine weitere elektromotorische Kraft wirke. Dann können wir schreiben

$$E_2 = R_2\dot{y}_2 + \frac{\mathrm{d}}{\mathrm{d}t}(M\dot{y}_1 + N\dot{y}_2) = 0. \tag{25}$$

Integration dieser Gleichung bezüglich der Zeit t liefert

$$R_2 y_2 + M\dot{y}_1 + N\dot{y}_2 = C. \tag{26}$$

Hier ist C eine Konstante und y_2 der integrale Strom im Sekundärkreis. Die experimentelle Methode zur Bestimmung eines integralen Stromes wird in Art. 748 beschrieben. In vielen Fällen ist die Dauer des induzierten Sekundärstromes sehr kurz. Versieht man die Größen zur Zeit t mit einem Strich, entsteht die Beziehung

$$R_2 y_2 = M\dot{y}_1 + N\dot{y}_2 - (M'\dot{y}_1' + N'\dot{y}_2'), \tag{27}$$

wobei y_2 der integrale Strom bzw. die gesamte Ladungsmenge ist, die während der Zeit t durch einen Querschnitt des Sekundärkreises geflossen ist. Der Sekundärstrom soll vollständig durch Induktion verursacht worden sein. Sein Anfangswert $\dot{y}_2$ ist Null, wenn die Leiter zu Beginn der Zeit t bei konstantem Primärstrom in Ruhe waren. Sein Endwert $\dot{y}_2'$ soll ebenfalls verschwinden. Damit erhalten wir schließlich

$$R_2 y_2 = M\dot{y}_1 - M'\dot{y}_1 \tag{28}$$

d. h., der integrale Strom des Sekundärkreises hängt in diesem Falle nur von den Anfangs- und Endwerten der Größe $M\dot{y}_1$ ab.

Die Induktionsströme

582. Betrachten wir zunächst einen offenen Primärstromkreis, in dem durch Schließen des Kontaktes ein Strom $\dot{y}_1'$ eingeschaltet wird. Der integrale Strom im Sekundärstromkreis beträgt dann

$$R_2 y_2 = -M' \dot{y}_1'. \tag{29}$$

Liegen die beiden Stromkreise nebeneinander und verlaufen in gleicher Richtung, ist M' eine positive Größe, und der induzierte Strom fließt in entgegengesetzter Richtung wie der Primärstrom. Beim Unterbrechen des Kontaktes im Primärstromkreis folgt für den induzierten integralen Strom y_2

$$R_2 y_2 = M \dot{y}_1. \tag{30}$$

Der Sekundärstrom ist jetzt positiv. Hält man nun den Primärstrom konstant und verändert die Form und die relative Lage der Stromkreise, so daß M in M' übergeht, erhalten wir für den sekundären integralen Strom y_2

$$R_2 y_2 = (M - M') \dot{y}_1. \tag{31}$$

Liegen wieder beide Stromkreise nebeneinander und erstrecken sich in gleicher Richtung, nimmt M mit wachsendem Abstand zwischen den Stromkreisen ab. Daraus folgt, daß bei Vergrößerung des Abstandes ein positiver und bei Verkleinerung des Abstandes ein negativer Strom induziert wird. Dies sind elementare Beispiele für die Induktion eines Stromes. Sie wurden bereits in Art. 530 angeführt.

Mechanische Wirkungen zwischen zwei Stromkreisen

583. Die Koordinate x sei eine der geometrischen Variablen, die Form und relative Lage der Stromkreise beschreiben. Die entsprechende Komponente der elektro-

magnetischen Kraft ist

$$X = \frac{1}{2}\dot{y}_1^2\frac{\mathrm{d}L}{\mathrm{d}x} + \dot{y}_1\dot{y}_2\frac{\mathrm{d}M}{\mathrm{d}x} + \frac{1}{2}\dot{y}_2^2\frac{\mathrm{d}N}{\mathrm{d}x}. \tag{32}$$

Erfolgt die Bewegung des Systems bezüglich x so, daß die Stromkreise starr bleiben, dann sind L und N unabhängig von x, und die Gleichung reduziert sich auf die Gestalt

$$X = \dot{y}_1\dot{y}_2\frac{\mathrm{d}M}{\mathrm{d}x}. \tag{33}$$

Wenn also Primär- und Sekundärstrom gleiches Vorzeichen haben, so sucht die zwischen den Stromkreisen wirkende Kraft eine Bewegung hervorzurufen, bei der sich M vergrößert. Eine Vergrößerung von M läßt sich nun durch Verringerung des gegenseitigen Abstandes der Leiter erreichen. Folglich herrscht zwischen parallelen Strömen eine Anziehungskraft.

584. Sowohl die Induktionserscheinungen als auch die mechanischen Kräfte, die zwischen zwei stromdurchflossenen Leitern wirken, hängen vom Koeffizienten der gegenseitigen Induktion M ab. In Art. 524 wird die Methode angegeben, wie man diese Größe aus der geometrischen Anordnung der Stromkreise berechnen kann. Wir werden im folgenden Kapitel nicht von der mathematischen Herleitung oder Form dieser Größe ausgehen, sondern sie aus Induktionsexperimenten als Parameter entnehmen. Dazu kann beispielsweise die Beobachtung des induzierten integralen Stromes dienen, wenn man den Sekundärkreis plötzlich aus einer gegebenen Lage ins Unendliche bzw. an einen Ort, an dem $M = 0$ gilt, bewegt.

Anmerkung[1])

Im Cavendish Laboratorium existiert ein von MAXWELL entworfenes Modell, das die Gesetze für die Induktion von Strömen sehr klar veranschaulicht. Es ist in Abb. 34a dargestellt. P und

[1]) Hinzugefügt von J. J. THOMSON für die dritte Auflage der „Abhandlungen“

Q sind zwei Scheiben. Die Rotation von P stellt den Primärstrom, die Rotation von Q den Sekundärstrom dar. Beide Scheiben sind über ein Differentialgetriebe miteinander verbunden. Das mittlere Getrieberad trägt ein Schwungrad, dessen Trägheitsmoment durch Verschieben von Gewichten verändert werden kann. Der

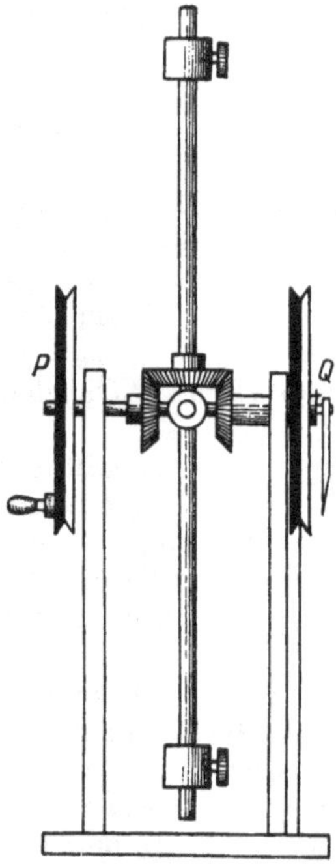

Abb. 34a

Widerstand des Sekundärkreises wird durch Reibung einer Schnur simuliert, die über Q läuft und durch ein elastisches Band gespannt wird. Setzt man die Scheibe P in Bewegung (Einschalten eines Stromes im Primärkreis), so wird sich Q in die entgegengesetzte Richtung drehen (entgegengesetzter Strom). Wenn die Rotationsgeschwindigkeit von P konstant geworden ist, bleibt Q in Ruhe (Verschwinden des Induktionsstromes, wenn der

Primärstrom sich nicht mehr ändert). Beim Abstoppen der Scheibe *P* beginnt *Q* sich zu drehen, und zwar in die gleiche Richtung wie vorher *P* (paralleler Sekundärstrom beim Öffnen des Stromkreises). Die Verstärkung der Induktion durch einen Eisenkern kann durch die Vergrößerung des Trägheitsmomentes des Schwungrades simuliert werden.

XXV. Dynamische Theorie des elektromagnetischen Feldes*

(Eingereicht am 27. Oktober, vorgetragen am 8. Dezember 1864)

Teil I

Einleitung

1. Das hervorstechendste mechanische Phänomen, das bei elektrischen und magnetischen Experimenten auftritt, ist die gegenseitige Wirkung, unter der sich die Körper in Bewegung setzen können, obwohl sie noch einen deutlichen Abstand voneinander besitzen. Der erste Schritt, diese Phänomene einer wissenschaftlichen Beschreibung zugänglich zu machen, besteht darin, Größe und Richtung der zwischen den Körpern wirkenden Kraft zu ermitteln. Wenn sich dabei herausstellt, daß diese Kraft in bestimmter Weise von der relativen Lage der Körper und ihrem elektrischen oder magnetischen Zustand abhängt, so liegt es zunächst nahe, diesen Zustand und die Fähigkeit der Fernwirkung gemäß den mathematischen Gesetzen durch die Annahme einer ruhenden oder bewegten Substanz in jedem Körper zu erklären. In dieser Weise wurden die mathematischen Theorien der statischen Elektrizität, des Magnetismus, der mechanischen Wirkung zwischen stromdurchflossenen Leitern und der Induktion von Strömen aufgebaut. Die zwischen zwei

*) Aus Royal Society Transactions, Vol. CLV.

Körpern wirkende Kraft wird in diesen Theorien lediglich mit dem Zustand der Körper und deren relativer Anordnung im Raum in Verbindung gebracht. Der Zustand des umgebenden Mediums wird nicht betrachtet. Diese Theorien nehmen mehr oder weniger explizit die Existenz von Substanzen an, deren Teilchen über die Entfernung hinweg anziehende oder abstoßende Wirkungen aufeinander ausüben können. Die vollständigste Darstellung einer solchen Theorie finden wir bei W. WEBER[1]). Seine Theorie umfaßt elektrostatische und elektromagnetische Phänomene. Allerdings ist man in ihr zu der Annahme gezwungen, daß die Kraft zwischen zwei elektrischen Teilchen sowohl von ihrer relativen Geschwindigkeit als auch von ihrem Abstand abhängt. Die Theorie, wie sie von W. WEBER und C. NEUMANN[2]) entwickelt wurde, ist außerordentlich anspruchsvoll und besitzt eine breite Anwendungsmöglichkeit auf die Erscheinungen der statischen Elektrizität, der elektromagnetischen Kräfte, der Induktion und des Diamagnetismus. Sie hat darüber hinaus mit zu dem großen Fortschritt im experimentellen Bereich beigetragen, wie er sich in der Einführung eines konsistenten elektrischen Maßsystems und der Möglichkeit, die elektrischen Größen mit einer bisher unbekannten Genauigkeit zu bestimmen, äußert.

2. Die mechanischen Schwierigkeiten, die aus der Annahme von Teilchen, deren gegenseitige Kräfte geschwindigkeitsabhängig sind und über die Distanz hinweg wirken, resultieren, lassen jedoch erkennen, daß diese Theorie noch keinen endgültigen Charakter besitzt. Trotzdem liefert sie einen nützlichen Beitrag zu einer Zusammenfassung der Phänomene. Ich habe mich bemüht, die Erklärung der Fakten in einer anderen Richtung zu suchen. Meine Betrachtung geht davon aus, daß die

---

[1]) „Elektrodynamische Maßbestimmungen", Leipzig Trans. Bd. I, 1849, und Taylors „Scientific Memoirs", Bd. V Art. XIV.

[2]) Explicare tentatur quomodo fiat ut lucis planum polarizationis per vires electricas vel magnetica declinetur. — Halis Saxonum, 1858.

Wirkungen sowohl das umgebende Medium als auch die Körper selbst erfassen, so daß eine Erklärung der Kraftwirkung zwischen voneinander entfernten Körpern ohne die Annahme einer direkten Fernwirkung möglich wird.

3. Die von mir vorgeschlagene Theorie könnte man deshalb als eine Theorie des elektromagnetischen Feldes bezeichnen. Sie beschäftigt sich mit dem Raum in der Umgebung elektrischer oder magnetischer Körper. Sie könnte gleichzeitig eine dynamische Theorie genannt werden, da sich in jenem Raum Materie bewegt, wodurch die beobachteten elektromagnetischen Phänomene hervorgerufen werden.

4. Das elektromagnetische Feld gehört zum Raum, der die Körper in elektrischen oder magnetischen Zuständen umgibt. Dieser Raum kann mit irgendwelcher Materie angefüllt sein, man kann aber auch versuchen, ihn leer zu machen, wie im Falle der GEISSLERschen Röhre oder anderer sogenannter Vakua. Es bleibt jedoch stets genug Materie, so daß eine Wellenausbreitung des Lichtes und der Wärme stattfindet. Da sich die Ausbreitung dieser Strahlungen nicht wesentlich ändert, wenn man transparente Körper meßbarer Dichte an die Stelle des Vakuums bringt, liegt es nahe anzunehmen, daß die Wellenausbreitung durch einen Äther vermittelt wird. Die Anwesenheit gewöhnlicher Materie sollte die Bewegung des Äthers lediglich modifizieren. Die Phänomene der Licht- und Wärmeausbreitung lassen tatsächlich die Existenz eines Äther-Mediums vermuten, das den Raum ausfüllt, alle Körper durchdringt und die Fähigkeit der Bewegung und deren Ausbreitung von einem Punkt zum anderen besitzt. Auch überträgt sich die Ätherbewegung auf die gewöhnliche Materie, etwa wie im Falle der Erwärmung oder anderer Effekte.

5. Die Energie, die ein Körper beim Erwärmen erhält, muß vorher in dem sich bewegenden Medium enthalten sein, denn die Welle hat bereits die Wärmequelle verlassen, bevor sie den Körper erreicht. In dieser Zwischenzeit muß die Energie zur Hälfte in der Bewegung des

Mediums und zur Hälfte als elastische Energie gespeichert werden. Aus solchen Betrachtungen hat Professor W. THOMSON gefolgert[1]), daß die Dichte des Mediums mit der Dichte gewöhnlicher Materie vergleichbar sein muß. Er hat eine untere Grenze angegeben.

6. Wir können damit die Existenz eines durchdringenden Mediums als eine Tatsache konstatieren, die von einem Zweig der Wissenschaft abgeleitet wurde, der unabhängig von unseren Bemühungen hier ist. Das Medium müßte eine kleine, aber reale Dichte haben und die Fähigkeit besitzen, Bewegung mit großer, aber endlicher Geschwindigkeit zu übertragen. Die Teile dieses Mediums müssen folglich so miteinander wechselwirken, daß die Bewegung eines Teils in bestimmter Weise von der Bewegung der anderen Teile abhängt. Gleichzeitig muß eine gewisse elastische Dehnbarkeit vorliegen, da die Übertragung der Bewegung nicht plötzlich geschieht, sondern Zeit erfordert. Das Medium speichert demnach zwei Arten von Energie, und zwar die aktuelle Energie, wie sie sich in der Bewegung seiner Teilchen darstellt, und die potentielle Energie, die in der elastischen Deformation steckt. Die Ausbreitung der Wellen besteht in der ständigen Transformation von einer Energieform in die andere. In jedem Augenblick liegt die Energie des Mediums zur Hälfte als Bewegungsenergie und zur Hälfte als elastische Energie vor.

7. Ein Medium mit solchen Eigenschaften kann neben den Licht- und Wärmephänomenen auch andere Bewegungs- und Deformationsformen haben, die sich in entsprechenden Erscheinungen äußern.

8. Wir wissen, daß das lichtübertragende Medium in bestimmten Fällen durch Magnetismus beeinflußt wird. So hat FARADAY[2]) entdeckt, daß die Polarisation eines Lichtstrahles gedreht wird, wenn er durch ein trans-

[1]) „Über die mögliche Dichte des lichtübertragenden Mediums und über die mechanischen Werte für eine Kubikmeile Sonnenlicht", Transactions of the Royal Society of Edinburgh (1854), S. 57.

[2]) Experimental Researches, Reihe XIX.

parentes diamagnetisches Medium in Richtung der magnetischen Kraftlinien läuft. Das Magnetfeld kann dabei durch Magneten oder Ströme erzeugt worden sein. Die Rotation erfolgt stets in die Richtung, in die eine positive Ladung um den diamagnetischen Körper laufen muß, um die aktuelle Magnetisierung zu erzeugen. M. VERDET[1]) hat folgerichtig festgestellt, daß die Rotation in die entgegengesetzte Richtung geht, wenn man den diamagnetischen Körper durch eine paramagnetische Substanz, wie etwa eine Lösung von Eisenperchlorid in Äther, ersetzt.

Nach Professor W. THOMSON[2]) reicht eine Verteilung der Kräfte, wie sie zwischen den Teilchen eines Mediums wirken, dessen einzige Bewegung in den Lichtschwingungen besteht, nicht zur Erklärung der Erscheinungen aus. Man muß zusätzlich zur Schwingungsbewegung, die zur Lichtausbreitung führt, eine von der Magnetisierung abhängige Bewegung im Medium zulassen. Zwar wurde die Drehung der Polarisationsebene durch Magnetismus nur in Substanzen beträchtlicher Dichte beobachtet, doch ändern sich die Eigenschaften des magnetischen Feldes nicht entscheidend, wenn man die Substanz durch eine andere oder durch ein Vakuum ersetzt. Ein dichtes Medium sollte deshalb lediglich die Ätherbewegung modifizieren. Es ist gerechtfertigt, nach einer speziellen Ätherbewegung zu forschen, die überall dort auftritt, wo magnetische Effekte beobachtet werden. Einige Gründe lassen vermuten, daß diese Bewegung eine Rotation mit der Achse in Richtung der magnetischen Kraft darstellt.

9. Wir möchten nun ein weiteres Phänomen diskutieren, das im elektromagnetischen Feld beobachtet wird. Bewegt man einen Körper quer zu den magnetischen Kraftlinien, so erfährt er eine elektromotorische Kraft. Seine beiden Enden suchen sich entgegengesetzt aufzuladen, und es wird ein elektrischer Strom fließen. Ist die elektro-

[1]) Comptes Rendus (1856, zweites Halbjahr, S. 529, und 1857, erstes Halbjahr, S. 1209).

[2]) Proceedings of the Royal Society, Juni 1856 und Juni 1861.

motorische Kraft hinreichend stark, und haben wir einen geeignet zusammengesetzten Körper vor uns, so wird sich dieser zersetzen, wobei seine beiden Komponenten in entgegengesetzte Richtungen wandern. Wir haben damit den Nachweis für eine Kraft, die trotz des Widerstandes einen elektrischen Strom verursacht. Die entgegengesetzte Aufladung der Enden eines Körpers läßt sich nur durch die Wirkung einer elektromotorischen Kraft aufrechterhalten. Wird diese beseitigt, so stellt sich durch Ausgleich der Ladungen der ursprüngliche elektrische Zustand des Körpers wieder her. Eine elektromotorische Kraft vermag chemische Verbindungen aufzuspalten und ihre Komponenten in entgegengesetzte Richtungen zu transportieren, auch wenn eine natürliche Tendenz zur Bindung vorliegt. Eine solche Bindungskraft kann eine elektromotorische Kraft in entgegengesetzter Richtung erzeugen. Eine elektromotorische Kraft wird also auf einen Körper wirken, wenn dieser durch ein elektromagnetisches Feld bewegt wird oder wenn das Feld selbst verändert wird. Das Auftreten einer solchen Kraft äußert sich in der Erzeugung eines Stromes und damit in einer Erwärmung des Körpers, in einer Zersetzung des Körpers, oder, wenn beides nicht möglich ist, in einer elektrischen Polarisation. Der Polarisationszustand ist ein Spannungszustand, bei dem zwei gegenüberliegende Seiten des Körpers entgegengesetzt geladen sind. Der Körper sucht sich aus diesem Zustand zu befreien, sobald die störende Kraft beseitigt ist.

10. Gemäß der Theorie, die ich hier entwickeln möchte, wird die elektromotorische Kraft während der Bewegung durch das Medium wirksam. Sie ist dafür verantwortlich, daß sich der Bewegungszustand von einem Ort zum anderen fortpflanzen kann. Wirkt die elektromotorische Kraft auf einen leitenden Stromkreis, so wird sich ein Strom entwickeln, und infolge des Widerstandes wird ständig elektrische Energie in Wärmeenergie übergehen. Ein Umkehrprozeß, bei dem diese Wärme wieder in elektrische Energie überführt wird, ist nicht möglich.

11. Eine elektromotorische Kraft, die auf ein Dielektrikum wirkt, erzeugt einen Polarisationszustand seiner Teilchen. Diese Polarisation entspricht der Polarität der Teilchen in einer Eisenprobe unter dem Einfluß eines Magneten. Sie ist damit analog zur magnetischen Polarisation, die als ein Zustand beschrieben werden kann, bei dem jedes Teilchen entgegengesetzte Pole trägt[1]). Wir können davon ausgehen, daß in einem Dielektrikum unter dem Einfluß der elektromotorischen Kraft die Elektrizität in jedem Molekül so verschoben wird, daß eine Seite positiv, die andere negativ geladen wird. Die Elektrizität wird dabei nicht von einem Molekül zum anderen transportiert, sondern bleibt mit dem jeweiligen Molekül verbunden. Betrachtet man das gesamte Dielektrikum, so entspricht dieser Polarisationseffekt einer allgemeinen Verschiebung der Ladungen in eine bestimmte Richtung, die keinen bleibenden Strom hervorruft, da sie einem Wert konstanter Größe zustrebt. Eine solche Verschiebung kann jedoch der Ausgangspunkt für einen Strom in positiver oder negativer Richtung sein, je nachdem ob sich die Verschiebung der Ladungen vergrößert oder verkleinert. Im Innern des Dielektrikums wird sich die Elektrisierung nicht bemerkbar machen, da sich die entgegengesetzten Ladungen auf den Oberflächen benachbarter Moleküle gegenseitig in ihrer Wirkung neutralisieren. Auf der Begrenzungsfläche des Dielektrikums ist jedoch die Möglichkeit einer Neutralisierung nicht gegeben, so daß wir Phänomene, die auf positive oder negative Aufladung hinweisen, beobachten können. Die Beziehung zwischen der elektromotorischen Kraft und dem Wert der elektrischen Verschiebung hängt von der Natur des Dielektrikums ab. Eine gegebene elektromotorische Kraft ruft im allgemeinen in festen Dielektrika wie Glas oder Schwefel eine größere elektrische Verschiebung hervor als in Luft.

---

[1]) FARADAY, Experimental Researches, Reihe XI; MOSOTTI, Mem. della Soc. Italiana (Modena), Bd. XXIV. Teil 2, S. 49.

12. Wir begegnen damit einem anderen Effekt der elektromotorischen Kraft, und zwar einer elektrischen Verschiebung, die gemäß unserer Theorie eine Art elastische Dehnbarkeit darstellt, ähnlich wie sie bei gewissen Konstruktionen oder Maschinen infolge fehlender Starrheit der Verbindungen auftritt.

13. Die praktische Untersuchung der induktiven Polarisierbarkeit eines Dielektrikums wird durch zwei störende Effekte erschwert. Der erste besteht in der Leitfähigkeit des Dielektrikums, die sich auch bemerkbar macht, wenn sie sehr klein ist; der zweite Effekt wird als elektrische Absorption[1]) bezeichnet und äußert sich folgendermaßen. Wenn das Dielektrikum einer elektromotorischen Kraft ausgesetzt wird, wächst die elektrische Verschiebung allmählich an; wird die elektromotorische Kraft beseitigt, kehrt das Dielektrikum nicht sofort in seinen Ausgangszustand zurück. Es wird nur ein Teil der Polarisierung abgebaut. Überläßt man den Körper sich selbst, entstehen Oberflächenladungen, während die Depolarisierung im Innern allmählich fortschreitet. Fast alle festen Dielektrika zeigen diese Erscheinung, die beispielsweise für die Restladung in einer Leidener Flasche und für einige von F. JENKIN[2]) beschriebenen Phänomene an elektrischen Kabeln verantwortlich ist.

14. Neben der Verschiebbarkeit der Ladungen in einem idealen Dielektrikum, das wir mit einem ideal elastischen Körper verglichen haben, gibt es damit noch zwei weitere Arten von Verschiebbarkeit. Die Beweglichkeit infolge der Leitfähigkeit der Substanz können wir mit den Verhältnissen in einer viskosen Flüssigkeit, d. h. einer Flüssigkeit mit starker innerer Reibung oder mit einem weichen Festkörper vergleichen, bei dem bereits die kleinste Kraft eine im Zeitablauf sich immer mehr vergrößernde Gestaltsänderung hervorruft. Die Verschiebbarkeit infolge der elektrischen Absorption kann mit den Eigen-

---

[1]) FARADAY, Experimental Researches, 1233–1250. Reports of British Association, 1859, S. 248, und

[2]) Report of Committee of Board of Trade on Submarine Cables, S. 136, 464.

schaften eines elastischen Körpers verglichen werden, der mit einer zähen Flüssigkeit gefüllte Hohlräume enthält. Wegen der Zähigkeit der Flüssigkeit läßt sich ein solcher Körper nur allmählich zusammendrücken. Wenn der Druck weggenommen wird, stellt sich seine ursprüngliche Form nicht sofort wieder her, da die Elastizität des Körpers erst nach und nach die Zähigkeit der Flüssigkeit überwinden muß. Es gibt mehrere Festkörper, in denen keine solche Struktur vorliegt, die aber trotzdem ähnliche mechanische Eigenschaften[1]) besitzen; und es ist wahrscheinlich, daß diese Substanzen, wenn sie Dielektrika sind, analoge elektrische Eigenschaften zeigen bzw., wenn sie magnetisch sind, einen entsprechenden Auf- und Abbau der magnetischen Polarität erkennen lassen.

15. Bestimmte elektrische und magnetische Phänomene scheinen in Übereinstimmung mit der Optik zu gleichartigen Schlußfolgerungen zu führen. Danach sollte es einen alle Körper durchdringenden Äther geben, dessen Bewegung durch die Anwesenheit der Körper lediglich modifiziert wird. Elektrische Ströme und Magneten vermögen dieses Medium in Bewegung zu setzen, wobei sich die Bewegung von einem Punkt zum anderen fortpflanzt. Dies ist möglich durch die Existenz elastischer Kräfte in diesem Medium. Es treten folglich zwei verschiedene Energieformen auf, und zwar die tatsächliche Energie der Bewegung und die mit den elastischen Deformationen verbundene potentielle Energie.

16. Wir haben damit einen komplizierten Mechanismus vor uns, der eine außerordentlich große Vielfalt von Bewegungsmöglichkeiten zuläßt. Gemäß bestimmten Relationen sind alle Bewegungen miteinander gekoppelt; sie werden mittels der elastischen Kräfte, die aus den relativen Verschiebungen resultieren, übertragen. Ein solcher Bewegungsmechanismus muß den allgemeinen Gesetzen der Dynamik unterliegen. Aus diesen Gesetzen

[1]) Wie beispielsweise eine Mischung von Leimstoffen, Melasse usw., die, zu kleinen plastischen Gebilden geformt, nach einer Verzerrung allmählich wieder ihre Form zurückgewinnen.

können wir alle Schlußfolgerungen bezüglich des Bewegungsablaufes gewinnen, vorausgesetzt, wir kennen die Wechselwirkung im Medium.

17. Wenn ein elektrischer Strom durch einen Stromkreis fließt, so wissen wir, daß das den Leiter umgebende Feld durch bestimmte magnetische Eigenschaften charakterisiert wird. Entsprechend überlagerte Feldeigenschaften treten bei Anwesenheit zweier Stromkreise auf. Jeder Teil des Feldes wird dann durch beide Ströme beeinflußt, und die Ströme treten über das Magnetfeld miteinander in Wechselwirkung. Das erste Resultat dieser Wechselwirkung, das ich untersuchen möchte, ist die Induktion eines Stromes durch Veränderung des anderen Stromes oder durch die Bewegung des Leiters im Feld. Das zweite Resultat, das sich aus der Wechselwirkung ableiten läßt, ist die mechanische Kraftwirkung zwischen stromdurchflossenen Leitern. Die Induktion von Strömen wurde von HELMHOLTZ[1]) und THOMSON[2]) aus ihren mechanischen Wirkungen abgeleitet. Ich gehe umgekehrt vor und folgere die mechanische Wirkung aus den Induktionsgesetzen. Des weiteren gebe ich experimentelle Methoden an, wie man die Größen L, M, N, von denen diese Phänomene abhängen, bestimmen kann.

18. Ich werde dann die Erscheinungen der Induktion und der Kraftwirkung zwischen Strömen zur Untersuchung des elektromagnetischen Feldes heranziehen und dabei das dem Feld und seinen magnetischen Eigenschaften entsprechende Kraftliniensystem entwerfen. Die Untersuchung des Feldes mit Hilfe eines Magneten liefert die Verteilung seiner magnetischen Äquipotentialflächen, welche die Kraftlinien im rechten Winkel schneiden. Um diese Resultate der mathematischen Behandlung zugänglich zu machen, werde ich sie in Gestalt der allgemeinen Gleichungen des elektromagne-

---

[1]) „Erhaltung der Kraft", Physikalische Gesellschaft zu Berlin, 1847; und TAYLORS' Scientific Memoirs, 1853, S. 114.

[2]) Reports of the British Association, 1848; Philosophical Magazine, Dez. 1851.

tischen Feldes formulieren. Diese Gleichungen beinhalten folgendes:

(A) Die Beziehung zwischen elektrischer Verschiebung, wahrer Leitfähigkeit und dem Gesamtstrom, der aus beiden resultiert.

(B) Die Beziehung zwischen den magnetischen Kraftlinien und den Induktionskoeffizienten eines Stromkreises, wie sie bereits aus den Induktionsgesetzen abgeleitet wurde.

(C) Die Beziehung zwischen der Stärke eines Stromes und seinen magnetischen Wirkungen gemäß dem elektromagnetischen Maßsystem.

(D) Der Wert der elektromotorischen Kraft in einem Körper, der im Feld bewegt wird; die Änderung des Feldes selbst und die räumliche Verteilung des elektrischen Potentials.

(E) Die Beziehung zwischen elektrischer Verschiebung und anliegender elektromotorischer Kraft.

(F) Die Beziehung zwischen dem elektrischen Strom und der anliegenden elektromotorischen Kraft.

(G) Die Beziehung zwischen der Größe der freien Ladungsmenge an einem Punkt und der elektrischen Verschiebung in der Umgebung.

(H) Die Beziehung zwischen der Vergrößerung oder Verkleinerung der freien Ladungsmenge und den elektrischen Strömen in der Umgebung.

Insgesamt gibt dies 20 Gleichungen mit 20 variablen Größen.

19. Mit Hilfe dieser Größen läßt sich die Energie des elektromagnetischen Feldes darstellen. Sie hängt von der magnetischen und der elektrischen Polarisation an jedem Punkt ab. Daraus wird dann die mechanische Kraft abgeleitet, die auf einen beweglichen stromdurchflossenen Leiter, auf einen magnetischen Pol oder auf einen geladenen Körper wirkt. Die auf einen geladenen Körper wirkende mechanische Kraft ermöglicht uns eine unabhängige Meßmethode für elektrische Größen, die auf elektrostatischen Effekten beruht. Es wird gezeigt, daß

die Beziehung zwischen den Einheiten, die in den beiden Methoden benutzt werden, von der sogenannten „elektrischen Elastizität" des Mediums abhängt. Durch diese Beziehung wird eine Geschwindigkeit definiert, die von WEBER und KOHLRAUSCH experimentell bestimmt wurde.

Es wird dann dargestellt, wie man die elektrostatische Kapazität eines Kondensators und die spezifische induktive Kapazität eines Dielektrikums berechnet. Am Beispiel eines Kondensators, der sich aus parallelen Schichten mit unterschiedlichen elektrischen Widerständen und induktiven Kapazitäten zusammensetzt, wird gezeigt, daß die Erscheinung, die wir als elektrische Absorption bezeichnen, im allgemeinen stets auftritt. Das äußert sich darin, daß sich nach einer plötzlichen Entladung des Kondensators in kurzer Zeit eine Restladung bildet.

20. Die allgemeinen Feldgleichungen werden auf den Fall einer magnetischen Störung angewandt, die sich in einem nichtleitenden Feld ausbreitet. Solche Störungen können sich nur quer zur Ausbreitungsrichtung ausbilden. Die Ausbreitungsgeschwindigkeit stimmt mit der Geschwindigkeit v überein, wie sie beispielsweise in den Experimenten von WEBER gemessen wurde. Sie vermittelt den Zusammenhang zwischen der elektrostatischen Ladungseinheit und der entsprechenden elektromagnetischen Einheit. Diese Geschwindigkeit weicht so wenig von der Lichtgeschwindigkeit ab, daß der Schluß naheliegt, das Licht selbst (eingeschlossen die Wärmestrahlung und eventuell noch andere Strahlungen) stellt eine elektromagnetische Störung dar, die sich in Form von Wellen gemäß den elektromagnetischen Gesetzen ausbreitet. Wenn das so ist, dann zeigt die Übereinstimmung zwischen der Elastizität des Mediums, wie sie den rasch ablaufenden Lichtschwingungen entnommen werden kann, und den Werten, die aus den langsam ablaufenden Vorgängen bei elektrischen Experimenten folgen, daß dieses Medium ideale und regelmäßige elastische Eigenschaften besitzen muß, wenn keine Störungen durch die Anwesenheit dichter Materie vor-

liegen. Nimmt man einen ähnlichen Charakter der elastischen Eigenschaften in dichten transparenten Körpern an, so ist das Quadrat des Brechungsindex durch das Produkt aus spezifischer dielektrischer Kapazität und spezifischer magnetischer Kapazität gegeben. Leitende Substanzen absorbieren Lichtstrahlungen sehr stark und sind deshalb im allgemeinen undurchsichtig. Die Konzeption von der Ausbreitung transversaler magnetischer Störungen wurde von Professor FARADAY[1]) in seinen „Überlegungen über die Strahlungsschwingungen" entwickelt und diskutiert.

Die elektromagnetische Theorie des Lichtes, wie sie von ihm vorgeschlagen wurde, stimmt mit der Theorie, die ich in dieser Arbeit zu entwickeln begonnen habe, überein. Allerdings gab es 1846 noch keine Möglichkeit, die Ausbreitungsgeschwindigkeit zu berechnen.

21. Mit Hilfe der allgemeinen Feldgleichungen werden dann die Koeffizienten der gegenseitigen Induktion für zwei Kreisströme und der Selbstinduktionskoeffizient einer Spule berechnet. Es wird die Inhomogenität des Stromes beim Einschaltprozeß untersucht und eine Korrektur des Selbstinduktionskoeffizienten angegeben. Mit diesen Resultaten wird die Selbstinduktion der Spule berechnet, die in den Experimenten des Komitees der Britischen Vereinigung für Widerstandsstandards benutzt wird. Der berechnete Wert wird mit den experimentellen Werten verglichen.

Teil II

Über die elektromagnetische Induktion

Der elektromagnetische Impuls eines Stromes

22. Wir beginnen mit der Diskussion des Feldes in der Umgebung eines elektrischen Stromes. Es ist bekannt, daß in diesem Feld magnetische Kräfte angeregt werden,

---

[1]) Philosophical Magazine, Mai 1846, oder Experimental Researches, III, S. 447

deren Größe und Richtung von der Form des stromdurchflossenen Leiters abhängen. Bei einem Anwachsen der Stromstärke verstärken sich die magnetischen Effekte im gleichen Sinne. Wenn nun der magnetische Zustand des Feldes von den Bewegungen des Mediums abhängt, so ist eine bestimmte Kraft erforderlich, um diese Bewegungen zu verstärken, abzuschwächen oder aufrechtzuerhalten. Durch die Kopplung zwischen dem Strom und dem umgebenden elektromagnetischen Feld wird dem Strom eine Art von Impuls verliehen, ähnlich wie durch ein Schwungrad ein zusätzlicher Impuls auf den Antrieb einer Maschine ausgeübt werden kann. Eine auf den Antriebspunkt wirkende Kraft vergrößert diesen Impuls, wobei die Kraft durch die Vergrößerung des Impulses pro Zeiteinheit gemessen wird. Im Falle des elektrischen Stromes ruft der Widerstand gegenüber einer plötzlichen Erhöhung oder Verringerung der Stromstärke genau analoge Impulseffekte hervor. Der Wert dieses Impulses hängt jedoch von der Form des Leiters und der relativen Anordnung seiner Teile ab.

Die gegenseitige Wirkung zweier Ströme

23. Bei Anwesenheit zweier elektrischer Ströme im Feld überlagern sich die zu den Einzelströmen gehörenden magnetischen Kräfte in jedem Raumpunkt. Da zwischen jedem Punkt des Feldes und den beiden Strömen eine Kopplung besteht, so besteht damit auch zwischen den beiden Strömen eine Wechselwirkung. Jede Vergrößerung oder Verkleinerung des einen Stromes wird auf den anderen mit einer entsprechenden Kraft einwirken.

Dynamische Darstellung des übertragenen Impulses

24. Wir stellen uns einen Körper C vor, dessen Bewegung von zwei unabhängigen Punkten A und B aus beeinflußt werden kann. Seine Geschwindigkeit sei das p-fache der Geschwindigkeit von A und das q-fache der von

B. Dabei sei u die Geschwindigkeit von A, v die von B und w die Geschwindigkeit von C. Bezeichnen wir die gleichzeitigen Verrückungen von A, B, C mit δx, δy, δz, so gilt nach den allgemeinen Gleichungen der Dynamik[1])

$$C\frac{\mathrm{d}w}{\mathrm{d}t}\delta z = X\delta x + Y\delta y. \tag{34}$$

X und Y sind die bei A und B angreifenden Kräfte. Mit den Beziehungen

$$\frac{\mathrm{d}w}{\mathrm{d}t} = p\frac{\mathrm{d}u}{\mathrm{d}t} + q\frac{\mathrm{d}v}{\mathrm{d}t} \tag{35}$$

und

$$\delta z = p\delta x + q\delta y \tag{36}$$

erhalten wir wegen der Unabhängigkeit der Größen δx und δy

$$X = \frac{\mathrm{d}}{\mathrm{d}t}(Cp^2u + Cpqv),$$

$$Y = \frac{\mathrm{d}}{\mathrm{d}t}(Cpqu + Cq^2v). \tag{37}$$

Wir können $Cp^2u + Cpqv$ als Impuls von C bezüglich A und $Cpqu + Cq^2v$ als Impuls von C bezüglich B bezeichnen, d. h., die Kräfte X und Y suchen den Impuls des Körpers C bezüglich A und B zu vergrößern. Betrachten wir den Fall, daß mehrere Körper auf ähnliche Weise, aber mit unterschiedlichen Werten von p und q, mit A und B verknüpft sind, so läßt sich das Problem analog behandeln, wenn wir setzen

$$L = \sum(Cp^2), \quad M = \sum(Cpq) \quad \text{und} \quad N = \sum(Cq^2). \tag{38}$$

Die Summation wird dabei über alle Körper mit den entsprechenden Werten von C, p und q geführt. Der Impuls

[1]) LAGRANGE, Méc. Anal. II. 2, § 5.

des Systems bezüglich A und B beträgt

$$Lu + Mv \tag{39}$$

und

$$Mu + Nv, \tag{40}$$

und es gelten die Beziehungen

$$X = \frac{\mathrm{d}}{\mathrm{d}t}(Lu + Mv),$$

$$Y = \frac{\mathrm{d}}{\mathrm{d}t}(Mu + Nv). \tag{41}$$

X und Y sind die auf A und B wirkenden äußeren Kräfte.

25. Um die vergleichende Betrachtung zu vervollständigen, nehmen wir noch an, daß die Bewegung von A durch eine geschwindigkeitsproportionale Kraft Ru und die Bewegung von B durch eine analoge Kraft Sv gebremst wird. R und S sind Widerstandskoeffizienten. Für die bei A und B wirkenden Kräfte ξ und η entsteht dann

$$\xi = X + Ru = Ru + \frac{\mathrm{d}}{\mathrm{d}t}(Lu + Mv),$$

$$\eta = Y + Sv = Sv + \frac{\mathrm{d}}{\mathrm{d}t}(Mu + Nv). \tag{42}$$

Wenn nun die Geschwindigkeit bei A mit einem bestimmten Wert von $\mathrm{d}u/\mathrm{d}t$ erhöht wird, so muß bei B eine Kraft $\eta = (\mathrm{d}/\mathrm{d}t)\,(Mu)$ angreifen, um eine Bewegung dieses Punktes zu verhindern. Dieser Effekt auf B, der durch ein Anwachsen der Geschwindigkeit bei A verursacht wird, entspricht der elektromotorischen Kraft auf einen Stromkreis, hervorgerufen durch die Erhöhung der Stärke eines benachbarten Stromes. Die dynamische Veranschaulichung soll lediglich zur Erläuterung der Größe dienen, die man in der Mechanik als übertragenen Impuls bezeichnet. Nach den Experimenten von Fara-

DAY[1]), FELICI[2]) und anderen hängt die Induktion von Strömen von der Variation des elektromagnetischen Impulses bzw. des elektrotonischen Zustandes ab.

Die Induktionskoeffizienten für zwei Stromkreise

26. Die Werte von L, M, N hängen im elektromagnetischen Feld von der Verteilung der magnetischen Wirkungen ab. Diese Verteilung wird lediglich durch die Form und die relative Lage der beiden Stromkreise festgelegt. Folglich müssen die Größen L, M, N von der Form und der relativen Anordnung der Stromkreise abhängen. Sie ändern ihre Werte bei einer Bewegung der Leiter. Es wird gezeigt, daß die L, M, N geometrische Größen von der Dimension einer Länge darstellen. L hängt von der Gestalt des ersten Leiters ab, den wir mit A bezeichnen, N entsprechend von der Gestalt des zweiten Leiters, und M wird durch die relative Lage der beiden Leiter A und B zueinander bestimmt.

27. Die Größe ξ sei die auf A wirkende elektromotorische Kraft, x sei die Stromstärke und R der Widerstand des Leiters. Dann ist Rx die zum Widerstand gehörende Kraft. Im Falle eines stationären Stromes gleichen sich elektromotorische Kraft und Widerstandskraft gerade aus. Bei einem veränderlichen Strom dient die resultierende Kraft $\xi - Rx$ zur Vergrößerung des „elektromagnetischen Impulses". Das Wort Impuls soll dabei lediglich die in einem Körper existierende Geschwindigkeitsgröße charakterisieren, die durch das Wirken der Kraft hervorgerufen wird. Im Falle eines elektrischen Stromes stellt diese Kraft keine Größe im gewöhnlichen mechanischen Sinne dar; zumindest ist es uns bis jetzt nicht gelungen, sie wie eine gewöhnliche Kraft zu messen. Diese Kraft, die wir als elektromotorische Kraft bezeichnen, bewegt nicht nur die Ladungen im Leiter, sondern verändert auch das Feld außerhalb des Leiters, das

[1]) Experimental Researches, Reihe I, IX.

[2]) Annales de Chimie, sér. 3, XXXIV. (1852), S. 64.

seinerseits durch andere stromdurchflossene Leiter in der Umgebung beeinflußt wird. In dieser Hinsicht besteht eine engere Analogie zum übertragenen Impuls am Antriebspunkt einer Maschine mit verschiedenen mechanischen Kopplungen als zum Impuls eines einfachen sich bewegenden Körpers, etwa eines Geschosses, oder von Wasser in einer Röhre.

Elektromagnetische Beziehungen zwischen zwei leitenden Stromkreisen

28. Im Falle zweier leitender Stromkreise A und B läßt sich der zu A gehörende elektromagnetische Impuls durch

$$Lx + My \tag{43}$$

und der zu B gehörende Impuls durch

$$Mx + Ny \tag{44}$$

darstellen. Die Koeffizienten L, M, N entsprechen den in der dynamischen Veranschaulichung benutzten Größen. Hier wird jedoch vorausgesetzt, daß die Koeffizienten von der räumlichen Lage der Leiter A und B abhängen. Die Gleichung für den Strom x in A lautet dann

$$\xi = Rx + \frac{\mathrm{d}}{\mathrm{d}t}(Lx + My); \tag{45}$$

und für den Strom y in B entsteht analog

$$\eta = Sy + \frac{\mathrm{d}}{\mathrm{d}t}(Mx + Ny), \tag{46}$$

wobei ξ und η die elektromotorischen Kräfte und R und S die Widerstände in A und B sind.

Die Induktion eines Stromes durch einen anderen Strom

29. a) Auf den Leiter B wirke außer den vom Leiter A verursachten Störungen keine weitere elektromotorische Kraft ein, und der Strom in A wachse von Null bis zum

Wert x an. Es gilt dann

$$Sy + \frac{\mathrm{d}}{\mathrm{d}t}(Mx + Ny) = 0, \tag{47}$$

und daraus folgt

$$Y = \int_0^t y\mathrm{d}t = -\frac{M}{S}x. \tag{48}$$

Der Induktionsstrom transportiert also eine Ladungsmenge Y durch B, falls x von Null auf den Wert x erhöht wird. Der Induktionseffekt hängt mit der zeitlichen Änderung des Primärstromes zusammen. Bei positivem M besitzt der Induktionsstrom gegenüber dem anwachsenden Primärstrom ein negatives Vorzeichen.

Die Induktion durch Bewegung des Leiters

30. b) Wenn der Strom x konstant bleibt und M verändert sich von M zu M', entsteht

$$Y = -\frac{M' - M}{S}x. \tag{49}$$

Es wird also ein negativer Induktionsstrom fließen, falls sich M vergrößert. Dies ist bei einer gegenseitigen Annäherung von Primär- und Sekundärkreis der Fall. Y ist die gesamte durch B transportierte Ladungsmenge. Die Induktion tritt hier infolge der relativen Bewegung von Primär- und Sekundärstromkreis in Erscheinung.

Energiebilanz

31. Durch Multiplikation von (4) mit x und (5) mit y und anschließende Addition erhält man folgende Energiebilanz:

$$\xi x + \eta y = Rx^2 + Sy^2 + x\frac{\mathrm{d}}{\mathrm{d}t}(Lx + My) + y\frac{\mathrm{d}}{\mathrm{d}t}(Mx + Ny) \tag{50}$$

Hierbei ist ξx die von der elektromotorischen Kraft ξ bei einem Strom x pro Zeiteinheit geleistete Arbeit und ηy die entsprechende von der elektromotorischen Kraft η geleistete Arbeit. Die linke Seite der Gleichung stellt folglich die von den elektromotorischen Kräften pro Zeiteinheit geleistete Arbeit dar.

Die vom Strom erzeugte Wärme

32. Auf der rechten Seite der Energiebilanz steht zunächst

$$Rx^2 + Sy^2 = H\,. \tag{51}$$

Dies ist die zur Überwindung des Widerstandes in den Leitern geleistete Arbeit pro Zeiteinheit. Sie wird in Wärme umgesetzt. Die restlichen Terme enthalten den Arbeitsbetrag, der nicht in Wärme umgesetzt wird. Sie können in der Gestalt

$$\frac{1}{2}\frac{\mathrm{d}}{\mathrm{d}t}(Lx^2 + 2Mxy + Ny^2) + \frac{1}{2}\frac{\mathrm{d}L}{\mathrm{d}t}x^2 + \frac{\mathrm{d}M}{\mathrm{d}t}xy + \frac{1}{2}\frac{\mathrm{d}N}{\mathrm{d}t}y^2 \tag{52}$$

gebracht werden.

Die Energie der Ströme

33. Wir nehmen an, daß die L, M, N konstant sind. Die gesamte Arbeit der elektromotorischen Kräfte, die nicht der Überwindung des Widerstandes dient, steckt in den Strömen. Die Energie der Ströme beträgt

$$\frac{1}{2}Lx^2 + Mxy + \frac{1}{2}Ny^2 = E\,. \tag{53}$$

Diese Energie läßt sich nicht ohne weiteres beobachten.

Sie existiert wahrscheinlich in der Gestalt der tatsächlichen Bewegung, und zwar nicht nur in den Leitern, sondern auch im Raum, der die Leiter umgibt.

Die mechanische Wirkung zwischen den Leitern

34. Die verbleibenden Terme

$$\frac{1}{2}\frac{\mathrm{d}L}{\mathrm{d}t}x^2 + \frac{\mathrm{d}M}{\mathrm{d}t}xy + \frac{1}{2}\frac{\mathrm{d}N}{\mathrm{d}t}y^2 = W \tag{54}$$

stellen den Arbeitsbetrag pro Zeiteinheit dar, der mit der Variation der Koeffizienten L, M, N zusammenhängt. Solche Variationen sind gleichbedeutend mit einer Änderung von Form und Lage der Stromkreise A und B. Die bei der Bewegung eines Körpers geleistete Arbeit muß von einer gewöhnlichen mechanischen Kraft aufgebracht werden. Dieser Teil des Energieausdruckes zeigt nun, daß eine mechanische Kraft existiert, die jeden Abschnitt des Leiters in eine Richtung zu bewegen sucht, in der der größte Zuwachs für L, M, N erzielt wird. Das Auftreten elektromagnetischer Kräfte zwischen stromdurchflossenen Leitern ist eine Folge der Wechselwirkung eines jeden Stromes mit dem elektromagnetischen Feld. Bringt man die Leiter A und B in einen kleineren Abstand zueinander und vergrößert sich dabei bei konstanten Strömen x und y der Koeffizient M auf M', so beträgt die geleistete Arbeit

$$(M' - M)\,xy\,. \tag{55}$$

Für die Kraft in Richtung der Verbindungslinie entsteht

$$\frac{\mathrm{d}M}{\mathrm{d}s}xy\,. \tag{56}$$

Sie ist anziehender Natur, wenn x und y gleiches Vorzeichen haben und M bei der Annäherung wächst. Wir stellen uns vor, daß ein Teil der elektromotorischen Kraft zur Erzeugung und Aufrechterhaltung eines Stromzustandes benutzt wird, den wir wegen der mechanischen Analogie als elektromagnetischen Impuls bezeichnen können. Dieser Impuls hängt von den Bedingungen in der Umgebung des Leiters ab. Berücksichtigt man dies, dann kann sowohl die Induktion von Strömen als auch das Auftreten elektromagnetischer Anziehungskräfte mit mechanischen Argumenten nachgewiesen werden. Der elektromagnetische Impuls besitzt die gleiche Bedeutung wie der von FARADAY[1]) eingeführte elektrotonische Zustand eines Leiters. Jede Veränderung dieses Zustandes ist mit der Wirkung einer elektromotorischen Kraft verbunden, genauso wie dies bei einer Änderung des Impulses der Fall ist. Wenn die von FARADAY in der Neunten Reihe seiner Experimentellen Untersuchungen beschriebenen Erscheinungen die einzigen bekannten Fakten über elektrische Ströme wären, könnten sowohl die AMPÈREschen Gesetze über die Kraftwirkungen stromdurchflossener Leiter als auch die FARADAYschen Gesetze über die gegenseitige Induktion von Strömen aus mechanischen Betrachtungen hergeleitet werden. Um die hier erhaltenen Ergebnisse einer experimentellen Prüfung zugänglich zu machen, werde ich im weiteren den Fall eines einzelnen Stromes, den Fall zweier Ströme und eine Anordnung von sechs Strömen im elektrischen Gleichgewicht untersuchen. Dadurch wird die experimentelle Bestimmung der Größen L, M, N möglich.

Der Fall eines einzelnen Stromes

35. Die Gleichung für den Strom x in einem Stromkreis mit dem Widerstand R, dem Selbstinduktionskoeffizienten L und einer äußeren elektromotorischen Kraft ξ lautet

$$\xi - Rx = \frac{\mathrm{d}}{\mathrm{d}t} Lx . \tag{57}$$

[1]) Experimental Researches, Reihe I, 60ff.

Bleibt ξ konstant, erhalten wir als Lösung

$$x = b + (a - b)\, e^{-\frac{L}{R}t}, \tag{58}$$

wobei a der Anfangs- und b der Endwert des Stromes ist. Die gesamte in der Zeit t (t groß) transportierte Ladungsmenge ist

$$\int_0^t x\, dt = bt + (a - b)\frac{L}{R}. \tag{59}$$

Integration über das Stromquadrat bezüglich der Zeit liefert

$$\int_0^t x^2\, dt = b^2 t + (a - b)\frac{L}{R}\left(\frac{3b + a}{2}\right). \tag{60}$$

Der tatsächliche Strom ändert sich stetig vom Anfangswert a zu seinem Endwert b. Die Integrale über x und x^2 verändern jedoch ihren Wert nicht, wenn man den tatsächlichen Strom durch einen stationären Strom der Stärke $\frac{1}{2}(a + b)$ im Zeitintervall $2L/R$ und der Stärke b danach ersetzt. Die Zeit $2L/R$ ist im allgemeinen so klein, daß man den Effekt am Galvanometer oder am Dynamometer als plötzlichen Impuls ansehen kann. Besteht der Stromkreis aus einer Batterie und einer Spule, so kann man den Effekt beim Einschalten des Stromes so interpretieren, als wenn während der Zeit $2L/R$ der Strom nur mit der Hälfte seiner endgültigen Stärke fließen würde. Diese Verringerung des Stromes infolge der Induktion wird manchmal als Gegenstrom bezeichnet.

36. Wird plötzlich ein zusätzlicher Widerstand r in den Stromkreis eingefügt, wie im extremen Falle beim Unterbrechen des Kontaktes, dann beobachten wir vorher einen Strom $a = \xi/R$ und danach den Strom $b = \xi/(R + r)$.

Der Induktionsstrom, der während der Zeit $2L/(R + r)$ fließt, beträgt

$$\frac{1}{2} \xi \frac{2R + r}{R(R + r)}. \tag{61}$$

Er ist größer als der Batteriestrom in zwei Drähten mit den Widerständen R und r und kann einen dünnen Draht mit dem Widerstand r stark erhitzen. Beim Unterbrechen des Kontaktes wird dieser zusätzliche Widerstand von der dazwischenliegenden Luft gebildet. Da die induzierte elektromotorische Kraft sehr groß ist, wird sich ein Öffnungsfunken ausbilden. Haben wir eine elektromotorische Kraft der Form $E \cdot \sin pt$ vorliegen, wie im Falle einer im Magnetfeld rotierenden Spule, gilt

$$x = \frac{E}{\varrho} \sin (pt - \alpha), \tag{62}$$

wobei $\varrho^2 = R^2 + L^2 p^2$ und $\tan \alpha = Lp/R$.

Der Fall zweier Ströme

37. R sei der Widerstand des Primärkreises und S der Widerstand des Sekundärkreises, d. h., es liege eine Anordnung ähnlich wie bei einer Induktionsspule vor. Wir nehmen an, daß die Größen L, M, N konstant sind. Das ist gleichbedeutend damit, daß die Leiter in Ruhe bleiben. Die Gleichungen für die Ströme lauten dann

$$Rx + L \frac{\mathrm{d}x}{\mathrm{d}t} + M \frac{\mathrm{d}y}{\mathrm{d}t} = \xi,$$

$$Sy + M \frac{\mathrm{d}x}{\mathrm{d}t} + N \frac{\mathrm{d}y}{\mathrm{d}t} = 0. \tag{63}$$

Um die gesamte transportierte Ladungsmenge zu finden, haben wir diese Gleichungen bezüglich der Zeit t zu integrieren. Bezeichnen wir die Stromstärken zur Zeit 0 mit x_0, y_0 und zur Zeit t mit x_1, y_1, so sind die während der Zeit t durch jeden Stromkreis geflossenen Ladungsmengen X, Y gegeben durch

$$X = \frac{1}{R}\{\xi t + L(x_0 - y_1) + M(y_0 - y_1)\}$$

$$Y = \frac{1}{S}\{M(x_0 - x_1) + N(y_0 - y_1)\}. \qquad (64)$$

Wird nun im Stromkreis R der Strom eingeschaltet, können wir für die Gesamtströme am Anfang und am Ende des Zeitintervalls t, wobei t groß ist, setzen

$$x_0 = 0, \quad x_1 = \frac{\xi}{R}, \quad y_0 = 0, \quad y_1 = 0. \qquad (65)$$

Damit folgt

$$X = x_1\left(t - \frac{L}{R}\right), \quad Y = -\frac{M}{S}x_1. \qquad (66)$$

Der gesamte Gegenstrom in R ist unabhängig vom Sekundärstromkreis, und der Induktionsstrom im Sekundärkreis hängt nur vom Induktionskoeffizienten M zwischen den Spulen, vom Widerstand S der Sekundärspule und vom Endwert x_1 für die Stromstärke in R ab. Beim Abschalten der elektromotorischen Kraft ξ entsteht im Primärkreis ein Extrastrom und im Sekundärkreis ein positiver Induktionsstrom. Im Vergleich zum Einschaltprozeß ändern sich lediglich die Vorzeichen dieser Ströme, nicht die Beträge.

38. Alle Fragen, die mit dem Gesamteffekt der kurzzeitigen Ströme, wie er in Gestalt von Impulsen auf die Galvanometerspule gemessen wird, zusammenhängen, können in dieser Weise ohne Kenntnis der vollständigen Lösung der Gleichungen diskutiert werden. Die Wärmewirkung des Stromes und sein Impuls auf die Aufhängespule des Weberschen Dynamometers hängen vom Quadrat der Stromstärke in jedem Zeitpunkt des kurzen

Intervalls ab. Wir müssen folglich die Lösung der Gleichungen aufsuchen und können damit die Effekte auf das Galvanometer oder Dynamometer berechnen. Mit Hilfe der WEBERschen Methode läßt sich Stärke und Dauer eines konstanten Stromes bestimmen, der die gleichen Effekte hervorrufen würde.

39. Die Wurzeln der Gleichung

$$(LN - M^2)\, n^2 + (RN + LS)\, n + RS = 0 \qquad (67$$

seien n_1, n_2. An der Primärspule liege eine konstante elektromotorische Kraft Rc an; dabei ist c der konstante Strom nach dem Einschaltprozeß. Die vollständige Lösung für die Ströme nach dem Schließen des Kontaktes besitzt die Gestalt

$$x = \frac{c}{S}\frac{n_1 n_2}{n_1 - n_2}\left\{\left(\frac{S}{n_1} + N\right)\mathrm{e}^{n_1 t} - \left(\frac{S}{n_2} + N\right)\mathrm{e}^{n_2 t} + S\,\frac{n_1 - n^2}{n_1 n_2}\right\}, \qquad (68)$$

$$y = \frac{cM}{S}\,\frac{n_1 n_2}{n_1 - n_2}\{\mathrm{e}^{n_1 t} - \mathrm{e}^{n_2 t}\}.$$

Hieraus erhalten wir die für die Bestimmung des Impulses auf das Dynamometer wichtigen Größen

$$\int x^2 \mathrm{d}t = c^2\left\{t - \frac{3}{2}\frac{L}{R} - \frac{1}{2}\frac{M^2}{RN + LS}\right\},$$

$$\int y^2\, \mathrm{d}t = c^2\,\frac{1}{2}\,\frac{M^2 R}{S(RN - LS)}. \qquad (69)$$

Die Wirkungen des Stromes in der Sekundärspule auf das Galvanometer bzw. das Dynamometer bleiben unverändert, wenn man den tatsächlichen Strom durch einen konstanten Strom der Stärke

$$-\frac{1}{2}c\frac{MR}{RN+LS} \tag{70}$$

und der Zeitdauer

$$2\left(\frac{L}{R}+\frac{N}{S}\right) \tag{71}$$

ersetzt.

40. Die Beziehung zwischen Arbeit und Energie läßt sich leicht finden. Die von der elektromotorischen Kraft geleistete Arbeit ist

$$\xi\int x\,\mathrm{d}t = c^2(Rt-L). \tag{72}$$

Zur Überwindung des Widerstandes und zur Erzeugung von Wärme muß ein Arbeitsbetrag

$$R\int x^2\,\mathrm{d}t + S\int y^2\,\mathrm{d}t = c^2\left(RT-\frac{3}{2}L\right) \tag{73}$$

aufgebracht werden, und die im System verbleibende Energie beträgt

$$=\frac{1}{2}c^2L. \tag{74}$$

41. Wird im Stromkreis R der Strom c plötzlich unterbrochen, dann entsteht in der Sekundärspule ein Strom

$$y = c\frac{M}{N}\mathrm{e}^{-\frac{S}{N}t}, \tag{75}$$

der mit dem Wert cM/N beginnt und exponentiell abfällt. Die gesamte Ladungsmenge ist cM/S, und für das Integral $\int y^2\,\mathrm{d}t$ ergibt sich $c^2M^2/2SN$. Die Wirkungen auf das Galvanometer und das Dynamometer entsprechen denen eines konstanten Stromes $\frac{1}{2}cM/N$ mit der Zeitdauer $2N/S$. Die Wärmewirkung des Stromes ist größer als beim entsprechenden Einschaltvorgang.

42. Am Stromkreis R liege nun eine elektromotorische Kraft der Form $\xi = E \cos pt$ an. Wenn der Stromkreis S entfernt wird, berechnet man für den Strom x

$$x = \frac{E}{A} \sin (pt - \alpha) \tag{76}$$

mit

$$A^2 = R^2 + L^2 p^2 \tag{77}$$

und

$$\tan \alpha = \frac{Lp}{R}. \tag{78}$$

Die Anwesenheit des Stromkreises S in der Umgebung bewirkt eine Änderung der Werte von A und α. Man erhält die neuen Werte für diese Größen, wenn man R in

$$R + p^2 \frac{MS}{S^2 + p^2 N^2} \tag{79}$$

und L in

$$L - p^2 \frac{MN}{S^2 + p^2 N^2} \tag{80}$$

übergehen läßt. Hieraus folgt, daß sich durch die Anwesenheit des Stromkreises S der effektive Widerstand vergrößert und die effektive Induktivität des Leiters verringert. (Die hier weggelassenen Paragraphen 43 bis 46 befassen sich mit der Bestimmung der Koeffizienten der Selbstinduktion und der gegenseitigen Induktion durch Experimente mit Brückenschaltungen.)

Untersuchung des elektromagnetischen Feldes

47. Der Primärstromkreis A soll nun eine feste unveränderliche Gestalt besitzen. Das elektromagnetische Feld wird mit Hilfe des Sekundärstromkreises B untersucht, dessen Form und Lage dabei variiert werden kann. B bestehe zunächst aus einem kurzen geraden Leiter,

dessen Enden auf zwei parallelen Schienen gleiten. Die Schienen bilden die beiden Anschlüsse. Führt die Bewegung des Leiterstückes in einer bestimmten Richtung zu einer Vergrößerung von M, so wird im Stromkreis B eine negative elektromotorische Kraft erzeugt, die einen negativen Strom während der Bewegung hervorzurufen sucht. Wenn in B ein Strom aufrechterhalten wird, dann hat das Gleitstück das Bestreben, sich in die Richtung zu bewegen, in der sich M vergrößert. In jedem Punkt des Feldes wird es stets eine bestimmte Richtung geben, in der eine Bewegung des Leiters keine elektromotorische Kraft erzeugt. Die spezielle Lage des kurzen Drahtes spielt dabei keine Rolle. In dieser oder in der entgegengesetzten Richtung wird auch auf einen stromdurchflossenen Leiter keine mechanische Kraft ausgeübt. Diese ausgezeichnete Richtung bezeichnet man als die Richtung der magnetischen Kraftlinie durch den betreffenden Punkt. Die Bewegung eines Leiters über eine solche Linie hinweg induziert eine elektromotorische Kraft senkrecht zu dieser Linie und senkrecht zur Bewegungsrichtung. Analog erfährt ein stromdurchflossener Leiter eine Kraft, die senkrecht auf den Linien und der Stromrichtung steht.

48. Wir wollen jetzt annehmen, daß der Stromkreis B aus einer sehr kleinen ebenen Leiterschleife besteht, die an einen beliebigen Raumpunkt mit beliebiger Orientierung ihrer Fläche gebracht werden kann. Die Gegeninduktivität M erreicht ihren Maximalwert, wenn die Ebene des Stromkreises senkrecht zu den magnetischen Kraftlinien liegt. Fließt ein Strom durch die Schleife, so wird sie das Bestreben haben, sich selbst in diese Lage zu drehen. Auf diese Weise wird sie, ähnlich wie ein Magnet, die Richtung der magnetischen Kraftlinien anzeigen.

Zu den magnetischen Kraftlinien

49. Wir betrachten eine beliebige Fläche, durch die magnetische Kraftlinien hindurchlaufen. Auf dieser Fläche denken wir uns ein System von nebeneinander-

liegenden Linien gezogen, wobei sich die Linien nicht überschneiden. Eine weitere Linie schneide alle diese Linien; daneben verlaufe eine zweite Linie. Der Abstand der beiden Linien sei so gewählt, daß der Wert von M für jede der kleinen Zellen, die von den beiden Linien und dem ersten Liniensystem eingeschlossen werden, gleich Eins sei. Auf diese Weise wird das zweite Liniensystem vervollständigt. Damit kann jeder Zelle, die durch das Überschneiden der beiden Liniensysteme entsteht, ein Wert M gleich Eins zugeordnet werden. Schließlich werde durch jeden Schnittpunkt in diesem Netzwerk eine Linie gezogen, deren Richtung stets mit der Richtung der magnetischen Kraft zusammenfalle.

50. Auf diese Weise wird das gesamte Feld mit regelmäßig angeordneten magnetischen Kraftlinien angefüllt. Die Eigenschaften des elektromagnetischen Feldes lassen sich vollständig durch diese Linien beschreiben.

a) Der Wert von M, der zu einer beliebigen geschlossenen Kurve im Feld gehört, ist durch die Zahl der Kraftlinien gegeben, die von der Kurve umschlossen werden.

b) Repräsentiert diese Kurve einen im Feld bewegten Stromkreis, so berechnet sich die in ihm induzierte elektromotorische Kraft aus der Abnahme der Zahl der durch die Kurve laufenden Linien pro Zeiteinheit.

c) Fließt in dem Stromkreis ein Strom, so erfährt der Leiter eine Kraft, die ihn so zu bewegen sucht, daß die Zahl der von ihm umschlossenen Kraftlinien anwächst. Die von dieser Kraft geleistete Arbeit ist gleich dem Strom im Leiter, multipliziert mit der Zahl der hinzukommenden Linien.

d) Bringt man eine kleine frei drehbare ebene Leiterschleife in das Feld, so wird sie sich mit ihrer Ebene senkrecht zu den Kraftlinien einstellen. Ein kleiner Magnet wird sich mit seiner Achse von selbst in die Richtung der Kraftlinien drehen.

e) Die Pole eines langen magnetisierten Stabes erfahren im Feld eine Kraft in Richtung der Kraftlinien. Die Zahl der durch die Flächeneinheit laufenden Kraftlinien ist gegeben durch die Kraft auf einen Einheitspol, multipliziert mit einem Koeffizienten, der von der magnetischen Natur des Mediums abhängt und als Koeffizient der magnetischen Induktion bezeichnet wird. In Flüssigkeiten und isotropen Festkörpern hängt dieser Koeffizient μ nicht von der Richtung ab, mit der die Kraftlinien durch die Substanz laufen. Dagegen hängt μ in kristallinen und in unter einer mechanischen Spannung stehenden Festkörpern von der Richtung der Kraftlinien bezüglich der Kristallachsen bzw. bezüglich der Spannungsachsen ab. Die Temperatur beeinflußt die Größe von μ in allen Substanzen. In Eisen verringert sich μ mit wachsender Stärke der Magnetisierung.

Die magnetischen Äquipotentialflächen

51. Das Feld soll mit Hilfe eines langen homogenen magnetisierten Stabes untersucht werden. Die Länge des Stabes sei so groß, daß sich der eine Pol in einem Bereich sehr geringer Feldstärke befindet. Dadurch wird von den magnetischen Kräften im wesentlichen nur Arbeit an dem anderen Pol geleistet, falls sich dieser im Feld bewegt. Dieser Pol werde nun von einem herausgegriffenen Punkt zu einem anderen Punkt bewegt. Die dabei geleistete Arbeit ist unabhängig vom Weg, den der Pol zwischen den beiden Punkten beschreibt. Es wird vorausgesetzt, daß zwischen den verschiedenen Bahnen des Pols kein elektrischer Strom fließt. Wenn keine elektrischen Ströme auftreten und das Feld nur von Magneten aufgebaut wird, läßt sich eine Flächenschar derart einführen, daß die Arbeit, die beim Fortschreiten von einer Fläche zur anderen geleistet wird, stets gleich ist, welcher spezielle Weg auch zwischen beiden gewählt wird. Diese Flächen werden als Äquipotentialflächen bezeichnet. Sie erstrecken sich senkrecht zu den Kraftlinien. Wir wollen eine Verteilung der Äquipotentialflächen annehmen, daß beim Übergang eines Einheitspoles von einer beliebigen Fläche zur nächstfolgenden gerade ein Arbeitsbetrag von einer Einheit geleistet werden muß. Dann be-

stimmt sich die bei einer beliebigen Bewegung eines magnetischen Poles zu leistende Arbeit aus der Polstärke, multipliziert mit der Zahl der Flächen, die dabei in positiver Richtung durchlaufen werden.

52. Bei der Anwesenheit stromdurchflossener Leiter im Feld gibt es außerhalb der Leiter ebenfalls noch Äquipotentialflächen. Die Arbeit, die beim Übergang eines Einheitspoles von einer Fläche zur anderen geleistet werden muß, hängt jedoch in diesem Falle auch davon ab, wie oft der Pol bei seiner Bewegung einen Strom umfahren hat. Dem Potential auf jeder Fläche hat man folglich eine Reihe von fortschreitenden Werten zuzuordnen, die sich voneinander gerade um den Arbeitsbetrag unterscheiden, der mit einem vollständigen Umlauf um einen Strom verbunden ist. Die Äquipotentialflächen sind im allgemeinen nicht durchweg stetige geschlossene Flächen. Einige von ihnen werden durch elektrische Ströme begrenzt. Die Zahl solcher Flächen wird durch den Arbeitsbetrag gegeben, der bei Umlauf eines Einzelpoles um den Strom geleistet wird. Dieser Wert beträgt gewöhnlich $4\pi\gamma$, wobei γ die Stromstärke darstellt. Flächen dieser Art umgeben den elektrischen Strom wie Seifenblasen. In diesem Zusammenhang sind M. Plateaus Experimente von Interesse. Zu jedem Strom γ gehören $4\pi\gamma$ Flächen, wobei der Strom eine symmetrische Randlinie bildet. Die genaue räumliche Gestalt der Flächen hängt sowohl von der Form des stromdurchflossenen Leiters als auch von der Anwesenheit anderer Ströme und Magneten ab.

Teil III

Die allgemeinen Gleichungen des elektromagnetischen Feldes

53. Wir führen ein kartesisches Koordinatensystem x, y, z ein und drücken alle gerichteten Größen durch ihre Komponenten bezüglich dieser drei Achsen aus.

Elektrische Ströme (p, q, r)

54. In einem elektrischen Strom werden elektrische Ladungen von einem Teil des Körpers zu einen anderen transportiert. Bezeichnen wir die pro Zeiteinheit durch eine Flächeneinheit senkrecht zur x-Achse transportierte Ladungsmenge mit p, dann ist p die Komponente des Stromes in x-Richtung. Dementsprechend werden wir die Buchstaben p, q, r zur Kennzeichnung der Stromkomponenten pro Flächeneinheit in x, y- und z-Richtung benutzen.

Elektrische Verschiebungen (f, g, h)

55. Die elektrische Verschiebung stellt die entgegengesetzte Aufladung zweier gegenüberliegender Seiten eines Moleküls oder Teilchens dar. Eine solche Polarisierung kann, aber muß nicht, mit einem Transport durch den Körper verbunden sein. Mit $f dy dz$ wollen wir die Ladungsmenge auf der Fläche $dy dz$ des Volumenelementes $dx dy dz$ bezeichnen. Dann ist f die Komponente der elektrischen Verschiebung in x-Richtung, und f, g, h kennzeichnen die elektrischen Verschiebungskomponenten parallel zu den Achsen x, y, z. Um die gesamte Ladungsbewegung zu beschreiben, müssen wir die Variationen der elektrischen Verschiebung zu den Strömen p, q, r hinzuzählen. Für die Gesamtgrößen p', q', r' gilt deshalb

$$
\begin{aligned}
p' &= p + \frac{df}{dt},\\
q' &= q + \frac{dg}{dt}, \qquad (81)\\
r' &= r + \frac{dh}{dt}.
\end{aligned}
$$

Die elektromotorische Kraft (P, Q, R)

56. P, Q, R seien die Komponenten der elektromotorischen Kraft an einem beliebigen Raumpunkt, d. h., P stellt die Potentialdifferenz pro Längeneinheit in einem Leiter in x-Richtung dar. Wir können uns ein beliebig kurzes Drahtstück parallel zur x-Achse an einem gegebenen Punkt vorstellen, das von zwei kleinen Leitern berührt wird, wobei diese Leiter während der Wirkung der Kraft P isoliert und vor der Einwirkung der elektromotorischen Kraft geschützt werden. Der Wert von P kann dann durch Messung der Ladung in den Leitern bestimmt werden. Wenn l die Länge des Drahtes ist, beträgt die Potentialdifferenz an seinen Enden Pl; und besitzt jeder der kleinen Leiter die Kapazität C, so wird in jedem einzelnen die Ladungsmenge $\frac{1}{2} CPl$ gespeichert. Da die Kapazitäten größerer Leiter außerordentlich klein sind, lassen sich gewöhnliche elektromotorische Kräfte kaum auf diese Weise messen. Praktisch führt man solche Messungen stets mit langen Leitern in Form geschlossener oder fast geschlossener Stromkreise aus.

Der elektromagnetische Impuls (F, G, H)

57. Mit F, G, H bezeichnen wir die Komponenten des elektromagnetischen Impulses an einem beliebigen Punkt. Vorgegeben sei ein System von Magneten oder Strömen. Dabei ist F der Gesamtimpuls, der zur elektromotorischen Kraft in x-Richtung gehört. Er würde entstehen, wenn man die entsprechenden Magnete oder Ströme aus dem Feld entfernte. Ist P die elektromotorische Kraft zu einem beliebigen Zeitpunkt während einer solchen Bewegung, gilt

$$F = \int P \mathrm{d}t. \tag{82}$$

Die Beiträge zur elektromotorischen Kraft, die von der Bewegung der Magnete oder Ströme oder von deren

Intensitätsänderung abhängen, sind gegeben durch

$$P = -\frac{\mathrm{d}F}{\mathrm{d}t}, \quad Q = -\frac{\mathrm{d}G}{\mathrm{d}t}, \quad R = -\frac{\mathrm{d}H}{\mathrm{d}t}. \tag{83}$$

Der elektromagnetische Impuls eines Stromkreises

58. Die Koordinate entlang des Leiters sei mit s bezeichnet. Erstrecken wir das Integral

$$\int \left(F \frac{\mathrm{d}x}{\mathrm{d}s} + G \frac{\mathrm{d}y}{\mathrm{d}s} + H \frac{\mathrm{d}z}{\mathrm{d}s} \right) \mathrm{d}s \tag{84}$$

über den gesamten Stromkreis, so erhalten wir den gesamten elektromagnetischen Impuls des Stromkreises bzw. die Anzahl der magnetischen Kraftlinien, die vom Stromkreis umschlossen werden. Die gesamte elektromotorische Kraft im Stromkreis bestimmt sich aus der zeitlichen Änderung dieser Linienzahl. Der elektromagnetische Impuls ist identisch mit dem von Professor FARADAY eingeführten elektrotonischen Zustand. Umfährt der Stromkreis die infinitesimale Fläche $\mathrm{d}y\,\mathrm{d}z$, beträgt der zugehörige elektromagnetische Impuls

$$\left(\frac{\mathrm{d}H}{\mathrm{d}y} - \frac{\mathrm{d}G}{\mathrm{d}z} \right) \mathrm{d}y\ \mathrm{d}z, \tag{85}$$

und dies ist gleich der Zahl der magnetischen Kraftlinien durch die Fläche $\mathrm{d}y\ \mathrm{d}z$.

Die magnetische Kraft (α, β, γ)

59. Mit α, β, γ wollen wir die Komponenten der Kraft bezeichnen, die auf einen magnetischen Einheitspol im Feld ausgeübt wird.

Der Koeffizient der magnetischen Induktion (μ)

60. Der Koeffizient μ sei definiert als das Verhältnis der magnetischen Induktion in einer Substanz zur gleichen Größe in Luft bei festem Magnetfeld. Die Zahl

der Kraftlinien pro Flächeneinheit senkrecht zu x beträgt dann $\mu\alpha$ (μ hängt von der Art der Substanz, der Temperatur und der Magnetisierung ab; in kristallinen Körpern variiert es mit der Richtung).

61. Verwenden wir für den elektromagnetischen Impuls eines kleinen Stromkreises die angegebenen Bezeichnungen, so erhalten wir folgende Gleichungen für die magnetische Kraft:

$$\begin{aligned} \mu\alpha &= \frac{\mathrm{d}H}{\mathrm{d}y} - \frac{\mathrm{d}G}{\mathrm{d}z}, \\ \mu\beta &= \frac{\mathrm{d}F}{\mathrm{d}z} - \frac{\mathrm{d}H}{\mathrm{d}x}, \\ \mu\gamma &= \frac{\mathrm{d}G}{\mathrm{d}x} - \frac{\mathrm{d}F}{\mathrm{d}y}. \end{aligned} \tag{86}$$

Die Gleichungen für die Ströme

62. Aus Experimenten ist bekannt, daß im elektromagnetischen Feld beim Umlauf eines magnetischen Poles auf einer geschlossenen Kurve keine Arbeit verrichtet wird, es sei denn, der Pol umfährt dabei einen elektrischen Strom. Außerhalb des Raumes, den die elektrischen Ströme einnehmen, gilt folglich

$$\alpha\,\mathrm{d}x + \beta\,\mathrm{d}y + \gamma\,\mathrm{d}z = \mathrm{d}\varphi \tag{87}$$

d. h., das magnetische Potential φ besitzt ein vollständiges Differential. Die Größe φ kann jedoch verschiedene Werte annehmen. Ihr Wert hängt davon ab, wie oft der elektrische Strom umfahren wurde. Die Differenz zwischen zwei aufeinanderfolgenden Werten von φ entspricht einem vollständigen Umlauf um den Strom und beträgt $4\pi c$ bei einer Stromstärke c. Bei Abwesenheit von Strömen findet man

$$\frac{\mathrm{d}\gamma}{\mathrm{d}y} - \frac{\mathrm{d}\beta}{\mathrm{d}z} = 0. \tag{88}$$

Ist dagegen ein Strom (p', q', r') vorhanden, entsteht

$$\frac{d\gamma}{dy} - \frac{d\beta}{dz} = 4\pi p',$$

$$\frac{d\alpha}{dz} - \frac{d\gamma}{dx} = 4\pi q', \qquad (89)$$

$$\frac{d\beta}{dx} - \frac{d\alpha}{dy} = 4\pi r'.$$

Diese Gleichungen können als Stromgleichungen bezeichnet werden.

Die elektromotorische Kraft in einem Stromkreis

63. Die elektromotorische Kraft ξ in einem Stromkreis A berechnet sich aus

$$\xi = \int \left(P \frac{dx}{ds} + Q \frac{dy}{ds} + R \frac{dz}{ds} \right) ds. \qquad (90)$$

Hierbei ist ds das Linienelement, und die Integration läuft über den Stromkreis. Für den elektromagnetischen Impuls in A entsteht

$$\int \left(F \frac{dx}{ds} + G \frac{dy}{ds} + H \frac{dz}{ds} \right) ds = Lu + Mv, \qquad (91)$$

wobei u und v die Ströme in A und B sind. Der Zusammenhang zwischen elektromotorischer Kraft und Impuls wird beschrieben durch

$$\xi = -\frac{d}{dt}(Lu + Mv). \qquad (92)$$

Wenn der Stromkreis A unbeweglich bleibt, findet man

schließlich

$$P = -\frac{\mathrm{d}F}{\mathrm{d}t} - \frac{\mathrm{d}\psi}{\mathrm{d}x},$$
$$Q = -\frac{\mathrm{d}G}{\mathrm{d}t} - \frac{\mathrm{d}\psi}{\mathrm{d}y}, \qquad (93)$$
$$R = -\frac{\mathrm{d}H}{\mathrm{d}t} - \frac{\mathrm{d}\psi}{\mathrm{d}z}.$$

Solange man nur die Lösung dieser Gleichungen betrachtet, bleibt die orts- und zeitabhängige Funktion ψ unbestimmt. Die von ihr abhängigen Terme verschwinden bei einer Integration über den Stromkreis. In speziellen Fällen läßt sich ψ jedoch stets bestimmen. Die Funktion ψ stellt das elektrische Potential an jedem Raumpunkt dar.

Die elektromotorische Kraft auf einen bewegten Leiter

64. Wir betrachten einen kurzen geraden Leiter der Länge a parallel zur x-Achse, dessen Geschwindigkeitskomponenten $\mathrm{d}x/\mathrm{d}t$, $\mathrm{d}y/\mathrm{d}t$, $\mathrm{d}z/\mathrm{d}t$ sind. Seine beiden Enden gleiten mit der Geschwindigkeit $\mathrm{d}s/\mathrm{d}t$ auf zwei parallelen Leiterstücken. Wir wollen die Änderung des elektromagnetischen Impulses des Stromkreises berechnen. Der bewegte Leiter legt pro Zeiteinheit Strecken $\mathrm{d}x/\mathrm{d}t$, $\mathrm{d}y/\mathrm{d}t$, $\mathrm{d}z/\mathrm{d}t$ entlang der drei Achsen zurück. In der gleichen Zeit vergrößert sich die Länge der parallelen Leiter, die einen Teil des Stromkreises darstellen, um $\mathrm{d}s/\mathrm{d}t$. Der elektromagnetische Impuls

$$\int \left(F\frac{\mathrm{d}x}{\mathrm{d}s} + G\frac{\mathrm{d}y}{\mathrm{d}s} + H\frac{\mathrm{d}z}{\mathrm{d}s}\right)\mathrm{d}s \qquad (94)$$

vermehrt sich folglich um

$$a\left(\frac{\mathrm{d}F}{\mathrm{d}x}\frac{\mathrm{d}x}{\mathrm{d}t} + \frac{\mathrm{d}F}{\mathrm{d}y}\frac{\mathrm{d}y}{\mathrm{d}t} + \frac{\mathrm{d}F}{\mathrm{d}z}\frac{\mathrm{d}z}{\mathrm{d}t}\right) \qquad (95)$$

und

$$-a\frac{ds}{dt}\left(\frac{dF}{dx}\frac{dx}{ds}+\frac{dG}{dx}\frac{dy}{ds}+\frac{dH}{dx}\frac{dz}{ds}\right), \tag{96}$$

wobei der erste Beitrag mit der Bewegung des Leiters und der zweite mit der Verlängerung des Stromkreises zusammenhängt. Der gesamte Zuwachs beträgt

$$a\left(\frac{dF}{dy}-\frac{dG}{dx}\right)\frac{dy}{dt}-a\left(\frac{dH}{dx}-\frac{dF}{dz}\right)\frac{dz}{dt}; \tag{97}$$

mit Hilfe der Gleichungen für die magnetische Kraft (B) ergibt sich daraus

$$-a\left(\mu\gamma\frac{dy}{dt}-\mu\beta\frac{dz}{dt}\right). \tag{98}$$

Die auf die Längeneinheit bezogene elektromotorische Kraft in dem bewegten Leiterstück parallel zur x-Achse sei P. Die tatsächliche elektromotorische Kraft ist dann Pa. Da sich diese Größe aus der zeitlichen Abnahme des elektromagnetischen Impulses berechnet, erhalten wir für P

$$P=\mu\gamma\frac{dy}{dt}-\mu\beta\frac{dz}{dt}. \tag{99}$$

65. Die vollständigen Gleichungen für die elektromotorische Kraft in einem bewegten Leiter können in folgender Form aufgeschrieben werden:

$$\begin{aligned}
P&=\mu\left(\gamma\frac{dy}{dt}-\beta\frac{dz}{dt}\right)-\frac{dF}{dt}-\frac{d\psi}{dx},\\
Q&=\mu\left(\alpha\frac{dz}{dt}-\gamma\frac{dx}{dt}\right)-\frac{dG}{dt}-\frac{d\psi}{dy},\\
R&=\mu\left(\beta\frac{dx}{dt}-\alpha\frac{dy}{dt}\right)-\frac{dH}{dt}-\frac{d\psi}{dz}.
\end{aligned} \tag{100}$$

Der erste Term auf der rechten Seite jeder Gleichung stellt die elektromotorische Kraft dar, die von der Bewegung des Leiters hervorgerufen wird. Sie steht senkrecht sowohl auf der Bewegungsrichtung als auch auf der Richtung der magnetischen Kraftlinien. Bildet man ein Parallelogramm, dessen Seiten in Betrag und Richtung von der Geschwindigkeit des Leiters und der am Ort des Leiters herrschenden magnetischen Induktion aufgespannt werden, dann stellt die Parallelogrammfläche die von der Bewegung induzierte elektromotorische Kraft dar. Die Richtung dieser Kraft steht senkrecht auf der Ebene des Parallelogramms. Der zweite Term in jeder Gleichung beschreibt Änderungen in der Lage oder in der Stärke der das Feld aufbauenden Magneten oder Ströme. Der dritte Term schließlich beschreibt den Einfluß des elektrischen Potentials ψ. Er bewirkt keinen umlaufenden Strom in einem geschlossenen Stromkreis, sondern deutet auf die Existenz einer gewissen Kraft auf die Ladungen an bestimmten Punkten des Feldes hin.

Elektrische Elastizität

66. Wirkt eine elektromotorische Kraft auf ein Dielektrikum, so wird dieses polarisiert. Dabei laden sich zwei gegenüberliegende Seiten entgegengesetzt auf. Der Grad der Aufladung hängt von der Größe der elektromotorischen Kraft und von der Natur der Substanz ab. In anisotropen Festkörpern gehen noch die Winkel zwischen der Richtung der elektromotorischen Kraft und den Kristallachsen ein. Wenn k das Verhältnis von elektromotorischer Kraft und elektrischer Verschiebung in einer isotropen Substanz ist, gelten die Gleichungen

$$\begin{aligned} P &= kf, \\ Q &= kg, \\ R &= kh \end{aligned} \tag{101}$$

als Ausdruck der elektrischen Elastizität.

Elektrischer Widerstand

67. Beim Anliegen einer elektromotorischen Kraft entsteht in einem Leiter ein elektrischer Strom. Dieser Effekt tritt zusätzlich zur bereits diskutierten elektrischen Verschiebung auf. In komplizierten Festkörpern hängt die Beziehung zwischen elektromotorischer Kraft und elektrischem Strom von der Richtung ab. Für isotrope Körper, wie wir sie hier ausschließlich betrachten wollen, können wir folgende elektrische Widerstandsgleichungen aufschreiben:

$$P = -\varrho p, \quad Q = -\varrho q, \quad R = -\varrho r. \tag{102}$$

Hierbei ist ϱ der spezifische, auf die Volumeneinheit bezogene Widerstand.

Die elektrische Ladungsmenge

68. Die Menge der freien positiven Ladungen pro Volumeneinheit sei e. Der Zusammenhang mit der elektrischen Verschiebung wird beschrieben durch

$$e + \frac{df}{dx} + \frac{dg}{dy} + \frac{dh}{dz} = 0. \tag{103}$$

69. Besitzt das Medium eine gewisse Leitfähigkeit, entsteht daraus eine andere Beziehung, die in Analogie zur Hydrodynamik als Kontinuitätsgleichung bezeichnet wird. Sie lautet

$$\frac{de}{dt} + \frac{dp}{dx} + \frac{dq}{dy} + \frac{dr}{dz} = 0. \tag{104}$$

70. In die hier dargestellten Gleichungen des elektromagnetischen Feldes gehen zwanzig variable Größen ein,

und zwar

der elektromagnetische Impuls	$F, G, H,$
die magnetische Feldstärke	$\alpha, \beta, \gamma,$
die elektromotorische Kraft	$P, Q, R,$
der Leitungsstrom	$p, q, r,$
die elektrische Verschiebung	$f, g, h,$
der Gesamtstrom (eingeschlossen zeitliche Änderungen der Verschiebung)	$p', q', r',$
die freie Ladungsmenge	$e,$
das elektrische Potential	$\psi.$

Für die zwanzig Größen wurden zwanzig Gleichungen aufgestellt, und zwar

drei Gleichungen für die magnetischen Kräfte	(B),
drei Gleichungen für die elektrischen Ströme	(C),
drei Gleichungen für die elektromotorische Kraft	(D),
drei Gleichungen der elektrischen Elastizität	(E)
drei Gleichungen des elektrischen Widerstandes	(F),
drei Gleichungen für die Gesamtströme	(A),
eine Gleichung für die freie Ladungsmenge	(G)
und die Kontinuitätsgleichung	(H).

Diese Gleichungen reichen zur Bestimmung aller Größen aus, vorausgesetzt, wir kennen die Randbedingungen und Materialparameter des Problems. Bei vielen Fragestellungen braucht jedoch nur ein Teil der Gleichungen gelöst zu werden.

Die Energie des elektromagnetischen Feldes

71. In § 33 wurde gezeigt, daß man die Energie eines Systems von Strömen berechnen kann, indem man für jeden Stromkreis den elektromagnetischen Impuls mit der halben Stromstärke multipliziert. Zu dem gleichen

Ergebnis gelangt man bei der Berechnung des Integrals

$$E = \frac{1}{2} \Sigma (Fp' + Gq' + Hr') \, \mathrm{d}V, \tag{105}$$

wobei die Integration über den gesamten Raum, den die Ströme einnehmen, läuft. Die p, q, r sind die Komponenten der Ströme und die F, G, H die Komponenten des elektromagnetischen Impulses. Setzt man die Werte von p', q', r' aus den Stromgleichungen (C) ein, folgt daraus

$$\frac{1}{8\pi} \Sigma \left\{ F \left(\frac{\mathrm{d}\gamma}{\mathrm{d}y} - \frac{\mathrm{d}\beta}{\mathrm{d}z} \right) + G \left(\frac{\mathrm{d}\alpha}{\mathrm{d}z} - \frac{\mathrm{d}\gamma}{\mathrm{d}x} \right) + H \left(\frac{\mathrm{d}\beta}{\mathrm{d}x} - \frac{\mathrm{d}\alpha}{\mathrm{d}y} \right) \right\} \mathrm{d}V. \tag{106}$$

Da die α, β, γ im Unendlichen verschwinden, entsteht durch partielle Integration der Ausdruck

$$\frac{1}{8\pi} \Sigma \left\{ \alpha \left(\frac{\mathrm{d}H}{\mathrm{d}y} - \frac{\mathrm{d}G}{\mathrm{d}z} \right) + \beta \left(\frac{\mathrm{d}F}{\mathrm{d}z} - \frac{\mathrm{d}H}{\mathrm{d}x} \right) + \gamma \left(\frac{\mathrm{d}G}{\mathrm{d}x} - \frac{\mathrm{d}F}{\mathrm{d}y} \right) \right\} \mathrm{d}V, \tag{107}$$

wobei die Integration über den gesamten Raum geführt wird. Mit Hilfe der Gleichungen für die magnetische Feldstärke (B) erhält man

$$E = \frac{1}{8\pi} \Sigma \{ \alpha \cdot \mu\alpha + \beta \cdot \mu\beta + \gamma \cdot \mu\gamma \} \, \mathrm{d}V. \tag{108}$$

Die α, β, γ sind die Komponenten der magnetischen Feldstärke bzw. beschreiben die Kraft auf einen magnetischen Einheitspol, und $\mu\alpha$, $\mu\beta$, $\mu\gamma$ sind die Komponenten der magnetischen Induktion, bzw. sie beschreiben die Zahl der Kraftlinien pro Flächeneinheit. Der Wert von μ ist in isotropen Substanzen für alle Richtungen gleich. Das Ergebnis vereinfacht sich deshalb in solchen Fällen, und die Energie des magnetischen Feldes pro Volumeneinheit, hervorgerufen beispielsweise durch eine Magnetisierung, ist gegeben durch

$$\frac{\mu}{8\pi} I^2, \tag{109}$$

wobei I die magnetische Feldstärke ist.

72. Die Energie kann im Feld auf verschiedene Weise gespeichert werden, beispielsweise in Gestalt einer elektrischen Verschiebung unter der Wirkung einer elektromotorischen Kraft. Die von der variablen elektromotorischen Kraft P bei der Erzeugung der variablen Verschiebung f geleistete Arbeit berechnet sich aus

$$\int P \, \mathrm{d}f \tag{100}$$

durch Integration von $P = 0$ bis zum gegebenen Wert von P. Mit $P = \mathrm{k}f(E)$ folgt dafür

$$\int kf \, \mathrm{d}f = \frac{1}{2} kf^2 = \frac{1}{2} Pf. \tag{111}$$

Die Feldenergie, die mit der Existenz einer elektrischen Verschiebung verbunden ist, beträgt daher

$$\frac{1}{2} \Sigma \, (Pf + Qg + Rh) \, \mathrm{d}V, \tag{112}$$

so daß sich die gesamte Feldenergie schließlich zu

$$E = \Sigma \left\{ \frac{1}{8\pi} (\alpha\mu\alpha + \beta\mu\beta + \gamma\mu\gamma) + \frac{1}{2} (Pf + Qg + Rh) \right\} \mathrm{d}V \tag{113}$$

ergibt. Der erste Term dieses Ausdruckes enthält die magnetische Feldenergie, etwa abhängig von der Magnetisierung. Er wird mit gewissen Bewegungsvorgängen in

Zusammenhang gebracht. Der zweite Term hängt von der elektrischen Polarisation ab und wird nach unserer Theorie durch eine Art Deformation eines elastischen Mediums erklärt.

73. An früherer Stelle[1]) habe ich versucht, eine spezielle Bewegungsform und eine spezielle Deformationsform zur Beschreibung der Erscheinungen heranzuziehen. In der vorliegenden Arbeit werde ich jede Hypothese dieser Art vermeiden. Wenn ich solche Begriffe wie elektrischer Impuls und elektrische Elastizität mit Bezug auf die bekannten Erscheinungen der Strominduktion und der Polarisation von Dielektrika verwende, so möchte ich damit lediglich die Aufmerksamkeit des Lesers auf die betreffenden mechanischen Phänomene lenken, um ihm das Verständnis der elektrischen Vorgänge zu erleichtern. Alle diese Begriffsbildungen dienen der Veranschaulichung, nicht einer tieferen Erklärung.

74. Beim Begriff der Energie des Feldes möchte ich mich jedoch im Sinne des Wortes verstanden wissen. Zwischen der mechanischen Energie und allen anderen Energieformen besteht kein grundsätzlicher Unterschied. Auch die elektromagnetische Energie äußert sich in mechanischen Wirkungen. Die Frage ist nur, wo sich die Energie aufhält. Nach den alten Theorien steckt sie in den geladenen Körpern, den leitenden Stromkreisen und in den Magneten in Gestalt einer unbekannten Qualität, genannt potentielle Energie, oder sie äußert sich in der Fähigkeit, bestimmte Effekte über die Distanz hinweg hervorzurufen. Nach unserer Theorie steckt die Energie im elektromagnetischen Feld, d. h. sowohl im Raum, der geladene und magnetische Körper umgibt, als auch in diesen Körpern selbst. Sie äußert sich in zwei verschiedenen Formen, und zwar in der magnetischen und in der elektrischen Polarisation, bzw. in einem mehr hypothetischen Sinne als Bewegung und Deformation ein und desselben Mediums.

---

[1]) „Über physikalische Kraftlinien", Philosophical Magazine, 1861–62.

75. Die Schlußfolgerungen, zu denen wir in der vorliegenden Arbeit gelangen, sind von dieser Hypothese unabhängig. Sie werden aus experimentellen Fakten abgeleitet, die man in folgende drei Gruppen einteilen kann:

1. Die Induktion elektrischer Ströme gemäß der Zahl der Kraftlinien, die von einem Stromkreis umschlossen werden.
2. Die Verteilung der magnetischen Feldstärke, wie sie sich aus den Variationen eines magnetischen Potentials ergibt.
3. Die Induktion (oder Influenzierung) statischer Ladungen durch Dielektrika.

Im nächsten Teil wollen wir aus diesen Grundsätzen die Existenz und die Gesetzmäßigkeiten der mechanischen Kräfte, die auf elektrische Ströme, Magneten und geladene Körper im elektromagnetischen Feld ausgeübt werden, ableiten.

Teil IV

Mechanische Wirkungen im Feld

Die mechanische Kraft auf einen beweglichen Leiter

76. In den Paragraphen 34 und 35 wurde gezeigt, daß sich die von den elektromagnetischen Kräften bei der Bewegung eines Leiters geleistete Arbeit aus dem Produkt der Stromstärke mit dem Zuwachs des elektromagnetischen Impulses berechnet.

Ein kurzer gerader Leiter der Länge a bewege sich quer zu seiner Längsrichtung entlang der x-Achse, wobei seine beiden Enden auf parallelen Leiterstücken gleiten. Der von der Bewegung des Leiters a verursachte Zuwachs des elektromagnetischen Impulses beträgt

$$a\left(\frac{\mathrm{d}F}{\mathrm{d}x}\frac{\mathrm{d}x}{\mathrm{d}s}+\frac{\mathrm{d}G}{\mathrm{d}x}\frac{\mathrm{d}y}{\mathrm{d}s}+\frac{\mathrm{d}H}{\mathrm{d}x}\frac{\mathrm{d}z}{\mathrm{d}s}\right)\delta x. \tag{114}$$

Durch die Verlängerung der beiden parallelen Leiterabschnitte entsteht der Beitrag

$$-a\left(\frac{\mathrm{d}F}{\mathrm{d}x}\frac{\mathrm{d}x}{\mathrm{d}s}+\frac{\mathrm{d}F}{\mathrm{d}y}\frac{\mathrm{d}y}{\mathrm{d}s}+\frac{\mathrm{d}F}{\mathrm{d}z}\frac{\mathrm{d}z}{\mathrm{d}s}\right)\delta x, \tag{115}$$

so daß sich für den gesamten Zuwachs des Impulses

$$a\delta x\left\{\frac{\mathrm{d}y}{\mathrm{d}s}\left(\frac{\mathrm{d}G}{\mathrm{d}x}-\frac{\mathrm{d}F}{\mathrm{d}y}\right)-\frac{\mathrm{d}z}{\mathrm{d}s}\left(\frac{\mathrm{d}F}{\mathrm{d}z}-\frac{\mathrm{d}H}{\mathrm{d}x}\right)\right\} \tag{116}$$

ergibt. Mit Hilfe der Gleichungen für die magnetische Feldstärke (B) folgt daraus der Ausdruck

$$a\delta x\left(\frac{\mathrm{d}y}{\mathrm{d}s}\mu\gamma-\frac{\mathrm{d}z}{\mathrm{d}s}\mu\beta\right). \tag{117}$$

Bezeichnen wir mit X die Kraft pro Längeneinheit, die in Richtung von x auf den Leiter wirkt, so ergibt sich für die geleistete Arbeit $Xa\,\partial x$. Wenn im Leiter der Strom C mit den Komponenten p', q', r' fließt, gilt die Beziehung

$$Xa\delta x = C\,a\partial x\left(\frac{\mathrm{d}y}{\mathrm{d}s}\mu\gamma-\frac{\mathrm{d}z}{\mathrm{d}s}\mu\beta\right), \tag{118}$$

und wir erhalten

$$\begin{aligned} X &= \mu\gamma q' - \mu\gamma r', \\ Y &= \mu\alpha r' - \mu\gamma p', \\ Z &= \mu\beta p' - \mu\alpha q'. \end{aligned} \tag{119}$$

Diese Gleichungen liefern die mechanische Kraft auf einen stromdurchflossenen Leiter. Die Kraft steht senkrecht auf dem Strom und den Kraftlinien. Ihr Betrag ist gleich dem Flächeninhalt des Parallelogramms, das vom Strom und dem Feld aufgespannt wird.

Die mechanische Kraft auf einen Magneten

77. Befinden sich keine elektrischen Ströme im Feld, kann die Verteilung der magnetischen Feldstärke durch die Ableitungen eines magnetischen Potentials beschrieben werden. Jedem Raumpunkt kann in diesem Falle ein eindeutiger Wert dieser Funktion zugeordnet werden. Wenn die Ströme vorhanden sind, besitzt das Potential zwar eine Reihe von verschiedenen Werten an jedem Punkt, doch bleiben die Ableitungen eindeutig, und es gilt

$$\frac{\mathrm{d}\varphi}{\mathrm{d}x} = \alpha, \quad \frac{\mathrm{d}\varphi}{\mathrm{d}y} = \beta, \quad \frac{\mathrm{d}\varphi}{\mathrm{d}z} = \gamma. \tag{120}$$

Setzt man diese Werte für α, β, γ in den Ausdruck (38) für die innere Energie des Feldes ein und integriert partiell, folgt

$$-\Sigma\left\{\varphi\frac{1}{8\pi}\left(\frac{\mathrm{d}\mu\alpha}{\mathrm{d}x} + \frac{\mathrm{d}\mu\beta}{\mathrm{d}y} + \frac{\mathrm{d}\mu\gamma}{\mathrm{d}z}\right)\right\}\mathrm{d}V. \tag{121}$$

Der Ausdruck

$$\Sigma\left(\frac{\mathrm{d}\mu\alpha}{\mathrm{d}x} + \frac{\mathrm{d}\mu\beta}{\mathrm{d}y} + \frac{\mathrm{d}\mu\gamma}{\mathrm{d}z}\right)\mathrm{d}V = \Sigma\, m\mathrm{d}V \tag{122}$$

gibt die Zahl der magnetischen Kraftlinien an, die ihren Ursprung im Volumen V haben. Ein Magnetpol bildet bekanntlich eine Quelle oder Senke für die magnetischen Kraftlinien. Zu einem Einheitspol gehören 4π Linien, da er die Einheit der magnetischen Feldstärke auf einer Kugel der Fläche 4π erzeugt. Ist m die Menge des positiven Magnetismus pro Volumeneinheit, läßt sich für den obigen Ausdruck $4\pi\, m$ schreiben, und der Ausdruck für die Energie des Feldes erhält die Form

$$E = -\Sigma\left(\frac{1}{2}\varphi m\right)\mathrm{d}V. \tag{123}$$

Betrachten wir zwei magnetische Pole m_1 und m_2, die entsprechende Potentiale φ_1 und φ_2 hervorrufen, dann ist die Arbeit, die bei einer Verschiebung von m_2 und dx unter der Wirkung der Kraft X geleistet wird, gegeben durch $X\,dx$. Wegen des Prinzips der Energieerhaltung muß die Feldenergie um den gleichen Betrag

$$d\left\{\frac{1}{2}(\varphi_1 + \varphi_2)(m_1 + m_2)\right\} \tag{124}$$

abnehmen. Da die Verteilungen φ_1 durch m_1 und φ_2 durch m_2 bestimmt sind, bleiben die Größen $\varphi_1 m_1$ und $\varphi_2 m_2$ konstant. Nach GREEN kann man darüber hinaus zeigen, daß gilt

$$m_1\varphi_2 = m_2\varphi_1, \tag{125}$$

so daß wir damit folgende Relationen erhalten:

$$X\,dx = d\,(m_2\varphi_1), \tag{126}$$

oder

$$X = m_2\frac{d\varphi_1}{dx} = m_2\alpha_1, \tag{127}$$

wobei α_1 die von m_1 verursachte magnetische Feldstärke ist. Analog folgt

$$\begin{aligned} Y &= m_2\beta_1, \\ Z &= m_2\gamma_1. \end{aligned} \tag{128}$$

Ein Magnetpol erfährt hiernach eine Kraft in Richtung der magnetischen Kraftlinien, deren Betrag sich aus dem Produkt von Polstärke und magnetischer Feldstärke ergibt.

78. Das magnetische Potential eines einzelnen Poles, beispielsweise des Poles eines sehr langen Stabmagneten, ist

$$\varphi_1 = -\frac{m_1}{\mu}\frac{1}{r}. \tag{129}$$

Dabei ist m_1 die Polstärke und r der Abstand vom Pol. Die Abstoßungskraft zwischen zwei Polen der Stärke m_1 und m_2 beträgt

$$m_2 \frac{d\varphi_1}{dr} = \frac{m_1 m_2}{\mu r^2}. \tag{130}$$

In Luft oder in einem anderen Medium mit $\mu = 1$ vereinfacht sich dies zu $m_1 m_2 / r^2$; im allgemeinen ist jedoch die zwischen zwei Magnetpolen wirkende Kraft umgekehrt proportional zum Induktionskoeffizienten des Mediums. Man kann dies durch die von den Polen induzierte Magnetwirkung des Mediums erklären.

Die mechanische Kraft auf einen geladenen Körper

79. Wenn die Strom- oder Magnetverteilungen im Feld konstant bleiben, können für die Erzeugung elektromotorischer Kräfte nur noch Variationen des elektrischen Potentials verantwortlich sein. Wir haben dann (§ 65)

$$P = -\frac{d\Psi}{dx}, \quad Q = -\frac{d\Psi}{dy}, \quad R = -\frac{d\Psi}{dz}. \tag{131}$$

Partielle Integration im Energieausdruck (I) für die elektrische Polarisation und die Berücksichtigung, daß die P, Q, R im Unendlichen verschwinden, liefert

$$\frac{1}{2} \Sigma \left\{ \Psi \left(\frac{df}{dx} + \frac{dg}{dy} + \frac{dh}{dz} \right) \right\} dV. \tag{132}$$

Mit der Gleichung für die freie Ladung (G) vereinfacht sich dies zu

$$-\frac{1}{2} \Sigma (\Psi e) \, dV. \tag{133}$$

Die gleiche Methode, wie sie im Falle der mechanischen Wirkung auf einen Magneten benutzt wurde, kann jetzt herangezogen werden, um die mechanische Kraft auf einen kleinen Körper mit der Ladung e_2 zu berechnen, wenn er sich im Feld anderer geladener Körper mit dem Potential Ψ_1 befindet. Diese Kraft besitzt die Komponenten

$$X = e_2 \frac{d\Psi_1}{dx} = -P_1 e_2,$$

$$Y = e_2 \frac{d\Psi_1}{dy} = -Q_1 e_2, \qquad (134)$$

$$Z = e_2 \frac{d\Psi_1}{dz} = -R_1 e_2.$$

Hiernach erfährt ein geladener Körper eine Kraft in Richtung der elektromotorischen Kraft. Der Betrag der Kraft ist gleich dem Produkt aus Ladungsmenge und elektromotorischer Kraft. Die einzige Lösung für das Potential des elektrischen Feldes, das von einer Ladung e_1 hervorgerufen wird, ist

$$\Psi_1 = \frac{k}{4\pi} \frac{e_1}{r}, \qquad (135)$$

wobei r der Abstand von dem geladenen Körper ist. Für die Abstoßungskraft zwischen zwei mit e_1 und e_2 geladenen Körpern folgt daraus

$$e_2 \frac{d\Psi_1}{dr} = \frac{k}{4\pi} \frac{e_1 e_2}{r^2}. \qquad (136)$$

Die Messung elektrostatischer Effekte

80. Die bisher diskutierten Größen wurden in das elektromagnetische Maßsystem eingeordnet, das auf der mechanischen Wirkung zwischen elektrischen Strömen beruht. Das elektrische Maßsystem begründet sich auf der mechanischen Wirkung zwischen geladenen Körpern. Beide Maßsysteme sind unabhängig voneinander, so daß

den Einheiten für verschiedene pyhsikalische Größen je nach Maßsystem unterschiedliche Werte zugeordnet werden müssen. Beim Übergang von einem zum anderen Maßsystem ist eine Umrechnung aller Größen erforderlich. Im elektrostatischen Maßsystem ergibt sich die Abstoßungskraft zwischen zwei kleinen geladenen Körpern mit den Ladungsmengen η_1, η_2 zu

$$\frac{\eta_1 \eta_2}{r^2}, \tag{137}$$

wobei r der Abstand zwischen beiden Körpern ist. Der Zusammenhang mit dem elektromagnetischen System sei derart, daß eine elektromagnetische Ladungseinheit v elektrostatische Einheiten enthalte, d. h. $\eta_1 = v e_1$ und $\eta_2 = v e_2$. Mit Gleichung (44) entsteht dann für die Abstoßung

$$v^2 \frac{e_1 e_2}{r^2} = \frac{k}{4\pi} \frac{e_1 e_2}{r^2}. \tag{138}$$

Hieraus ergibt sich eine Beziehung zwischen dem Koeffizienten der „elektrischen Elastizität“ k des Mediums, in dem das Experiment gemacht wird, und der Größe v in der Gestalt

$$k = 4\pi v^2. \tag{139}$$

Der Wert von v läßt sich experimentell bestimmen. WEBER und KOHLRAUSCH haben

$$v = 310\,740\,000 \text{ m/s}$$

erhalten.

81. Betrachten wir als felderzeugendes Medium ein Dielektrikum, so folgt aus diesen Untersuchungen, daß ein solches Medium eine durchgehende elektrische Polarisation besitzt. Die Polarisation äußert sich in einer entgegengesetzten Aufladung auf zwei jeweils gegenüberliegenden Seiten der Teilchen, in die man das Dielektrikum zerlegen kann. Nehmen wir an, daß die Polarisation oder

die elektrische Verschiebung proportional zur angelegten elektromotorischen Kraft ist, dann genügen die von geladenen Körpern in einer dielektrischen Umgebung aufeinander ausgeübten Kräfte Gesetzen, wie sie auch vom Experiment bestätigt werden.

Die mit den elektrischen Anziehungs- oder Abstoßungswirkungen verknüpfte Energie wird vermutlich in dem dielektrischen Medium, das die geladenen Körper umgibt und nicht auf den Oberflächen dieser Körper gespeichert. Die Oberflächen stellen nach unserer Theorie Begrenzungsflächen dar, in denen die Quellen der Wirkung zu suchen sind.

Bemerkung über die Gravitationskräfte

82. Nachdem wir gesehen haben, daß sowohl die magnetischen als auch die elektrischen Anziehungs- oder Abstoßungskräfte vom reziproken Abstandsquadrat abhängen, entsteht die Frage, ob nicht die dem gleichen Abstandsgesetz folgende Gravitationskraft ebenfalls auf die Wirkung eines umgebenden Mediums zurückgeführt werden kann. Die Gravitation unterscheidet sich von Magnetismus und Elektrizität durch ihre gleichartige Wirkung zwischen allen Körpern. Entgegengesetzte Vorzeichen wie bei Magnetpolen und elektrischen Ladungen treten nicht auf; die Gravitationskräfte zwischen verschiedenen Körpern sind stets anziehender Art. Die Gravitationslinien sind in der Nähe zweier Körper genauso verteilt wie die magnetischen Kraftlinien in der Nähe zweier gleichnamiger Pole. Während sich die Pole jedoch abstoßen, ziehen sich die beiden Körper gegenseitig an. E sei die Energie des Feldes, das zwei gravitierende Körper M_1, M_2 umgibt, und mit E' wollen wir die zu den Magnetpolen m_1, m_2 gehörende Feldenergie bezeichnen. Die Zahlenwerte von M_1, M_2 und m_1, m_2 sollen übereinstimmen. Bezeichnen wir die während einer Verschiebung δx wirkenden Kräfte mit X bzw. X', gilt

$$X\,\delta x = \delta E\,, \qquad X'\,\delta x = \delta E'. \tag{140}$$

X und X' haben den gleichen Betrag, aber entgegengesetztes Vorzeichen, so daß

$$\delta E = -\delta E' \tag{141}$$

oder

$$\left.\begin{aligned} E &= C - E' \\ &= C - \Sigma \frac{1}{8\pi} (\alpha^2 + \beta^2 + \gamma^2)\, \mathrm{d}V. \end{aligned}\right\} \tag{142}$$

Die α, β, γ sind die Komponenten der magnetischen Feldstärke. Führen wir die resultierende Gravitationsfeldstärke R und die entsprechende magnetische Größe R' ein, wobei

$$R = -R', \quad \text{und} \quad \alpha^2 + \beta^2 + \gamma^2 = R^2 = R'^2, \tag{143}$$

folgt

$$E = C - \Sigma \frac{1}{8\pi} R^2\, \mathrm{d}V. \tag{144}$$

Demnach muß sich die Energie des Gravitationsfeldes dort verringern, wo eine resultierende Gravitationskraft bzw. Gravitationsfeldstärke vorliegt. Eine negative Feldenergie ist jedoch nicht möglich. Raumgebiete, in denen keine resultierende Kraft auftritt, wie beispielsweise Gleichgewichtspunkte im Raum zwischen verschiedenen Körpern oder die Gebiete innerhalb der Körper, müssen eine Energiedichte größer als

$$\frac{1}{8\pi} R^2 \tag{145}$$

aufweisen. Dabei ist R der größtmögliche Wert für die Gravitationsfeldstärke. Die Annahme, daß die Gravitation auf die Wirkung eines umgebenden Mediums zurückgeführt werden kann, führt zu der Schlußfolgerung, daß dieses Medium im ungestörten Falle eine außerordentlich große Energie enthalten muß. Die Anwesenheit dichter

Körper verringert diese Energie überall dort, wo eine resultierende Anziehungswirkung existiert. Da ich nicht zu verstehen vermag, wie solche Eigenschaften eines Mediums zustande kommen, scheint mir ein tieferes Verständnis der Gravitation zur Zeit nicht möglich zu sein.

(Der weggelassene Teil V beschäftigt sich mit Kondensasatoren, der spezifischen induktiven Kapazität bzw. Dielektrizitätskonstante, der elektrischen Absorption und dem Problem der Restladung.)

Teil VI

Elektromagnetische Theorie des Lichtes

91. Zu Beginn dieser Arbeit wurde bereits die Existenz eines hypothetischen elastischen Mediums diskutiert, durch das sich die Lichtwellen ausbreiten. Es gibt zwingende Gründe, daß dieses Medium neben der Lichtausbreitung auch andere Phänomene vermittelt. Wir haben dann elektromagnetische Erscheinungen untersucht, deren Erklärung in den Eigenschaften des Feldes, das geladene oder magnetische Körper umgibt, zu suchen ist. Auf diese Weise gelangten wir zu den Gleichungen des elektromagnetischen Feldes. Wir werden nun untersuchen, ob die aus den elektromagnetischen Erscheinungen folgenden Feldeigenschaften ausreichen, um die Ausbreitung des Lichtes zu erklären.

92. Wir wollen dabei annehmen, daß sich eine ebene Welle mit den Richtungskosinus l_z, m, n und der Geschwindigkeit V durch das Feld ausbreitet. Alle elektromagnetischen Größen werden dann Funktionen von

$$w = lx + my + nz - Vt \qquad (146)$$

sein. Die Gleichungen für das Magnetfeld (B) erhalten die

Gestalt

$$\mu\alpha = m\frac{\mathrm{d}H}{\mathrm{d}w} - n\frac{\mathrm{d}G}{\mathrm{d}w},$$

$$\mu\beta = n\frac{\mathrm{d}F}{\mathrm{d}w} - l\frac{\mathrm{d}H}{\mathrm{d}w}, \tag{147}$$

$$\mu\gamma = l\frac{\mathrm{d}G}{\mathrm{d}w} - m\frac{\mathrm{d}F}{\mathrm{d}w}.$$

Multiplizieren wir diese Gleichungen mit l, m, n und addieren, finden wir

$$l\,\mu\alpha + m\mu\beta + n\mu\gamma = 0, \tag{148}$$

d. h., die magnetische Induktion liegt senkrecht zur Ausbreitungsrichtung.

93. Die Kombination der Gleichungen für das Magnetfeld (B) mit den Stromgleichungen (C), wobei wir als Abkürzung

$$\frac{\mathrm{d}F}{\mathrm{d}x} + \frac{\mathrm{d}G}{\mathrm{d}y} + \frac{\mathrm{d}H}{\mathrm{d}z} = J \quad \text{und} \quad \frac{\mathrm{d}^2}{\mathrm{d}x^2} + \frac{\mathrm{d}^2}{\mathrm{d}y^2} + \frac{\mathrm{d}^2}{\mathrm{d}z^2} = \nabla^2 \tag{149}$$

definieren, liefert die Beziehungen

$$4\pi\mu p' = \frac{\mathrm{d}J}{\mathrm{d}x} - \nabla^2 F,$$

$$4\pi\mu q' = \frac{\mathrm{d}J}{\mathrm{d}y} - \nabla^2 G, \tag{150}$$

$$4\pi\mu r' = \frac{\mathrm{d}J}{\mathrm{d}z} - \nabla^2 H.$$

Ist das Medium ein ideales Dielektrikum, so existieren keine wahren Leitungsströme, und die Gesamtströme p', q', r' aus (A) enthalten lediglich den Beitrag der

Polarisationsströme:

$$p' = \frac{\mathrm{d}f}{\mathrm{d}t}, \quad q' = \frac{\mathrm{d}g}{\mathrm{d}t}, \quad r' = \frac{\mathrm{d}h}{\mathrm{d}t}. \tag{151}$$

Die elektrischen Verschiebungen werden durch elektromotorische Kräfte verursacht; dies wird beschrieben durch die Gleichungen der elektrischen Elastizität (E)

$$P = kf, \quad Q = kg, \quad R = kh. \tag{152}$$

Wenn keine Bewegung irgendwelcher Leiter im Feld stattfindet, müssen die elektromotorischen Kräfte ihrerseits auf die Variationen elektromagnetischer oder elektrostatischer Funktionen zurückgeführt werden. Die Gleichungen für die elektromotorische Kraft (D) lauten dann

$$\begin{aligned} P &= \frac{\mathrm{d}F}{\mathrm{d}t} - \frac{\mathrm{d}\Psi}{\mathrm{d}x} \\ Q &= -\frac{\mathrm{d}G}{\mathrm{d}t} - \frac{\mathrm{d}\Psi}{\mathrm{d}y}, \\ R &= -\frac{\mathrm{d}H}{\mathrm{d}t} - \frac{\mathrm{d}\Psi}{\mathrm{d}z}. \end{aligned} \tag{153}$$

94. Kombination dieser Gleichungen mit den vorangehenden liefert

$$\begin{aligned} k\left(\frac{\mathrm{d}J}{\mathrm{d}x} - \nabla^2 F\right) + 4\pi\mu\left(\frac{\mathrm{d}^2 F}{\mathrm{d}t^2} + \frac{\mathrm{d}^2\Psi}{\mathrm{d}x\,\mathrm{d}t}\right) &= 0, \\ k\left(\frac{\mathrm{d}J}{\mathrm{d}y} - \nabla^2 G\right) + 4\pi\mu\left(\frac{\mathrm{d}^2 G}{\mathrm{d}t^2} + \frac{\mathrm{d}^2\Psi}{\mathrm{d}y\,\mathrm{d}t}\right) &= 0, \\ k\left(\frac{\mathrm{d}J}{\mathrm{d}z} - \nabla^2 H\right) + 4\pi\mu\left(\frac{\mathrm{d}^2 H}{\mathrm{d}t^2} + \frac{\mathrm{d}^2\Psi}{\mathrm{d}z\,\mathrm{d}t}\right) &= 0. \end{aligned} \tag{154}$$

Differenzieren wir die dritte Gleichung bezüglich y und

die zweite Gleichung bezüglich z und subtrahieren, so lassen sich J und Ψ eliminieren. Unter Berücksichtigung der Gleichungen für das Magnetfeld (B) entstehen die Wellengleichungen

$$k\nabla^2\mu\alpha = 4\pi\mu \frac{\mathrm{d}^2}{\mathrm{d}t^2}\mu\alpha,$$

$$k\nabla^2\mu\beta = 4\pi\mu \frac{\mathrm{d}^2}{\mathrm{d}t^2}\mu\beta, \tag{155}$$

$$k\nabla^2\mu\gamma = 4\pi\mu \frac{\mathrm{d}^2}{\mathrm{d}t^2}\mu\gamma.$$

95. Da die Größen α, β, γ Funktionen von $w = lx + my + nz - Vt$ sind, erhält die erste Gleichung die Gestalt

$$k\mu \frac{\mathrm{d}^2\alpha}{\mathrm{d}w^2} = 4\pi\mu^2 V^2 \frac{\mathrm{d}^2\alpha}{\mathrm{d}w^2} \tag{156}$$

mit

$$V = \pm\sqrt{\frac{k}{4\pi\mu}}. \tag{157}$$

Die anderen Gleichungen ergeben den gleichen Wert für V, so daß die Wellenausbreitung in jede Richtung mit der Geschwindigkeit V erfolgt. Diese Wellen stellen magnetische Störungen dar, wobei die Richtung des Induktionsfeldes in der Ebene der Welle liegt. Es existieren keine ebenen Wellen, bei denen die Feldstärke nicht senkrecht auf der Ausbreitungsrichtung steht. Durch das elektromagnetische Feld laufende magnetische Störungen besitzen in dieser Hinsicht die gleichen Eigenschaften wie Lichtwellen. Es handelt sich bei ihnen um transversale Wellen, die ebenso wie Lichtwellen polarisierbar sind.

96. Bisher wurde lediglich in der Luft der Wert von k experimentell bestimmt. Hier gilt $\mu = 1$, und aus

Gleichung (46) folgt deshalb

$$V = v. \tag{158}$$

Die elektromagnetischen Experimente von WEBER und KOHLRAUSCH[1]) haben

$$v = 310740000 \text{ m/s}$$

ergeben, wobei v die Zahl der elektrostatischen Einheiten in einer elektromagnetischen Ladungseinheit darstellt. Nach unserer Theorie sollte v gleich der Lichtgeschwindigkeit in Luft bzw. im Vakuum sein. Die Lichtgeschwindigkeit in Luft beträgt nach den Experimenten von FIZEAU[2])

$$V = 314858000 \text{ m/s}$$

und nach den genaueren Experimenten von FOUCAULT[3])

$$V = 298000000 \text{ m/s}.$$

Der Wert für die Lichtgeschwindigkeit, der sich aus dem Aberrationskoeffizienten und dem angenommenen Radius der Erdbahn ableiten läßt, beträgt

$$V = 308000000 \text{ m/s}.$$

97. Die experimentell ermittelten Werte für die Lichtgeschwindigkeit stimmen recht befriedigend mit dem Wert von v, wie er aus den bisher einzigen elektromagnetischen Experimenten folgt, überein. Der Zahlenwert von v wurde gewonnen, indem man die elektromotorische Kraft, mit der ein Kondensator bekannter Kapazität aufgeladen wurde, bestimmte und bei der anschließenden Entladung des Kondensators über ein Galvanometer die

[1]) Leipzig Transactions, Bd. V (1857), S. 260. oder POGGENDORFFS Annalen, Aug. 1856, S. 10.

[2]) Comptes Rendus, Vol. XXIX. (1849), S. 90.

[3]) Comptes Rendus, Vol. LV. (1862), S. 501, 792.

Ladungsmenge ermittelte. Dadurch erhielt man eine Zuordnung von elektrostatischen und elektromagnetischen Einheiten. Licht wurde in diesen Experimenten lediglich zur Beobachtung der Instrumente verwendet. FOUCAULT hat den Winkel bestimmt, um den sich ein Drehspiegel in der Zeit, in der ein reflektierter Lichtstrahl den Spiegel nach Durchlaufen einer bekannten Strecke wieder erreicht, weiterbewegt hat. Daraus erhielt er seinen Wert V für die Lichtgeschwindigkeit. Elektrische oder magnetische Größen spielten in seinen Versuchen keine Rolle. Die Übereinstimmung der Ergebnisse scheint zu zeigen, daß Licht und Magnetismus Eigenschaften der gleichen Substanz darstellen. Licht ist demnach eine elektromagnetische Störung, die sich gemäß den elektromagnetischen Gesetzen ausbreitet.

98. Wir wollen noch einmal die Gleichungen in Paragraph 94, welche die Größen J und Ψ enthalten, betrachten, um eventuelle andere Arten von Störungen zu diskutieren, die sich durch das Medium ausbreiten könnten und von diesen Größen abhängen. Definieren wird χ durch die Gleichung

$$\nabla^2\chi = \frac{\mathrm{d}^2\chi}{\mathrm{d}x^2} + \frac{\mathrm{d}^2\chi}{\mathrm{d}y^2} + \frac{\mathrm{d}^2\chi}{\mathrm{d}z^2} = J \qquad (159)$$

und F', G', H' durch

$$F' = F - \frac{\mathrm{d}\chi}{\mathrm{d}x}, \quad G' = G - \frac{\mathrm{d}\chi}{\mathrm{d}y}, \quad H' = -\frac{\mathrm{d}\chi}{\mathrm{d}z}, \qquad (160)$$

so gilt

$$\frac{\mathrm{d}F'}{\mathrm{d}x} + \frac{\mathrm{d}G'}{\mathrm{d}y} + \frac{\mathrm{d}H'}{\mathrm{d}z} = 0, \qquad (161)$$

und die Gleichungen in § 94 erhalten die Form

$$k\,\nabla^2 F' = 4\pi\mu\left\{\frac{\mathrm{d}^2F'}{\mathrm{d}t^2} + \frac{\mathrm{d}}{\mathrm{d}x\,\mathrm{d}t}\left(\Psi + \frac{\mathrm{d}\chi}{\mathrm{d}t}\right)\right\}. \qquad (162)$$

Differentiation der drei Gleichungen bezüglich x, y und z und anschließende Addition führt auf

$$\Psi = -\frac{d\chi}{dt} + \varphi(x, y, z) \tag{163}$$

und

$$\begin{aligned} k\,\nabla^2 F' &= 4\pi\mu \frac{d^2F'}{dt^2}, \\ k\,\nabla^2 G' &= 4\pi\mu \frac{d^2G'}{dt^2}, \\ k\,\nabla^2 H' &= 4\pi\mu \frac{d^2H'}{dt^2}. \end{aligned} \tag{164}$$

Die durch F', G', H' beschriebenen Störungen breiten sich folglich mit der Geschwindigkeit

$$V = \sqrt{\frac{k}{4\pi\mu}} \tag{165}$$

aus. Wegen

$$\frac{dF'}{dx} + \frac{dG'}{dy} + \frac{dH'}{dz} = 0 \tag{166}$$

liegt die Resultierende dieser Störungen in der Ebene der Welle.

99. Der von χ abhängige Beitrag zu den Gesamtstörungen F, G, H genügt der Gleichung

$$\frac{d\Psi}{dt} + \frac{d^2\chi}{dt^2} = 0. \tag{167}$$

Operieren wir mit ∇^2 auf diese Gleichung, entsteht

$$ke = \frac{dJ}{dt} - k\,\nabla^2\varphi(x, y, z). \tag{168}$$

Da wir einen idealen Isolator als Medium voraussetzen wollen, bleibt die Ladungsmenge e unbeweglich, und die Funktion $\mathrm{d}J/\mathrm{d}t$ hängt deshalb nur von x, y, z ab. Für J selbst bedeutet dies, daß es entweder zeitlich konstant bzw. Null ist oder linear mit der Zeit anwächst oder abfällt. Eine von J abhängige Störung kann sich folglich nicht als Welle ausbreiten.

100. Die aus experimentellen Tatsachen abgeleiteten Gleichungen des elektromagnetischen Feldes zeigen, daß sich nur transversale Wellen ausbreiten können. Wenn wir über unser experimentelles Wissen hinausgehen und der Substanz, die man als positive oder negative elektrische Flüssigkeit bezeichnen könnte, eine bestimmte Dichte zuordnen, könnten wir gewöhnliche Schwingungen beobachten, die sich mit einer dichteabhängigen Geschwindigkeit ausbreiten. Es gibt jedoch bis jetzt keinen Nachweis für die Elektrizitätsdichte. Wir wissen nicht einmal, ob man die Elektrizität als eine Substanz oder als Mangel an einer gewissen Substanz zu betrachten hat.

Bezüglich der Schwingungsrichtung der sich ausbreitenden Störungen führen die elektromagnetischen Gesetze zu den gleichen Schlußfolgerungen wie die Optik. Nach beiden Wissensgebieten existieren nur transversale Wellen, die sich mit übereinstimmender Geschwindigkeit ausbreiten. Andererseits entstehen in beiden Gebieten Schwierigkeiten, wenn man die Existenz oder Nichtexistenz gewöhnlicher Dichteschwingungen nachweisen will.

Die Beziehung zwischen dem Brechungsindex und den elektromagnetischen Eigenschaften einer Substanz

101. Nach der Wellentheorie beträgt die Lichtgeschwindigkeit in einem Medium

$$\frac{1}{i} V_0, \tag{169}$$

wobei i der Brechungsindex und V_0 die Geschwindigkeit im Vakuum ist. Aus der elektromagnetischen Theorie folgt eine Geschwindigkeit

$$\sqrt{\frac{k}{4\pi\mu}}, \tag{170}$$

wobei nach den Gleichungen (49) und (71) die Beziehungen $k = \frac{1}{D} k_0$ und $k_0 = 4\pi V_0^2$ gelten. Hieraus erhält man

$$D = \frac{i^2}{\mu} \tag{173}$$

d. h., die spezifische induktive Kapazität bzw. die Dielektrizitätskonstante ist gleich dem Quadrat des Brechungsindex dividiert durch magnetischen Induktionskoeffizienten.

(Die weggelassenen Paragraphen 102 bis 105 behandeln die Ausbreitung elektromagnetischer Wellen in kristallinen Substanzen.)

Beziehung zwischen elektrischem Widerstand und Durchsichtigkeit

106. Betrachten wir anstelle eines idealen Isolators einen Leiter mit einem spezifischen Widerstand ϱ, dann tritt neben dem Polarisationsstrom ein echter Leitungsstrom auf, durch den elektrische Energie in Wärme überführt wird. Dadurch wird die Wellenbewegung gedämpft. Zur Bestimmung des Absorptionskoeffizienten untersuchen wir die Ausbreitung einer transversalen Störung G entlang der x-Achse. Mit Hilfe der früheren Gleichungen (A), (E) und (F) erhalten wir die Beziehungen

$$\begin{aligned} \frac{\mathrm{d}^2G}{\mathrm{d}x^2} &= -4\pi\mu(q') \\ &= -4\pi\mu\left(\frac{\mathrm{d}f}{\mathrm{d}t} + q\right), \end{aligned} \tag{174}$$

$$\frac{\mathrm{d}^2G}{\mathrm{d}x^2} = +4\pi\mu\left(\frac{1}{k}\,\frac{\mathrm{d}^2G}{\mathrm{d}t^2} - \frac{1}{p}\,\frac{\mathrm{d}G}{\mathrm{d}t}\right).$$

Mit dem Lösungsansatz

$$G = e^{-px} \cos (qx + nt) \tag{175}$$

folgt

$$p = \frac{2\pi\mu}{\varrho} \frac{n}{q} = \frac{2\pi\mu}{\varrho} \frac{V}{i}. \tag{176}$$

Dabei ist V die Lichtgeschwindigkeit in Luft und i der Brechungsindex. Der durch die Dicke x hindurchlaufende Anteil des einfallenden Lichtes ist

$$e^{-2px}. \tag{177}$$

R sei der Widerstand einer Substanzschicht der Dicke x, der Breite b und der Länge l. Dann gilt

$$R = \frac{l\varrho}{bx},$$

$$2px = 4\pi\mu \frac{V}{i} \frac{l}{bR}. \tag{178}$$

107. Die meisten durchsichtigen Festkörper sind gute Isolatoren, während alle guten Leiter undurchsichtig sind. Elektrolyte dagegen leiten den elektrischen Strom recht gut, sind aber trotzdem in den meisten Fällen durchsichtig. Dies erklärt sich vermutlich daraus, daß die elektromotorischen Kräfte wegen der raschen Oszillationen der Lichtwellen nur sehr kurze Zeit wirken und somit die geladenen Teilchen kaum beeinflussen. Die Dämpfung ist also gering.

Gold, Silber und Platin sind gute Leiter. Trotzdem sind sie lichtdurchlässig, wenn hinreichend dünne Folien hergestellt werden. Wenn der Widerstand von Gold beim Anliegen elektromotorischer Kräfte in kurzen Zeitabständen genau so groß wäre wie bei den größeren Zeitintervallen, in denen unsere Experimente ablaufen, so würde die Lichtmenge, die durch ein Goldblatt mit einem von C. Hockin bestimmten Widerstand geht, nur 10^{-50} der einfallenden Lichtmenge betragen. Dies ist eine unmeßbar kleine Größe. Ich fand, daß der (1/500)- bis (1/1000)-ste Teil des grünen Lichtes durch solch eine Goldfolie hindurchgeht. Ein großer Teil geht dabei durch Löcher und Risse, doch dringt ein merklicher Beitrag durch das Gold selbst hindurch und erzeugt die intensive grüne Färbung. Dieses Ergebnis läßt sich nicht mit der elektromagnetischen Theorie des Lichtes in Einklang bringen, es sei denn, der Energieverlust ist bei elektromotorischen Kräften, die sich mit der Frequenz des Lichtes ändern, geringer als bei elektromotorischen Kräften, die größeren Zeitabschnitten, wie sie in unseren Experimenten auftreten, wirken.

Die Absolutwerte der elektromotorischen und magnetischen Kräfte bei der Lichtausbreitung

108. Beschreiben wir die Lichtausbreitung durch

$$F = A \cos \frac{2\pi}{\lambda} (z - Vt), \tag{179}$$

ergibt sich für die elektromotorische Kraft

$$P = -A \frac{2\pi}{\lambda} V \sin \frac{2\pi}{\lambda} (z - Vt) \tag{180}$$

und für die Energiedichte

$$\frac{P^2}{8\pi\mu V^2}, \tag{181}$$

wobei P die Amplitude der elektromotorischen Kraft darstellt. Die Energie setzt sich zur Hälfte aus magnetischer und zur Hälfte aus elektrischer Energie zusammen. Die Energie, die pro Zeiteinheit durch eine Flächeneinheit hindurchgeht, beträgt

$$W = \frac{P^2}{8\pi\mu V}, \tag{182}$$

so daß

$$P = \sqrt{8\pi\mu V W}$$

gilt. V ist die Lichtgeschwindigkeit. Nach Professor W. THOMSON[1]) erhält man mit den Daten von POUILLET für das mechanische Äquivalent der Energiestromdichte des direkten Sonnenlichtes auf der Erde

83,4 Pfund × Fuß pro Sekunde und Quadratfuß.

Daraus folgt für den Maximalwert von P auf der Erde

$$P = 60000000 \text{ (siehe Anmerkung unten)}$$

bzw. etwa 600 DANIELLsche Spannungseinheiten/Meter. Der Wert von P auf der Sonnenoberfläche müßte etwa 13000 DANIELLsche Spannungseinheiten/Meter betragen. Für den Maximalwert der magnetischen Feldstärke würde sich auf der Erde 0,193[2]), auf der Sonne 4,13 ergeben. Diese elektromotorischen und magnetischen Kräfte kehren ihre Richtung zweimal bei jeder Lichtschwingung um; das ist mehr als 10^{15}mal in der Sekunde.

Anmerkung zu MAXWELLS Zahlenangaben für das Sonnenlicht: Die Zahlen scheinen fehlerhaft zu sein. Die Angaben für die Erdoberfläche wurden auch in den „Abhandlungen" übernommen. J. J. THOMSON bemerkt in der dritten Auflage zu den Zahlenwerten für die Intensitäten folgendes: „Es gelang mir nicht, diese Zahlen zu verifizieren. Mit $v = 3 \cdot 10^{10}$ cm/s und POUILLETS Daten folgt für die mittlere Energie des Sonnenlichtes in einem Kubikzentimeter ein Wert von $3{,}92 \cdot 10^{-5}$ erg. Die entsprechenden Werte von P und β sind durch (24) gegeben und betragen in c.g.s.-Einheiten $P = 9{,}42 \cdot 10^8$ oder 9,42 Volt/cm$^{\times}$); $\beta = 0{,}0314$, d. h. etwas mehr als ein Sechstel der horizontalen magnetischen Feldstärke der Erde."[3])

[1]) Transactions of the Royal Society of Ednburgh, 1854 („Mechanische Energie des Sonnensystems").

[2]) Die horizontale magnetische Feldstärke in Kew beträgt etwa 1,76 in metrischen Einheiten.

[3]) Moderne Werte sind: $P = 10{,}2$ Volt/cm; $\beta = 0{,}0336$.

Die Zahlenwerte für die Sonnenoberfläche sind ebenfalls nicht korrekt. Der Sonnenradius beträgt 432000 Meilen und der Abstand zwischen Sonne und Erde 93000000 Meilen. Da die Feldstärken in der Lichtwelle mit $1/r$ abnehmen, sind ihre Werte auf der Sonnenoberfläche 215mal größer als auf der Erde. Bei MAXWELL kommt ein Verhältnis von 21,6 heraus, d. h., es ist etwa um den Faktor 10 zu klein. Nach Berichtigung der Fehler erhält man folgende Werte für die Sonnenoberfläche:

$P = 2{,}024$ Volt/cm bzw. etwa 200000 DANIELLsche Spannungseinheiten/Meter; $\beta = 6{,}75$ Gauß.

(Teil VII dieser Arbeit ist überschrieben mit „Berechnung der elektromagnetischen Induktionskoeffizienten." Er mußte aus Platzmangel weggelassen werden.)

Sachverzeichnis

Der Herausgeber

- legt eine Auswahl der wichtigsten Originalarbeiten von Faraday und Maxwell zur Begründung der Elektrodynamik vor

- steuert umfangreiche Kommentare zu dieser Periode der Entwicklung der Physik bei

- stellt nicht nur die Entstehungsgeschichte der im Original enthaltenen Arbeiten und ihre Bedeutung dar, sondern auch Lebensdaten und Lebensepisoden von Faraday und Maxwell

- wendet sich an wissenschaftlich interessierte Naturwissenschaftler, Elektro-Ingenieure und Philosophen

WISSENSCHAFTLICHE TASCHENBÜCHE

FSC
www.fsc.org
MIX
Papier | Fördert gute Waldnutzung
FSC® C083411

Zeitfracht Medien GmbH
Ferdinand-Jühlke-Straße 7
99095 Erfurt, Deutschland
produktsicherheit@kolibri360.de